Berechtigungen in SAP® BW, HANA und BW/4HANA

Christoph Kretner
Jascha Kanngießer

Willkommen bei Espresso Tutorials!

Unser Ziel ist es, SAP-Wissen wie einen Espresso zu servieren: Auf das Wesentliche verdichtete Informationen anstelle langatmiger Kompendien – für ein effektives Lernen an konkreten Fallbeispielen. Viele unserer Bücher enthalten zusätzlich Videos, mit denen Sie Schritt für Schritt die vermittelten Inhalte nachvollziehen können. Besuchen Sie unseren YouTube-Kanal mit einer umfangreichen Auswahl frei zugänglicher Videos:

https://www.youtube.com/user/EspressoTutorials.

Kennen Sie schon unser Forum? Hier erhalten Sie stets aktuelle Informationen zu Entwicklungen der SAP-Software, Hilfe zu Ihren Fragen und die Gelegenheit, mit anderen Anwendern zu diskutieren:

http://www.fico-forum.de.

Eine Auswahl weiterer Bücher von Espresso Tutorials:

- Dr. Bernd Klüppelberg: Techniken im SAP®-Berechtigungswesen
  http://5031.espresso-tutorials.com
- Marcel Schmiechen: Berechtigungen in SAP® ERP HCM – Einrichtung und Konfiguration
  http://5160.espresso-tutorials.de
- Martin Metz & Sebastian Mayer: Schnelleinstieg in SAP® GRC Access Control
  http://5164.espresso-tutorials.de

Bibliografische Information der Deutschen Bibliothek
Die Deutsche Bibliothek verzeichnet diese Publikation in der Deutschen Nationalbibliografie; detaillierte bibliografische Daten sind im Internet über http://dnb.ddb.de abrufbar.

Christoph Kretner, Jascha Kanngießer
Berechtigungen in SAP® BW, HANA und BW/4HANA

ISBN: 978-3-960120-12-4

Lektorat: Anja Achilles

Korrektorat: Christine Weber

Coverdesign: Philip Esch, Martin Munzel

Coverfoto: fotolia #84293274 | jijomathai

Satz & Layout: Johann-Christian Hanke

1. Aufl. 2017, Gleichen

URL: www.espresso-tutorials.de

Feedback:
Wir freuen uns über Fragen und Anmerkungen jeglicher Art. Bitte senden Sie diese an: *info@espresso-tutorials.com*.

Inhaltsverzeichnis

Vorwort

In Zeiten von Big Data und dem Internet of Things (IoT) bilden Daten eine immer wichtiger werdende Ressource für Unternehmen. Gleichzeitig stellt das kontinuierliche Wachstum an Informationen – eine Studie des IDC von 2014[1] spricht von einer Verdoppelung des weltweiten Datenbestands alle zwei Jahre – die Unternehmen bzw. deren IT vor große Herausforderungen: Neue Modelle der Datenhaltung entstehen, in denen die Aufbereitung und zeitaufwendige Harmonisierung der Daten klassischer Datawarehouse-Systeme an Bedeutung verlieren. Während die Daten immer aufwendiger gegen unbefugten Zugriff von außen geschützt werden müssen, findet innerhalb von *Data Lakes* i. d. R. keine granulare Prüfung mehr statt. Auf der anderen Seite besitzen aber auch die traditionellen Modelle nach wie vor Gültigkeit: Geht es um rechtlich verbindliche Anforderungen wie einen Jahresabschluss, hat die Datenqualität höchste Priorität. Für personenbezogene Daten ist ein restriktiver Zugangsschutz allein aus Datenschutzgründen zwingend erforderlich.

Mit SAP HANA hat die SAP ihren Kunden eine Technologie zur Verfügung gestellt, die komplexe Analysen auf strukturierten und unstrukturierten Daten gleichermaßen in Echtzeit ermöglicht. HANA ist nicht nur eine In-Memory-Datenbank für Anwendungen wie S/4HANA und BW, sondern es bietet eine komplette Entwicklungsumgebung für eigene native Anwendungen. Unter dem Stichwort *Enterprise Information Management* (EIM) oder HANA Data Warehouse lassen sich erstmals auch native SAP-Data-Warehouse-Lösungen jenseits von SAP BW betreiben. Dennoch wird BW nicht durch HANA ersetzt, die Data-Warehousing-Welt der SAP wird nur breiter und agiler. Je nach Szenario lassen sich Anforderungen sowohl mit BW-Mitteln als auch nativ umsetzen. Zugleich bestehen beidseitig Integrationsmöglichkeiten, sodass insbesondere hybride Szenarien an Bedeutung gewin-

---

[1] International Data Corporation (IDC): »The Digital Universe of Opportunities (Executive Summary)«, April 2014, *http://www.emc.com/leadership/digital-universe/2014iview/executive-summary.htm*, Abrufdatum 12.01.2017.

nen. Mit der Veröffentlichung von BW/4HANA folgt SAP genau diesem Weg.

Auch wenn viele der Novitäten unter dem Stichwort »Simplification«, also Vereinfachung, angepriesen werden und für Entwickler und Anwender zahlreiche bis dato unbekannte Möglichkeiten bieten, so bedeutet eine neue Technologie für die Administration immer auch eine weitere Lernphase. Bevor die Vereinfachungen wirklich genutzt werden können, wird es daher oft erst einmal komplexer. Insbesondere wer jahrelang mit SAP BW gearbeitet hat, steht nun vor einer größeren Umstellung.

Dieses Buch soll Ihnen, zumindest für den Bereich der Berechtigungen, die Angst nehmen und Ihnen Schritt für Schritt zeigen, wie Sie auch in modernen Hybrid-Systemen und mit unterschiedlichen Technologien jederzeit den unkontrollierten Zugriff auf Daten unterbinden. Dabei richten wir uns gleichermaßen an Neu- und Quereinsteiger sowie BW-Berechtigungsexperten. Um für jeden Benutzer den optimalen Mehrwert zu gewährleisten, haben wir das Buch in drei Abschnitte untergliedert: Ein Teil befasst sich mit BW, einer mit HANA und der dritte mit hybriden Szenarien. Innerhalb der Bereiche erklären wir zunächst die wichtigsten Grundlagen und steigen dann immer tiefer in die Materie ein, geben Tipps und Tricks für den Praxiseinsatz und hoffen, auch für Experten noch den einen oder anderen unbekannten Kniff parat zu haben.

Beispiel-Daten

Für unsere Beispiele im Buch verwenden wir den SAP E-Procurement Demo Content (InfoArea 0EPM_CONT_DELV) für BW on HANA, der mit BW 7.5 SP04 ausgeliefert wurde.

Sobald die Datenmodelle übertragen wurden, können Sie mithilfe des EPM-Datengenerators (Transaktion **SEPM_DG**) eigene Beispiel-Daten generieren.

Übungsaufgaben

Das Buch enthält eine Reihe von Übungsaufgaben, die zum besseren Verständnis ggf. bereits einen Screenshot der gewünschten Lösung enthalten. Die eigentlichen Schritt-für-Schritt-Musterlösungen sind nicht Teil des Buches, sondern können im »Bonusmaterial« als PDF-Dokument unter folgender Adresse heruntergeladen werden: *http://5127bonus.espresso-tutorials.de/*

Auf diese Weise möchten wir interessierten Lesern die Möglichkeit geben, das theoretisch erworbene Wissen an Praxisbeispielen selbst auszuprobieren und auf diese Weise zu festigen.

Verwendete Software-Versionen

Soweit nicht anders vermerkt, basieren alle Beispiele auf SAP BW 7.5 SP07 bzw. BW/4 1.0 SP04 und SAP HANA SPS12 bzw. HANA 2. Als Modellierungswerkzeuge kommen die SAP GUI 7.4 PL11, die BW-Modeling-Tools 1.18 sowie die HANA Web Workbench zum Einsatz. Ausschließlich in SAP BW4/HANA oder SAP HANA 2 verfügbare Funktionen sind explizit als solche gekennzeichnet.

Im Text verwenden wir Kästen, um wichtige Informationen besonders hervorzuheben. Jeder Kasten ist zusätzlich mit einem Piktogramm versehen, das diesen genauer klassifiziert:

Hinweis

Hinweise bieten praktische Tipps zum Umgang mit dem jeweiligen Thema.

Beispiel

Beispiele dienen dazu, ein Thema besser zu illustrieren.

Warnung

Warnungen weisen auf mögliche Fehlerquellen oder Stolpersteine im Zusammenhang mit einem Thema hin.

Übungsaufgabe

Übungsaufgaben helfen Ihnen, Ihr Wissen zu festigen und zu vertiefen.

Zum Abschluss des Vorwortes noch ein Hinweis zum Urheberrecht: Sämtliche in diesem Buch abgedruckten Screenshots unterliegen dem Copyright der SAP SE. Alle Rechte an den Screenshots hält die SAP SE. Der Einfachheit halber haben wir im Rest des Buches darauf verzichtet, dies unter jedem Screenshot gesondert auszuweisen.

1 Berechtigungen in SAP BW

Das *SAP Business Warehouse*, kurz SAP BW, ist wie alle Data-Warehouses ein OLAP(»Online Analytical Processing«)-System. Im Gegensatz zu transaktionalen Systemen wie dem SAP ERP, die in erster Linie für klassische Buchungen genutzt werden, stehen hier die Aufbereitung und Auswertung großer Datenbestände aus oft unterschiedlichen Quellen im Vordergrund. Daraus ergeben sich auch für das Berechtigungskonzept zusätzliche Anforderungen.

Da die Daten im BW i. d. R. aus unterschiedlichen Modulen oder Systemen stammen und die Modelle eine Vielzahl an Dimensionen und Attributen besitzen können, sind die Anforderungen an das Berechtigungsmanagement deutlich höher als bei einem klassischen ERP-System. Neben den SAP-Standardberechtigungen nutzt das SAP BW daher auch ein weiteres, BW-spezifisches Konzept, die sogenannten *Analyseberechtigungen*. Vereinfacht könnte man sagen: Die Standardberechtigungen regulieren den reinen Zugriff, entscheiden also, ob ein Anwender einen bestimmten Bericht überhaupt ausführen darf, die Analyseberechtigungen aber sind ausschlaggebend dafür, welche Daten dem Anwender im Berichtsergebnis angezeigt werden.

1.1 Benutzer, Rollen und Standardberechtigungen

In Bezug auf die Benutzer- und Rollenverwaltung unterscheidet sich das SAP BW nicht stark vom SAP ERP, allerdings werden nicht alle Funktionalitäten gleichermaßen genutzt. Wir werden uns im Folgenden daher auf die für das SAP BW relevanten Bereiche des SAP-Standardberechtigungswesens konzentrieren.

Modellierungswerkzeug SAP GUI

Auch wenn in SAP BW 7.5 und SAP BW/4HANA die Datenmodellierung mit den *SAP BW-Modellierungswerkzeugen in Eclipse*, im Folgenden BW-MT (für BW-Modeling-Tools), erfolgt, so werden Benutzer, Rollen und Berechtigungen nach wie vor in der klassischen SAP GUI verwaltet. Weitere Details zu und eine Einführung in die BW-MT finden Sie im Kapitel 4 des Bonusmaterials zu diesem Buch.

1.1.1 Benutzer

Das Benutzer-Management und insbesondere die getrennte Verwaltung von Benutzern und Berechtigungen (Stichwort »Vieraugenprinzip«) ist ein zu komplexes Thema, um es an dieser Stelle in Gänze zu behandeln. Für unsere späteren Beispiele in diesem Buch benötigen wir aber zumindest ein Grundverständnis von der Benutzeranlage. Und genau das wollen wir in diesem Abschnitt liefern.

User werden über die Transaktion **SU01** (»Benutzerpflege«) angelegt (Abbildung 1.1).

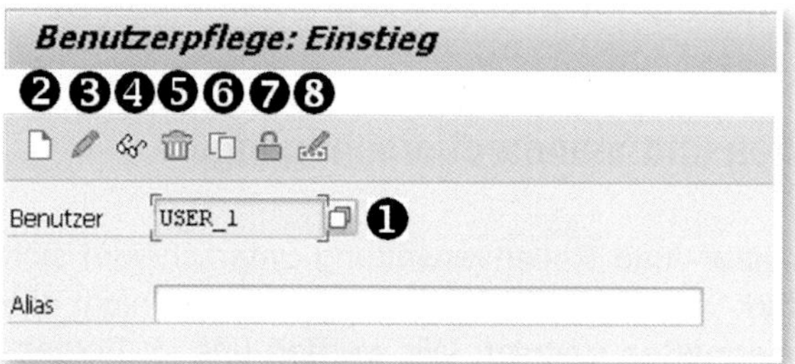

Abbildung 1.1: Benutzeranlage mit der SU01

In der Einstiegsmaske müssen wir zunächst einen technischen Benutzernamen (max. zwölf Zeichen) festlegen oder über die Hilfe einen existierenden auswählen ❶. Im Fall einer Neuanlage klicken wir auf das Icon »Erstellen« ❷. Weitere mögliche Aktionen sind die Anzeige ❹, das Ändern ❸ oder Löschen ❺ bestehender User, das Kopieren eines Users in einen neuen ❻, das Sperren und Entsperren von Usern ❼ oder auch das Erneuern von Passwörtern ❽. Insbesondere das Entsperren von Usern, z. B. aufgrund wiederholter Falscheingabe des Passworts, und das Neusetzen eines Initialpassworts (falls ein Anwender sein Passwort vergessen hat) werden uns im Rahmen von Berechtigungstests immer wieder beschäftigen.

User-Stammdaten anzeigen

In vielen Systemen ist die Transaktion **SU01** selbst für Entwickler oder Support-Mitarbeiter gesperrt. Falls bestimmte Personen dennoch User-Stammdaten ansehen dürfen sollen, so kann stattdessen die Transaktion **SU01D** berechtigt werden, die eine reine Anzeigefunktion bietet. Beispielweise kann der Supportmitarbeiter dann zumindest überprüfen, welche Rollen einem Anwender aktuell zugewiesen sind.

Sofern wir uns für die Neuanlage oder das Ändern eines Users entschieden haben, gelangen wir zur eigentlichen Benutzerpflege-Sicht (Abbildung 1.2).

Abbildung 1.2: Benutzerpflege mit der SU01

Für uns von Interesse sind an dieser Stelle nur die Tabs ADRESSE, LOGONDATEN und ROLLEN. Auf dem Tab ADRESSE müssen wir zumindest einen Namen für den User angeben, damit der Benutzer auch gespeichert werden kann.

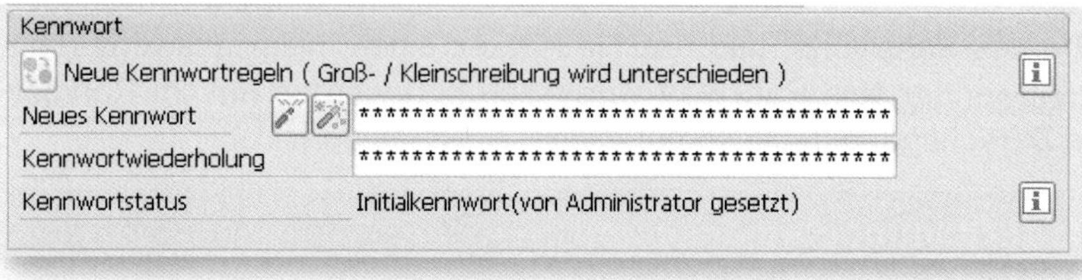

Abbildung 1.3: Kennwortvergabe mit der SU01

Auf dem Tab LOGONDATEN (Abbildung 1.3) vergeben wir ein initiales Passwort oder können uns dieses alternativ vom System generieren lassen. Nähere Hinweise zu den Kennwortrichtlinien und dazu, wie sich diese festlegen lassen, finden wir, wenn wir auf den oberen der beiden Infobuttons klicken.

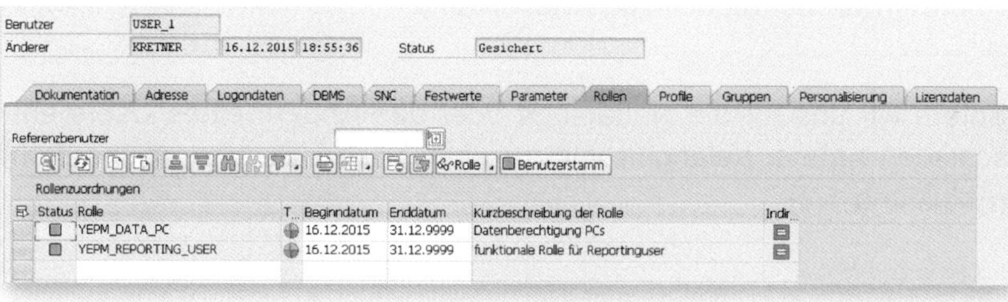

Abbildung 1.4: Rollenzuordnung mit der SU01

Auf dem Tab ROLLEN (Abbildung 1.4) sehen wir alle einem User zugeordneten Rollen. Rollen können zeitabhängig vergeben werden, daher enthält die Tabelle zusätzlich einen Gültigkeitszeitraum. Oft werden Rollenzuweisungen nicht entfernt, sondern es wird lediglich deren Gültigkeit über das ENDDATUM gesetzt, sodass am Userstamm die komplette Historie der Rollenzuweisung sichtbar bleibt. Nicht mehr gültige Rollen lassen sich durch den Button »Veraltete Rollen markieren« ( ) hervorheben. Die Statusampel am Button BENUTZERSTAMM sollte immer grün sein. Ist dies nicht der Fall, so wurde der Benutzerstamm nicht aktualisiert, und neu zugeordnete Rollen sind

u. U. noch nicht wirksam. Sollte die Statusampel also einmal rot sein, so müssen wir einen Abgleich durch Drücken des besagten Buttons Benutzerstamm erzwingen.

Zentrale Benutzerverwaltung

Ein in verteilten Systemen oft genutztes Verfahren zur Vereinfachung des Usermanagements ist die sogenannte *zentrale Benutzerverwaltung* (ZBV). In diesem Szenario kann eines der ABAP-Systeme als zentrales System definiert werden. Die Pflege der Benutzerstammsätze wird dann in diesem System vorgenommen und an die angebundenen Tochtersysteme (z. B. das BW) übertragen. Weitere Informationen zur ZBV bietet das SAP Help Portal (*https://help.sap.com*).

User-Gruppen verwenden

User können in sogenannten *Usergruppen* verwaltet werden, die mit der Transaktion **SUGR** angelegt und gepflegt werden. Usergruppen nutzt man zum einen, um Aufgaben der Benutzeradministration auf bestimmte Anwender-Gruppen zu beschränken und so z. B. das *Vieraugenprinzip* (»Segregation of Duties«) bei der Rollenzuordnung zu gewährleisten. In diesem Fall spricht man von »Usergruppen für Berechtigungen«, die in der **SU01** auf dem Tab Logondaten gepflegt und über das Berechtigungsobjekt S_USER_GROUP geprüft werden. Zum anderen dienen User-Gruppen dazu, die Selektion einer größeren Anzahl von Usern zu vereinfachen, z. B. bei der Massenpflege in der Transaktion **SU10**. Hier spricht man von »allgemeinen Usergruppen« und ordnet sie über den Tab Gruppen in der **SU01** zu.

1-1: Anlegen eines Test-Users

Für unsere späteren Testfälle müssen wir zunächst einen Test-User im System anlegen. Dazu rufen Sie die Transaktion **SU01** auf, erstellen den Benutzer »USER_1« und weisen ihm ein Initialpasswort zu.

1.1.2 Berechtigungen

Standardberechtigungen werden in allen SAP-ABAP-Systemen verwendet. Dabei werden vordefinierte *Berechtigungsobjekte* ausgeliefert, die in *Berechtigungsklassen* gruppiert sind. Jedes Berechtigungsobjekt besitzt eine Reihe von Eigenschaften, sogenannte *Berechtigungsfelder*, die einzeln ausgeprägt werden können.

Über die Transaktion **SU21** erhalten wir eine Übersicht aller im System vorhandenen Berechtigungsobjekte, gegliedert nach Klassen (siehe Abbildung 1.5, Ausschnitt aller Objekte). Für das SAP BW ist insbesondere die Klasse RS (»Business Warehouse«) von Interesse, die alle Berechtigungsobjekte enthält, die man zum Arbeiten mit dem SAP BW benötigt. Für jede relevante Aktion im BW gibt es jeweils ein eigenes Berechtigungsobjekt, z. B. eines für das Anlegen und die Nutzung von CompositeProvidern (S_RS_HCPR), eines für BW-Queries (S_RS_COMP), ein weiteres für Analysis-Office-Dokumente (S_RS_AO) usw. Einige dieser Berechtigungsobjekte sind v. a. für Administratoren oder Entwickler relevant, andere werden auch beim Zugriff auf Daten durch den Endanwender geprüft.

RS	Business Warehouse	Objektklasse
S_RS_AO	Analysis Office: Berechtigungsobjekt	Berechtigungsobjekt
S_RS_AINX	Analytischer Index	Berechtigungsobjekt
S_RS_AI	Analytischer Index	Berechtigungsobjekt
S_RS_BCS	BEx Broadcasting Berechtigung zum Einp...	Berechtigungsobjekt
S_RS_AUTH	BI Analysberechtigungen in Rolle	Berechtigungsobjekt

Abbildung 1.5: Objekte der Berechtigungsklasse RS

Betrachten wir nun das Berechtigungsobjekt S_RS_COMP (**Business Explorer - Komponenten**) näher, das beim Zugriff auf BW-Queries geprüft wird. Wenn wir in der Objektliste an die entsprechende Stelle scrollen und dann auf das Berechtigungsobjekt doppelklicken, gelangen wir in die zugehörige Detailsicht (Abbildung 1.6).

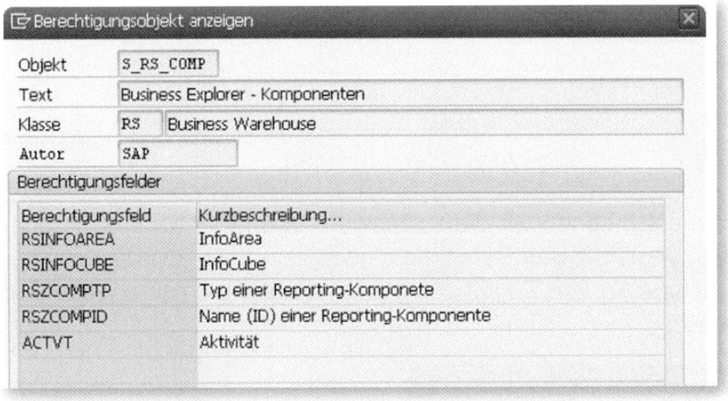

Abbildung 1.6: Details zum Berechtigungsobjekt S_RS_COMP

Wir sehen, dass das Objekt **S_RS_COMP** fünf BERECHTIGUNGSFELDER enthält:

- **RSINFOAREA**: die InfoArea des Providers, auf dem das zu berechtigende Query-Objekt basiert,
- **RSINFOCUBE**: den InfoProvider, auf dem das zu berechtigende Query-Objekt basiert,
- **RSZCOMPTP**: das eigentlich zu berechtigende Query-Objekt (Query, Struktur, ...),
- **RSZCOMPID**: den Namen des Query-Objekts,
- **ACTVT**: die erlaubte Aktivität.

Ein und dasselbe Berechtigungsfeld kann in unterschiedlichen Berechtigungsobjekten genutzt werden. Ein gutes Beispiel ist die *Aktivität* (**ACTVT**), die in fast allen Berechtigungsobjekten vorkommt und die jeweilige Art des Zugriffs bestimmt, wie etwa Erzeugen (**01**), Ändern (**02**), Anzeigen (**03**), Ausführen (**16**) (vgl. Abbildung 1.8). Endanwender erhalten i. d. R. ausschließlich die Aktivitäten **03** und **16**. Per Doppelklick auf ein Berechtigungsfeld sehen wir eine Auflistung aller Berechtigungsobjekte, die dieses Feld enthalten.

Die Liste der möglichen Aktivitäten für ein bestimmtes Berechtigungsobjekt erhält man per Klick auf den Button ZULÄSSIGE AKTIVITÄTEN (Abbildung 1.7).

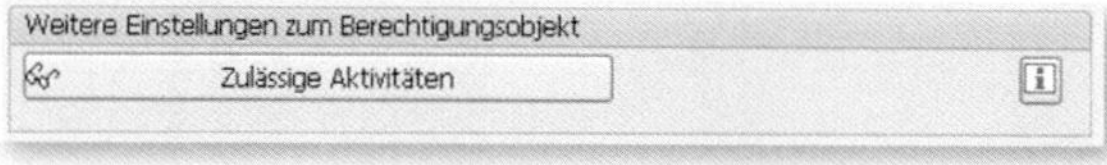

Abbildung 1.7: Zulässige Aktivitäten anzeigen

In Abbildung 1.8 sehen wir die zulässigen Aktivitäten für das Berechtigungsfeld **Aktivität** des Berechtigungsobjekts **S_RS_COMP**, das bestimmt, welche Art von Zugriff dem Anwender auf ein Abfrageelement gewährt wird.

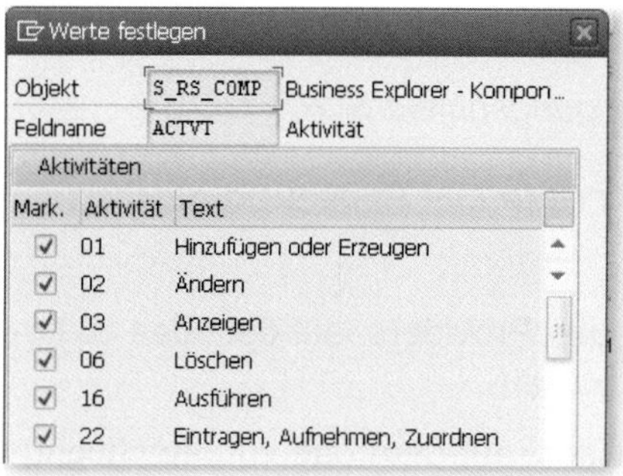

Abbildung 1.8: Zulässige Aktivitäten für S_RS_COMP

Manche Berechtigungsfelder wie RSINFOCUBE werden als Freitext gepflegt, dabei sind auch Muster wie z. B. **YEPM*** möglich. Für andere sind nur bestimmte vorgegebene Werte zulässig, die bei der Ausprägung aus einer Liste ausgewählt werden können.

Bisher haben wir nur die Definition der Berechtigungsobjekte betrachtet, nicht die eigentliche Berechtigung. Letztere ergibt sich erst durch die Ausprägung der Berechtigungsobjekte, die Sie im nächsten Kapitel kennenlernen werden. Das Ergebnis einer solchen Ausprägung sieht dann aus wie in Abbildung 1.9, die eine typische Endanwender-Berechtigung für das Berechtigungsobjekt S_RS_COMP zeigt.

Berechtigung T_KV		Business Explorer - Komponenten
RSINFOAREA	*	InfoArea
RSINFOCUBE	YEPM*	InfoCube
RSZCOMPTP	Alle Werte	Typ einer Reporting-Komponete
RSZCOMPID	YEPM*	Name (ID) einer Reporting-Komponente
ACTVT	Anzeigen, Ausführen	Aktivität

Abbildung 1.9: Mögliche Ausprägung von S_RS_COMP

Der Anwender darf in diesem Fall alle Abfragen im **YEPM**-Namensraum (d. h., der Name des Providers und der Query starten jeweils mit »YEPM«) ausführen (**16**), die Query-Definition ansehen sowie nach der Query suchen (**03**). An diesem kleinen Beispiel erkennen wir bereits, wie wichtig durchgängige Namenskonventionen im SAP BW sind, da sie die Berechtigungsvergabe erheblich vereinfachen. Umgekehrt können Berechtigungen auch dazu beitragen, eine Namenskonvention konsequent durchzusetzen, indem Entwickler für einen bestimmten Bereich im BW (z. B. FI-Reporting) nur im entsprechenden Namensraum (z. B. »ZFI*«) Objekte anlegen dürfen.

Eigene Berechtigungsobjekte definieren

Über die Transaktionen **SU21** (»Berechtigungsobjekte und -klassen«) und **SU22** (»Berechtigungsfelder«) lassen sich *kundeneigene Berechtigungsobjekte* definieren. Diese sollten entsprechend auch in kundeneigenen Berechtigungsklassen abgelegt werden. Das Berechtigungsobjekt kann sowohl kundeneigene als auch von SAP ausgelieferte Berechtigungsfelder enthalten. Erlaubte Ausprägungen lassen sich ebenfalls pflegen.

Im normalen BW-Alltag wird man eher selten mit diesem Szenario konfrontiert. Sobald es jedoch um eigene ABAP-Entwicklungen geht, die geschützt werden müssen, und ggf. unterschiedliche Aktivitäten berechtigt werden sollen, lässt sich auf diese Weise sehr einfach eine individuelle Berechtigungsprüfung erstellen, die vollständig den SAP Standard nutzt und z. B. auch in der Standard-Protokollierung auftaucht.

Die eigentliche Berechtigungsprüfung auf ein kundeneigenes Berechtigungsobjekt kann aus beliebigem ABAP-Code heraus wie folgt angestoßen werden.

```
AUTHORITY-CHECK OBJECT 'S_RS_COMP'
  ID 'RSINFOAREA' FIELD 'MYAREA'
  ID 'RSINFOCUBE' FIELD 'MYCUBE'
  ID 'RSZCOMPTP' FIELD 'REP'
  ID 'RSZCOMPID' FIELD 'MYQUERY'
  ID 'ACTVT' FIELD '03'.
IF SY-SUBRC <> 0.
  MESSAGE 'No authorization' TYPE 'E'.
ENDIF.
```

In unserem Beispiel nutzen wir das Standardobjekt S_RS_COMP, da Sie dieses bereits kennengelernt haben. Auf dieselbe Weise können Sie aber auch kundeneigene Objekte abfragen. Für die Prüfung gibt es ein Template, das im ABAP-Editor über den Menüpfad MUSTER • AUTHORITY_CHECK ausgewählt werden kann.

1.1.3 Rollen und Profilgenerator

Die Ausprägung von Berechtigungsobjekten zu Berechtigungen erfolgt über *Profile*. Früher hat man diese direkt angelegt (Transaktion **SU02**) und den Anwendern zugeordnet. Heute nutzt man stattdessen *Rollen* (Transaktion **PFCG**), die deutlich flexibler und einfacher zu handhaben sind. Die Berechtigungen werden technisch zwar weiterhin in Profilen gekapselt, aber über den in der **PFCG** integrierten Profilgenerator auf Knopfdruck im Hintergrund erstellt.

Profil SAP_ALL

Das bekannteste und auch heute noch häufig verwendete Profil ist sicherlich »SAP_ALL«. Es enthält alle im System vorhandenen Berechtigungsobjekte, wobei alle Felder mit * ausgeprägt sind. Werden eigene Berechtigungsobjekte angelegt, so kann »SAP_ALL« in der Transaktion **SU21** durch Drücken des Buttons »SAP_ALL nachgenerieren« noch einmal erstellt werden, wobei die neuen Berechtigungsobjekte ergänzt und ebenfalls mit * ausgeprägt werden.

Das Profil »SAP_NEW« ist mittlerweile obsolet. Stattdessen lässt sich aber eine gleichnamige Rolle per ABAP-Report generieren (siehe SAP Note 1711620 »Role SAP_NEW replaces profile SAP_NEW«).

Aufbau eines Rollenkonzepts

Generell kann man folgende Typen von Rollen unterscheiden:

- *Sammelrolle*
  Sammelrollen dienen lediglich der Gruppierung von Einzelrollen und enthalten selbst keine Berechtigungen. Weitere Ausprägungen wie Menüs sind möglich, aber eher unüblich.
- *Einzelrolle*
  Einzelrollen enthalten in erster Linie die eigentlichen Berechtigungen.

Es hat sich weiterhin bewährt, zumindest für die Endanwender die Einzelrollen wie folgt funktional zu trennen:

- *Menürollen*
  Diese enthalten ausschließlich Menüelemente, im BW-Kontext also Links auf die zugeordneten Berichte.

- *Berechtigungsrollen*
  Sie enthalten die Standardberechtigungen.
- *Datenrollen*
  Diese enthalten die Datenberechtigungen (Analyseberechtigungen, siehe Abschnitt 1.2).

Menürollen vs. Portalrollen und BIP-Rollen

Mit der Nutzung des »SAP Enterprise Portals« oder der »SAP-BusinessObjects-Enterprise-Plattform« (BIP), die beide eigene Rollenkonzepte für den Zugriff auf Reports nutzen und als zentrale Einstiegspunkte für Endanwender dienen, haben die Menürollen im BW stark an Bedeutung verloren, zumal sich Endanwender im SAP BW, anders als im SAP ERP, selten an der SAP GUI anmelden. Oft kann daher komplett auf Menürollen verzichtet werden. Lediglich für den direkten Zugriff aus den Client-Tools (z. B. Analysis für Office) heraus spielen sie ggf. noch eine Rolle.

Für Endanwenderrollen ist diese Trennung deshalb sinnvoll, da sich mit wenigen, modularen Einzelrollen eine Vielzahl von Business-Sammelrollen definieren lässt. Im einfachsten Fall haben beispielsweise alle Systemnutzer rein technisch Zugriff auf jede Query im System (nur eine einzige Rolle für alle Endanwender mit vollem Lesezugriff auf alle Inhalte). Pro Fachbereich existiert eine Menürolle mit den Links auf die Berichte (je eine Rolle für FI, HR, CRM usw.). Zu guter Letzt existiert für jede Ausprägung einer Datenberechtigung eine weitere Rolle (eine mit Zugriff auf die Kostenstelle 1000, eine für Kostenstelle 2000, eine auf die 3000). Aus diesen Einzel- lassen sich nun per Sammelrollen beliebige Kombinationen bilden. Änderungen an gemeinsam genutzten Berechtigungen (z. B. S_RS_COMP) müssen nur an einer Stelle gepflegt werden. An Endanwender werden i. d. R. dann nur Sammelrollen vergeben.

Ob die Sammelrollen am Ende streng nach BW-Bereichen (entsprechend ERP-Modulen) oder aber nach Business-Prozessen und damit ggf. modulübergreifend aufgebaut werden, hängt von den jeweiligen

Anforderungen ab. Beides lässt sich aber gut mit dem vorgestellten Konzept umsetzen.

Vererbung und Ableitung

In ERP-Systemen findet sich außerdem das Konzept der »abgeleiteten Rollen«. Dabei werden zunächst zentrale Objekte (typisches Beispiel ist der Buchungskreis) als *Organisationsebenen* festgelegt, auf denen die Berechtigungen aufbauen. Danach werden eine *Template-Rolle* und beliebig viele abgeleitete Rollen (= Kind-Rollen) angelegt (z. B. eine pro Buchungskreis). Letztere übernehmen alle Berechtigungen der Template-Rolle (Vererbung) und werden nur in den Organisationsebenen explizit ausgeprägt. Änderungen an anderen Objekten als den Organisationsebenen erfolgen immer nur an der Template-Rolle. Auf diese Weise müssen Anpassungen an ähnlichen Rollen ebenfalls nur einmal zentral vorgenommen werden.

Vererbung versus Sammelrollenkonzept

Das Konzept der Vererbung funktioniert im ERP sehr gut, da oft eine Vielzahl ähnlicher Rollen existiert, die sich nur in einer oder wenigen Ausprägungen unterscheiden (z. B. dem erwähnten Buchungskreis oder der Aktivität). Im SAP BW stößt man mit diesem Ansatz dagegen schnell an Grenzen, da man bei komplexeren Endanwender- oder Entwicklerrollen eine ganze Reihe von Berechtigungsfeldern als Organisationsebenen definieren müsste (Report »PFCG_ORGFIELD_CREATE«). Betrachten wir beispielsweise S_RS_COMP, so stellen wir fest, dass eigentlich jedes einzelne Berechtigungsfeld darin eine potenzielle Organisationsebene darstellt. Aus diesem Grund empfehlen wir diesen Ansatz i. d. R. nicht für SAP BW, sondern schlagen stattdessen vor, wie oben beschrieben, mit modularen Einzel- und Sammelrollen zu arbeiten. Technisch möglich ist die Nutzung der Vererbung aber auch im BW und wird gelegentlich auch von Kunden genutzt.

Arbeiten mit Rollen

Einstieg in das Arbeiten mit Rollen ist die Transaktion **PFCG** (»Rollenpflege«), siehe Abbildung 1.10.

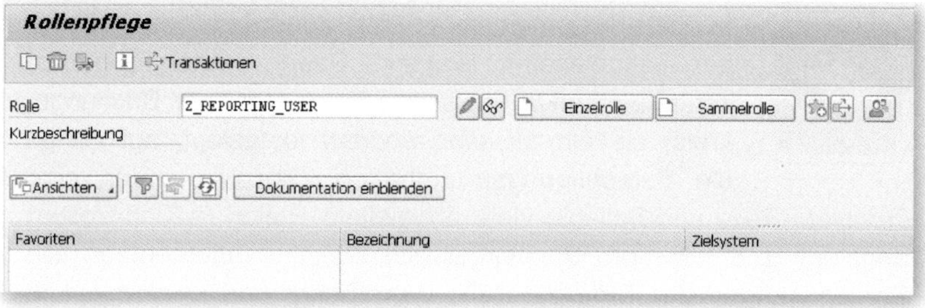

Abbildung 1.10: Rollenpflege

Der technische Name einer Rolle kann aus bis zu dreißig Zeichen bestehen. Wie bei allen BW-Objekten ist eine sinnvolle Namenskonvention empfohlen. In der Praxis haben sich z. B. folgende Elemente als mögliche Bestandteile einer Namenskonvention bewährt.

- System (z. B. Entwicklung, Produktion),
- Typ der Rolle (Einzelrolle, Sammelrolle),
- Benutzerkreis (z. B. Endanwender, Admin, Entwickler, Support),
- Art der Rolle (z. B. Backend, Frontend, Menürolle, Datenrolle),
- (Fach-)Bereich.

PSF_FI_CONTROLLER wäre dann beispielweise die Sammelrolle (S) für den Fachbereich (F) Controlling im Produktivsystem (P), PEF_FI_D_CONTROLLER_DE eine darin enthaltene Einzelrolle, die die zugehörigen Datenberechtigungen für Deutschland enthält.

Bei der Neuanlage von Rollen muss zunächst festgelegt werden, ob es sich um eine Sammel- oder eine Einzelrolle handelt. Während Sammelrollen eine eingeschränkte Anzahl von Reitern aufweisen (insbesondere keine Berechtigungen), haben wir bei Einzelrollen alle Optionen.

Im Tab MENÜ können wir Menüstrukturen definieren (siehe Abbildung 1.11). Für Endanwender sind das in erster Linie Links auf Berichte, die über den kleinen Pfeil rechts im Kontextmenü des Buttons TRANSAKTION eingefügt werden. Alternativ können Sie Berichte beim Speichern im jeweiligen Berichtswerkzeug (z. B. Analysis for Office) direkt der Rolle hinzufügen, ein besonders für Poweruser gebräuchlicher Ansatz, wenn von ihnen erstellte Berichte verteilt werden sollen.

Abbildung 1.11: Tab »Menü« in der PFCG

Im ERP-Kontext werden gern auch Transaktionen über den Button TRANSAKTION ins Menü eingebunden. Das liegt zum einen daran, dass im ERP auch Endanwender direkt mit Transaktionen arbeiten, und hat zum anderen den Vorteil, dass automatisch die zu einer Transaktion gehörigen Berechtigungsobjekte im Tab BERECHTIGUNGEN mit angelegt werden (über die Transaktion **SU24** können die zu einer Transaktion gehörigen Berechtigungsobjekte gepflegt werden). Im BW-Kontext ist dieses Vorgehen allerdings eher unüblich: Endanwender arbeiten i. d. R. nicht mit Transaktionen und melden sich nur in den wenigsten Fällen über die SAP GUI direkt am System an, und Administratoren bzw. Entwickler kennen ihre Transaktionen ohnehin. Zudem arbeitet das SAP BW mit relativ wenigen, dafür zentralen Transaktionen wie der **RSA1** (»Data Warehousing Workbench«), aus der heraus die meisten Funktionen zugänglich sind, ohne die Transaktionen direkt aufrufen zu müssen. Auch in Bezug auf die Berechtigungsobjekte kommt das BW mit relativ wenigen Objekten aus, die von vielen Transaktionen in unterschiedlichen Ausprägungen genutzt werden. Die abgeleiteten Ausprägungen sind bei Auslieferung außerdem oft schlecht oder gar nicht gepflegt, und die Rollen im BW sind weit weniger standardisiert als im ERP.

Rollen-Download

Rollen lassen sich auch als Textdateien speichern und in andere Systeme importieren. Das soll keinen Transportmechanismus ersetzen, kann aber bisweilen praktisch sein, um Rollen z. B. zwischen unterschiedlichen Entwicklungssystemen einfach zu kopieren oder ein schnelles Backup zu erstellen. Die Funktion findet man im Menüpunkt ROLLE • DOWNLOAD bzw. für mehrere Rollen unter HILFSMITTEL • MASSENDOWNLOAD.

Eigentliches Kernstück der **PFCG** ist der *Profilgenerator*, der über den Tab BERECHTIGUNGEN erreichbar ist (Abbildung 1.12). Hier werden die Berechtigungsobjekte beliebig kombiniert und ausgeprägt. Wie eingangs erwähnt, wird technisch gesehen im Hintergrund ein Profil erzeugt und mit der Rolle verbunden, aber das muss uns an dieser Stelle nicht weiter interessieren.

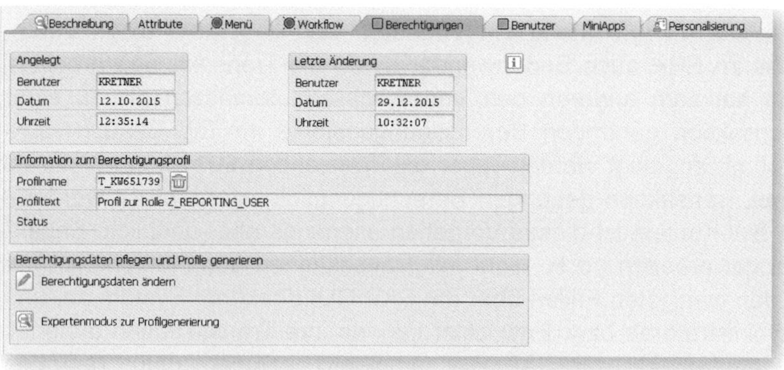

Abbildung 1.12: Tab »Berechtigungen« in der PFCG

Wenn wir auf BERECHTIGUNGSDATEN ÄNDERN klicken und noch kein Profil existiert (da es sich um eine neue Rolle handelt), erhalten wir eine Liste mit wählbaren Vorlagen. Im Gegensatz zu den ausgelieferten SAP-Rollen, die i. d. R. im BW-Bereich mehr oder weniger unbrauchbar sind, weil sie viel zu viele Berechtigungen enthalten, sind diese Vorlagen zwar besser, aber z. T. veraltet. Neueinsteiger können die Funktion aber nutzen, um ein erstes Verständnis für die Zusammenhänge zwischen Berechtigungsobjekten und Ausprägungen zu erlangen.

Dokumentation von Berechtigungsobjekten

Eine andere gute Hilfe bei der Wahl der Ausprägung von Berechtigungen ist die Dokumentation der Berechtigungsobjekte, die via **SU21** (Abbildung 1.13) über den zugehörigen Button zugänglich ist. Alternativ können wir die Dokumentation auch per Doppelklick auf das Berechtigungsobjekt im Profilgenerator starten. Leider sind nicht alle Objekte gleichermaßen gut dokumentiert, zu den zentralen Objekten finden sich aber oft Beispiele mit konkreten Ausprägungen.

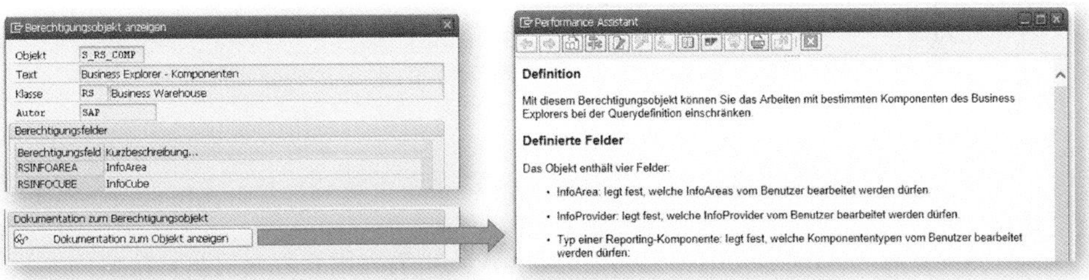

Abbildung 1.13: Dokumentation zum Berechtigungsobjekt anzeigen

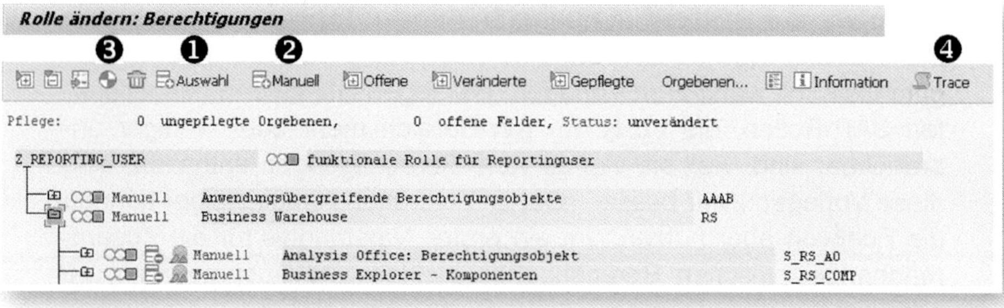

Abbildung 1.14: Profilgenerator

Im Profilgenerator (Abbildung 1.14) lassen sich neue Berechtigungsobjekte über den Button AUSWAHL ❶ einfügen. Im nächsten Screen erscheint eine nach Klassen geordnete Liste aller im System vorhandenen Berechtigungsobjekte mit einem i. d. R. sprechenden Namen (Abbildung 1.15, linke Seite). Durch das jeweilige Markieren des kleinen roten Minus-Icons vor den gewünschten Objekten können Sie mehrere Objekte sammeln (es erscheint dann vor jedem gewählten Objekt ein grünes Plus-Icon) und am Ende alle gemeinsam in die Rolle einfügen. Alternativ lassen sich über den Button MANUELL ❷ neue Berechtigungsobjekte direkt eingeben (Abbildung 1.15, rechte Seite).

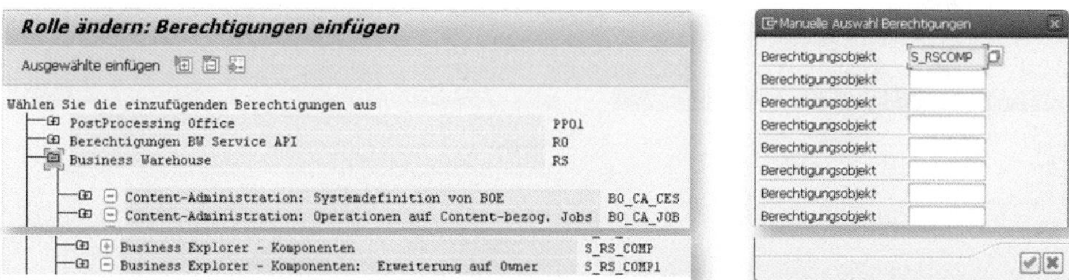

Abbildung 1.15: Optionen zum Einfügen von Berechtigungsobjekten

In beiden Varianten werden die Berechtigungsobjekte mit leeren Berechtigungsfeldern in die Rolle eingefügt (Abbildung 1.16). Wurden Berechtigungsobjekte hingegen über Menü-Transaktionen eingefügt, so sind diese i. d. R. bereits partiell ausgeprägt. Per Klick auf das Stift-Symbol vor jeder Zeile können die zugehörigen Werte gepflegt werden. Je nachdem, wie das Feld definiert wurde, bekommt man eine

Liste erlaubter Werte oder ein Freitext-Range-Feld angeboten. Klickt man auf den kleinen Stern (*) vor der Zeile, so wird eine Vollberechtigung erzeugt.

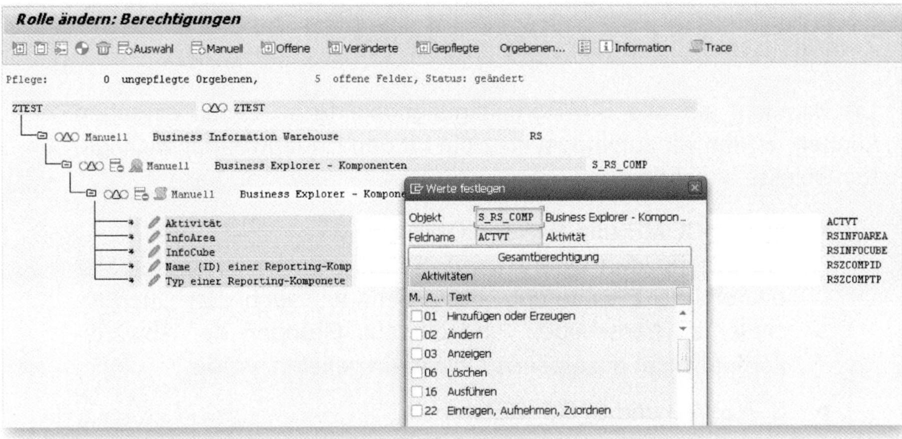

Abbildung 1.16: Berechtigungsobjekte aufnehmen

Technische Namen anzeigen

Über den Menüeintrag HILFSMITTEL • TECHNISCHE NAMEN AN können Sie sich die technischen Namen der Berechtigungsfelder und der ausgeprägten Werte anzeigen lassen.

Über HILFSMITTEL • EINSTELLUNG lässt sich dies auch als Standardeinstellung festlegen. Ebenso kann man hier die Ansicht auf ALV (ALV-TREE VERWENDEN) umstellen, was wir im Folgenden aus Platzgründen für einige der Screenshots in diesem Buch gemacht haben.

Speichert man Berechtigungen zum ersten Mal, so wird man nach einem technischen Namen für das automatisch generierte Profil gefragt. Wir empfehlen, den Vorschlagswert beizubehalten, da Sie nirgends mehr auf dieses Profil direkt zugreifen werden. Verlassen wir die Pflege, ohne zu sichern oder das Profil generiert zu haben (Abbildung 1.14 ❸), so erhalten wir einen Warnhinweis. Wir müssen das Profil immer explizit generieren, damit jegliche Änderungen auch wirksam werden. Auf den Button TRACE ❹ werden wir in Abschnitt 1.1.4 noch eingehen.

Zentrale Berechtigungsobjekte im SAP BW

Da wir nicht auf alle BW-Berechtigungsobjekte im Detail eingehen können, wollen wir zumindest kurz die für den Endanwender wichtigsten Objekte ansehen:

- S_RS_COMP und S_RS_COMP1
  Objekte für den Queryzugriff. S_RS_COMP1 ist eine später eingeführte Erweiterung, die es erlaubt, auch den Queryersteller zu berechtigen, und die aus Gründen der Abwärtskompatibilität als eigenes Objekt ausgeliefert wurde.
- S_RS_AO und S_RS_ZEN
  Berechtigen den Zugriff auf Analysis-Office-Dokumente und Design-Studio-Applikationen.
- S_RS_AUTH
  Über das Berechtigungsobjekt S_RS_AUTH lassen sich Analyseberechtigungen (siehe Abschnitt 1.2) mit Rollen verknüpfen.
- S_RS_FOLD
  Damit lässt sich die Auswahl von Berichten für den Endanwender über die Infoarea-Hierarchie verbergen, es bleiben die Optionen »Favoriten« und »Rollen«.
- S_RFC (Berechtigungsklasse AAAB)
  Jedes Frontend nutzt eine Reihe von RFC-Aufrufen zur Kommunikation mit dem Backend. Entsprechend müssen diese berechtigt sein.

Eine Übersicht der wichtigsten Berechtigungsobjekte für BW und BW/4HANA finden Sie im Anhang.

1-2: Eine Endanwender-Rolle erstellen

Erstellen Sie für die nachfolgenden Beispiele eine einfache Endanwender-Reportingrolle »YEPM_REPORTING _USER«.

Diese soll folgende Berechtigungen umfassen:

- Ausführen von Queries im Namensraum »YEMP*«,
- Erstellen und Ausführen von Analysis for Office Workbooks,
- S_RFC, das wir der Einfachheit halber mit * ausprägen (für Analysis for Office stehen die Funktionsgruppen »SYST«, »RSAO_CORE« und »RSBOLAP_BICS*« zur Verfügung).

Die neu erstellte Rolle weisen Sie nun dem in Übung 1-1 erstellten Anwender »USER_1« zu.

Eine typische Key-User-Berechtigung

Key-User dürfen häufig selbst temporäre Queries im Produktivsystem anlegen. Damit diese klar von den transportierten Queries abgrenzbar sind, wird i. d. R. ein eigener Namensraum verwendet, in unserem Beispiel »ZTEMP«. Dafür verwenden wir zwei unterschiedliche Ausprägungen des Objektes S_RS_COMP, die beide in derselben Rolle enthalten sein können. Außerdem soll unser Key-User nur seine eigenen temporären Queries ändern dürfen. Dafür nutzen wir eine Besonderheit von S_RS_COMP1, indem wir das Feld RSZOWNER (Besitzer) mit **$USER** ausprägen. Der Wert entspricht dem jeweils aktuell angemeldeten User (Abbildung 1.17). Soll der Key-User die Queries in Workbooks einbinden und diese über Menürollen anderen Benutzern zur Verfügung stellen können, so benötigt er zusätzlich die Berechtigungsobjekte S_RS_AO und S_USER_AGR. Soll er auch Objekte wieder aus Menürollen entfernen können, benötigt er zusätzlich das Objekt S_USER_TCD mit der Ausprägung SAP_BW_ QUERY (siehe SAP-Hinweis 1979932).

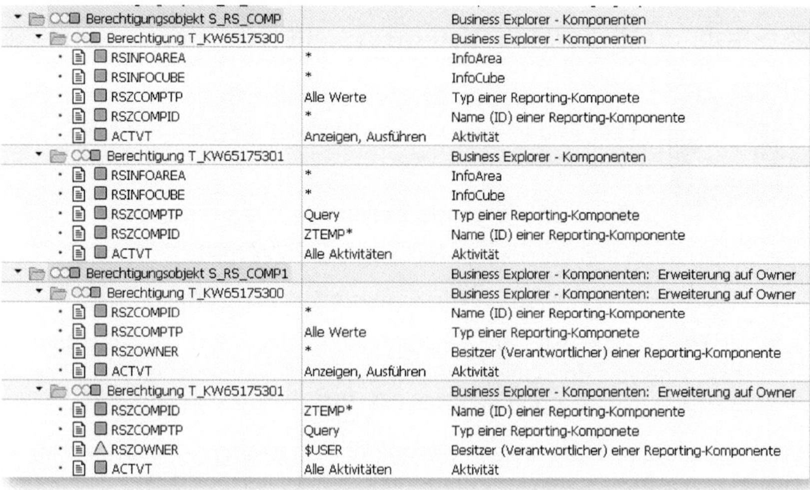

Abbildung 1.17: Beispiel einer Key-User-Berechtigung

1.1.4 Fehlersuche bei Standardberechtigungen

Berechtigungstrace mit der ST01

Zur Überprüfung notwendiger Berechtigungen lässt sich mithilfe der Transaktion **ST01** (»Systemtrace«) ein *Berechtigungstrace* aufzeichnen (Abbildung 1.18). Dazu setzen wir den Haken bei BERECHTIGUNGSPRÜFUNG ❶ und einen FILTER ❷ auf einen bestimmten BENUTZER ❸, damit nur für diesen ein Trace aufgezeichnet wird. Da ein Trace immer Last auf dem System erzeugt und i. d. R. im Produktivsystem ausgeführt wird, sollten die Einschränkungen so eng wie möglich gesetzt und der Trace sollte nach getaner Arbeit auch wieder ausgeschaltet werden.

Wir schalten aber erst einmal den TRACE AN ❹, und die Aufzeichnung beginnt. In unserem oben angelegten Beispiel führen wir jetzt die Query YEPM_CP_SO_Q001 mit dem Anwender **USER_1** in Analysis for Office aus. Nachdem wir bzw. der zu prüfende Anwender mit der Aktion fertig ist, schalten wir den TRACE wieder AUS ❺ und sehen uns das Ergebnis an, indem wir den Button AUSWERTUNG ❻ wählen.

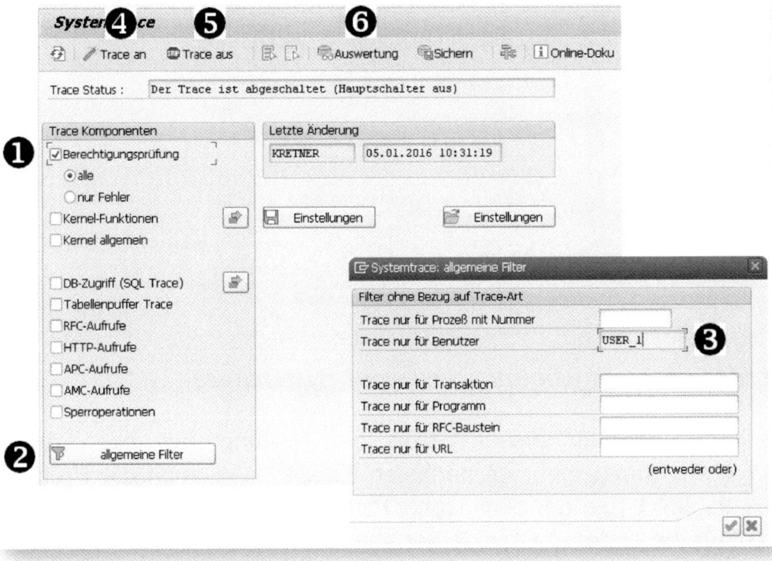

Abbildung 1.18: Einen Systemtrace mit der ST01 anlegen

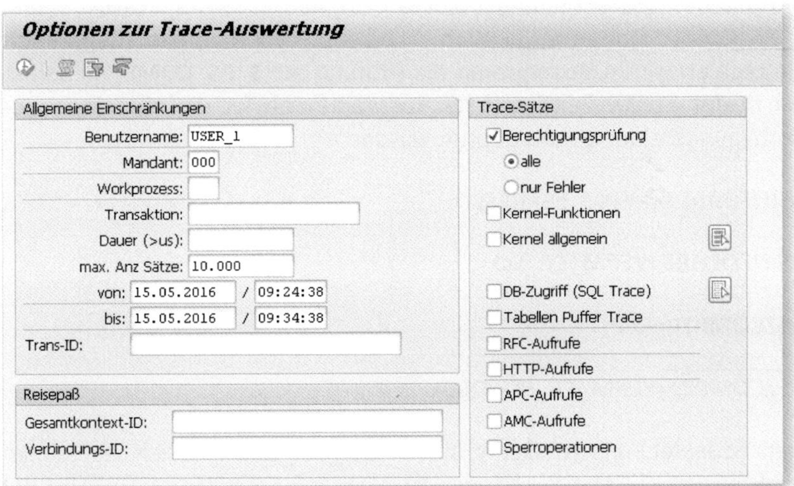

Abbildung 1.19: Einen Systemtrace auswerten

Es öffnet sich ein Fenster (Abbildung 1.19), in das wir den Benutzer sowie ein passendes Zeitfenster eingeben. Wir lassen uns durch einen Klick auf den Button »Auswertung starten« (bzw. F8) die Ergebnisse des Traces anzeigen (Abbildung 1.20).

Mandant: 000 Benutzer: USER_1 Transaktion: Trans-ID: 902689FD51B401D0E00573826095164A
Anfang: 15.05.2016 09:32:30,552395 Ende: 15.05.2016 09:32:32,831334 Anzahl Sätze: 9 Dateiversion: 3
EPP Gesamtkontext-ID: EPP Verbindungs-ID: EPP Aufrufszähler: 0
Blockgröße: 3.602 Erster Block vom Dialogschritt letzter Block im Dialogschritt
Workprozess: 30 Prozess-ID: 56.995

hh:mm:ss,ms	Typ	Dauer(us)	Objekt		Text
09:32:30,552	AUTH		S_RFC	RC=0	RFC_TYPE=FUGR;RFC_NAME=RSAO_CORE;ACTVT=16;type=RF;name=RSAO_BICS_SESSION_INITIALIZE
09:32:30,562	AUTH		S_RS_RSTT	RC=12	RSTTBOBJ=TRACE;USER=USER_1;ACTVT=01;type=RF;name=RSAO_BICS_SESSION_INITIALIZE;
09:32:31,126	AUTH		S_RFC	RC=0	RFC_TYPE=FUGR;RFC_NAME=RSBOLAP_BICS_CONSUMER;ACTVT=16;type=RF;name=BICS_CONS_SET_GE
09:32:31,612	AUTH		S_RFC	RC=0	RFC_TYPE=FUGR;RFC_NAME=RSBOLAP_BICS_PROVIDER;ACTVT=16;type=RF;name=BICS_PROV_OPEN;
09:32:31,699	AUTH		S_RS_AUTH	RC=4	BIAUTH=0BI_ALL;type=RF;name=BICS_PROV_OPEN;
09:32:31,700	AUTH		S_RS_AUTH	RC=0	reason2=D;dummyfield= ;type=RF;name=BICS_PROV_OPEN;
09:32:31,773	AUTH		S_RS_COMP	RC=0	RSINFOAREA=YEPM_ESPRESSO;RSINFOCUBE=YEPM_CP_SO;RSZCOMPTP=REP;RSZCOMPID=YEPM_CP_SO_Q
09:32:31,780	AUTH		S_RS_COMP1	RC=0	RSZCOMPID=YEPM_CP_SO_Q001;RSZCOMPTP=REP;RSZOWNER=D051400_C;ACTVT=16;type=RF;name=BI
09:32:32,242	AUTH		S_RFC	RC=0	RFC_TYPE=FUGR;RFC_NAME=RSBOLAP_BICS_PROVIDER_VAR;ACTVT=16;type=RF;name=BICS_PROV_VA

Abbildung 1.20: Ergebnisprotokoll eines Systemtrace

Übergehen wir an dieser Stelle die Prüfung auf das Objekt **S_RS_AUTH** (dazu mehr im nächsten Kapitel) und auch die Prüfung auf **S_RS_RSTT** (die mit dem Trace-Tool selbst zu tun hat) und sehen uns dafür die anderen Objekte genauer an. Wir stellen fest, dass alle anderen Prüfungen mit Returncode »0« (**RC = 0**) beendet wurden. Das bedeutet, dass die Prüfung erfolgreich bestanden wurde. Die geprüften Berechtigungsobjekte **S_RFC**, **S_RS_COMP** und **S_RS_COMP1** haben wir ja auch in unserer Reportingrolle ausgeprägt. Betrachten wir im Besonderen die Prüfung auf **S_RS_COMP**, so sehen wir in der Spalte TEXT, welche Ausprägungen für die einzelnen Berechtigungsfelder genau geprüft wurden:

RSINFOAREA=YEPM_ESPRESSO,

RSINFOCUBE=YEPM_CP_SO,

RSZCOMPTP=REP,

RSZCOMPID=YEPM_CP_SO_Q001.

Das bedeutet, unsere Query YEPM_CP_SO_Q001 basiert auf einem InfoProvider YEPM_CP_SO, der zu einer InfoArea YEPM_ESPRESSO gehört.

Versuchen wir nun, uns mit dem Test-User direkt an der SAP GUI anzumelden und die Transaktion **RSA1** zu starten, so erhalten wir eine Fehlermeldung. Im Trace sehen wir jetzt auch die Ursache dafür (Abbildung 1.21).

hh:mm:ss,ms	Typ	Dauer(us)	Objekt	Text
11:45:17,948	AUTH	—	S_TCODE RC=12	tcode=RSA1;TCD=RSA1;type=TR;name=SESSION_MANAGER;

Abbildung 1.21: Ergebnisprotokoll Systemtrace-Fehler

Die Prüfung auf das Berechtigungsobjekt **S_TCODE** (»Transaktionscode-Prüfung bei Transaktionsstart«) für die Transaktionscode-Ausprägung **RSA1** ist fehlgeschlagen (**RC = 12**), weil wir es nicht mit der entsprechenden Ausprägung in unsere Rolle aufgenommen hatten.

Rollen für bestimmte Aufgaben ausprägen

Bei der Zusammenstellung von Berechtigungsobjekten für bestimmte Rollen kann es hilfreich sein, für einen vollberechtigten Anwender einen Trace mitlaufen zu lassen, während er die typischen Aufgaben seiner Rolle durchführt. Auf diese Weise erhält man eine Liste der geprüften Berechtigungsobjekte. Diese sollte dann aber noch einmal genauer kontrolliert werden, da ein und dieselbe Aktion bisweilen durch unterschiedliche Berechtigungen erlaubt werden kann. Normalerweise wird dann zunächst das generischste Objekt geprüft und die Detailobjekte nur, wenn diese erste Prüfung fehlschlägt. Im Fall unseres Anwenders mit Vollzugriff werden wir die vielleicht passenderen Berechtigungsobjekte also nicht im Trace vorfinden. Das saubere Zusammenstellen einer möglichst restriktiven Berechtigungsrolle, insbesondere für IT- oder Supportanwender, ist immer ein zeitintensiver Prozess.

Analyse pro Berechtigungsobjekt

Hat man eine Reihe von Traces aufgezeichnet, so lassen sich diese auch über die **PFCG** pro Berechtigungsobjekt analysieren (Abbildung 1.22). Dazu muss im Profilgenerator der Button TRACE (Abbildung 1.14, ❹) gedrückt werden.

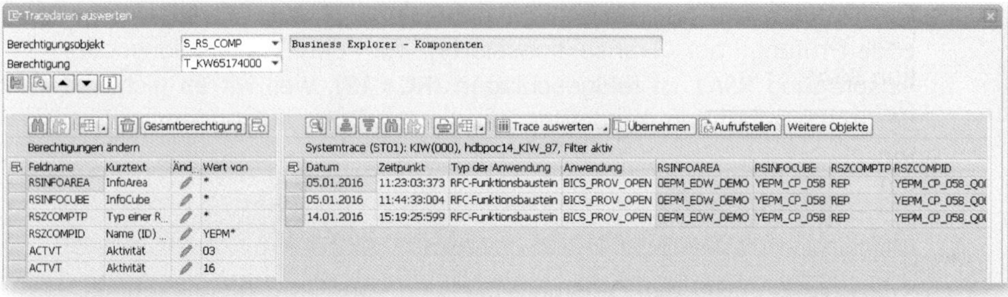

Abbildung 1.22: Auslesen des Systemtraces in der PFCG

Returncodes und ihre Bedeutung

Folgende Returncodes treten im Protokoll am häufigsten auf:

- RC = 0 Die Prüfung war erfolgreich.
- RC = 4 Der Anwender besitzt das Berechtigungsobjekt, aber nicht die benötigte Ausprägung.
- RC = 12 Dem Anwender fehlt das Berechtigungsobjekt.

Analyse mithilfe der Transaktion SUIM

Oft steht man als Entwickler vor der Frage, welche Rolle für eine bestimmte Aufgabe beantragt werden muss, oder der Berechtigungsadministrator möchte sich einen Überblick über die Rollenzuweisungen und -inhalte im System verschaffen. Bei einem gut dokumentierten Berechtigungs- und Rollenkonzept sollte das kein Problem darstellen, für alle anderen Fälle gibt es die Transaktion **SUIM** (»Benutzerinformationssystem«). Sie ist für alle Arten von Suchanfragen nach Benutzer, Rollen oder Berechtigungen hilfreich. In unserem Szenario beschränken wir uns auf die Suche nach einer Rolle, die die Transaktion **RSA1** berechtigt. Dazu starten wir die **SUIM** und wählen ROLLEN • ROLLEN NACH KOMPLEXEN SELEKTIONSKRITERIEN • NACH BERECHTIGUNGSWERTEN und geben bei OBJEKT 1 **S_TCODE** und bei WERT **RSA1** ein (Abbildung 1.23).

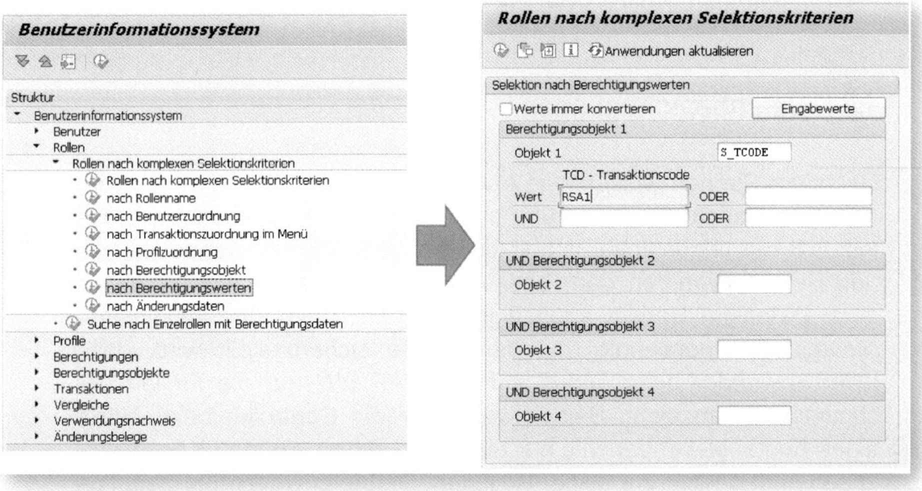

Abbildung 1.23: Arbeiten mit der SUIM

Im Ergebnis erhalten wir eine Übersicht über alle Rollen, die die entsprechende Transaktion berechtigen.

Neben komplexen Suchanfragen nach Benutzern, Rollen oder Berechtigungen bietet die **SUIM** noch einige weitere, sehr interessante Möglichkeiten:

- **Vergleiche**
  von Benutzern, Berechtigungen oder Rollen, auch über Systeme hinweg. Diese Funktion ist sehr hilfreich bei Untersuchungen dazu, »welche Rolle Anwender A hat, die Anwender B nicht besitzt« oder »inwieweit sich ggf. die Reportingrolle von Test- und Produktionssystem unterscheidet«.
- **Verwendungsnachweis**
  zeigt an, wo im System bestimmte Rollen, Berechtigungsobjekte etc. verwendet werden.
- **Änderungsbelege**
  stellen die Änderungshistorie von Objekten wie User, Berechtigungen, Rollen usw. dar.

1.2 Datenberechtigungen

Nachdem Sie nun wissen, wie Anwender berechtigt werden müssen, damit sie Berichte aufrufen und ausführen können, befassen wir uns jetzt mit den eigentlichen Inhalten: Denn wenn ein Anwender auf einen Report zugreifen darf, bedeutet das noch lange nicht, dass er auch Daten im Bericht angezeigt bekommt. Dazu sind *Analyseberechtigungen* notwendig, mit deren Hilfe sichergestellt wird, dass jeder Anwender beim Zugriff auf das SAP BW nur die für ihn bestimmten Daten sieht. Beispielweise soll ein Controller beim Aufruf eines Kostenstellenberichts nur die Daten seiner eigenen Kostenstelle sehen und nicht die seiner Kollegen. Dennoch wollen Sie natürlich nicht für jede Kostenstelle einen separaten Bericht bauen. Im Gegensatz zu den weitestgehend von SAP vordefinierten Berechtigungsobjekten liegen der Aufbau und die Ausgestaltung der Analyseberechtigungen gänzlich in der Verantwortung des Kunden.

Modellierungswerkzeug SAP GUI

Wie bei den Rollen findet auch die Modellierung der Analyseberechtigungen in BW 7.5 und BW/4HANA weiterhin in der SAP GUI statt. Lediglich wenn im Rahmen des Berechtigungskonzepts InfoObjekte, Queries oder Variablen angefasst werden müssen, nutzen wir die Eclipse-basierten BW-Modeling-Tools (BW-MT).

1.2.1 Einführung in die Analyseberechtigungen

Mit der Einführung von SAP BW 7.0 im Jahr 2005 wurde das Konzept der Datenberechtigungen grundlegend überarbeitet. Bis dahin wurden die sogenannten *3.x-Reportingberechtigungen* genutzt, die sich stark an den SAP-Standardberechtigungen orientierten und für die eigene Z-Berechtigungsobjekte (Transaktion **SU21**) angelegt werden mussten. Da dieser Ansatz zwar einfach, aber wenig flexibel war, wurde mit BW 7.0 das völlig neue Konzept der Analyseberechtigungen vorgestellt, die seither den Standard für Datenberechtigungen in SAP BW bilden und mit BW 7.3 noch einmal ein wenig erweitert wurden.

Berechtigungsrelevante Objekte

Das Grundkonzept der Analyseberechtigungen ist die Definition von Objekten mit schützenswerten Inhalten. Das bedeutet, dass zunächst diejenigen InfoObjekte ermittelt werden, anhand derer die Anwender später berechtigt werden sollen. Typische Beispiele sind »Kostenstellen« oder »Organisationseinheiten«; diese Objekte werden, einmal definiert, stets systemweit geprüft, d. h., die Prüfung gilt auf allen InfoProvidern, die eines der entsprechenden Merkmale enthalten (im Gegensatz zu den alten Reportingberechtigungen, bei denen für jeden InfoProvider die zu prüfenden Objekte individuell festgelegt werden konnten). Das bedeutet, dass zum einen nur solche InfoObjekte berechtigungsrelevant gesetzt werden sollten, für die es wirklich nötig ist, und zum anderen, dass das Setzen der Berechtigungsrelevanz von bestehenden InfoObjekten im laufenden Betrieb immer nur in

Abstimmung mit den anderen Bereichen geschehen darf, da auch diese betroffen sind, sofern sie das entsprechende InfoObjekt nutzen.

Die Berechtigungsrelevanz der InfoObjekte muss zunächst im InfoObjekt-Modellierer der BW-Modeling-Tools gesetzt werden (Abbildung 1.24 – Haken bei AUTHORIZATION-RELEVANT im Tab GENERAL). In der SAP GUI war dies über die Transaktion **RSD1** auf dem Tab BUSINESS EXPLORER möglich.

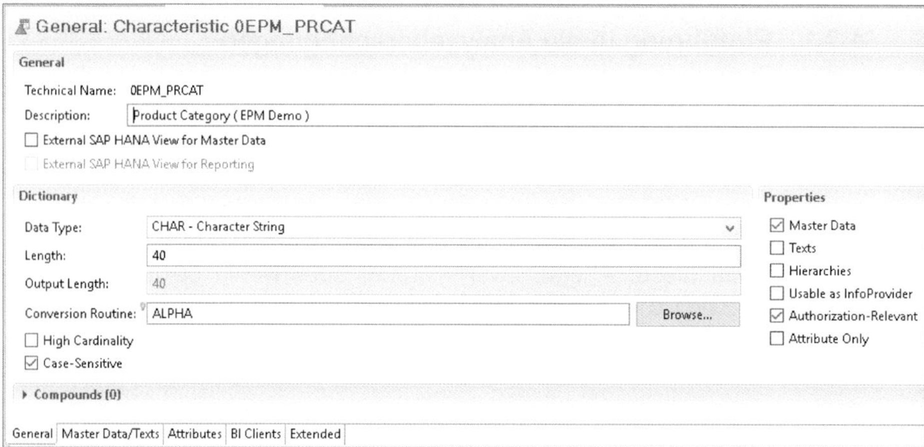

Abbildung 1.24: Berechtigungsrelevanz für ein InfoObjekt festlegen

Sobald der entsprechende Haken gesetzt ist, wird dieses Objekt systemweit bei Berechtigungsprüfungen verwendet. Wann immer ein Anwender nun auf Daten zugreift, sei es über ein Reporting-Tool, eine BW-Query oder direkt über den InfoProvider, werden seine Berechtigungen für alle im zugrunde liegenden Provider enthaltenen und als berechtigungsrelevant markierten InfoObjekte geprüft, unabhängig davon, ob der Anwender sich das Objekt selbst in seiner Abfrage anzeigen lässt oder nicht.

Änderung der Berechtigungsrelevanz schützen

Nur das Berechtigungsteam sollte in der Lage sein, InfoObjekte als berechtigungsrelevant zu markieren. Erlaubt man es jedem Projektmitarbeiter oder jedem Entwickler, nach Belieben die Berechtigungsrelevanz ein- und auszuschalten, so kann es passieren, dass beim Setzen des Flags für gemeinsam genutzte InfoObjekte nach dem Transport in das Produktivsystem plötzlich Nutzer anderer Anwendungen Berechtigungsfehler erhalten, weil sie für dieses zusätzliche Objekt keine Berechtigung besitzen.
Jedes Projekt sollte daher seine Anforderungen an ein zentrales Berechtigungsteam melden, das potenzielle Abhängigkeiten frühzeitig prüft.
Zum Schutz dieser Funktion steht das Standardberechtigungsobjekt S_RSEC zur Verfügung (siehe Abschnitt 1.3.3).

Navigationsattribute

Im Unterschied zu den alten Reportingberechtigungen werden *Navigationsattribute* im Rahmen der Analyseberechtigungen wie normale Merkmale behandelt. Das bedeutet, dass Navigationsattribute ebenfalls einzeln berechtigungsrelevant geschaltet werden können (Abbildung 1.25).

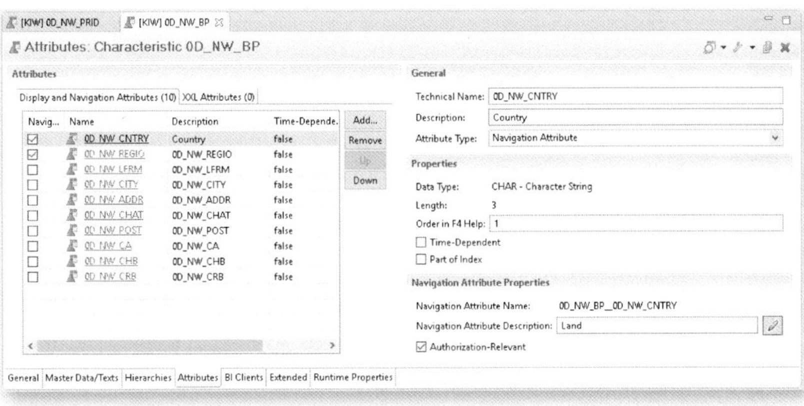

Abbildung 1.25: Berechtigungsrelevanz für ein Navigationsattribut

Anzeigeattribute

Dagegen können reine *Anzeigeattribute* nicht explizit berechtigt werden. Ist beispielsweise das Basismerkmal »Land« berechtigungsrelevant geschaltet, so wird auch das Anzeigeattribut »Land« des Geschäftspartners geprüft. Allerdings findet in diesem Fall keine detaillierte Berechtigungsprüfung statt, sondern der Anwender kann das Anzeigeattribut überhaupt nur dann sehen, wenn er dafür eine Vollberechtigung (*) besitzt (Abbildung 1.26). Es taucht auch in der Auswahl z. B. im Query-Panel von Analysis for Office nicht auf. Handelt es sich beim Anzeigeattribut um eine Kennzahl, so wird diese wie eine solche behandelt.

				Gross Order Amount (EPM NW Demo)	Net Order Amount (EPM NW Demo)
Product Category (EPM NW Demo)	Business Partner (EPM NW Demo)	Country (EPM NW Demo)	City (EPM NW Demo)	EUR	EUR
Computer System Accessories	1/100000000	DE	Walldorf	21.674,40	41,40
	1/100000002	US	Wilmington, Delaware	2.406,80	4,60
	1/100000006	JP	Tokyo	14.449,60	27,60
	1/100000008	MX	Mexiko City	14.449,60	27,60
	1/100000011	AT	Salzburg	2.406,80	

			Gross Order Amount (EPM NW Demo)	Net Order Amount (EPM NW Demo)
Product Category (EPM NW Demo)	Business Partner (EPM NW Demo)	City (EPM NW Demo)	EUR	EUR
Computer System Accessories	1/100000000	Walldorf	21.674,40	41,40
	1/100000002	Wilmington, Delaware	2.406,80	4,60
	1/100000006	Tokyo	14.449,60	27,60
	1/100000008	Mexiko City	14.449,60	27,60
	1/100000011	Salzburg	2.406,80	

Abbildung 1.26: Queryergebnis mit (oben) und ohne (unten) Vollberechtigung auf Anzeigeattribut

Fehlende Berechtigung auf Anzeigeattribute

Im Gegensatz zu den Navigationsattributen werden Anzeigeattribute bei Verwendung des InfoCube-Buttons zum Einfügen berechtigungsrelevanter Infoobjekte (siehe Abschnitt 1.2.2) nicht angeboten. Daher vergisst man sie schnell. Da sie auch im Fehlerprotokoll in der Standardeinstellung nicht auftauchen, scheint die Ursache für das vermeintliche Fehlverhalten des Systems zunächst unklar. Die Protokolleinträge können aber über die Checkbox ATTRIBUTEBERECHTIGUNG in der **RSECPROT** eingeblendet werden (siehe Abbildung 1.61 in Abschnitt 1.2.7).

Geklammerte InfoObjekte

Geklammerte Infoobjekte sind etwas komplexer in Bezug auf die Berechtigungen, da der eindeutige Schlüssel aus mehreren InfoObjekt-Ausprägungen besteht. So kann es zwar denselben Business-Partner in unterschiedlichen Rollen geben (0EPM_BP ist geklammert an 0EPM_ROLE), aber das geklammerte Objekt und der Klammervater können unabhängig voneinander berechtigungsrelevant gesetzt werden. Werden beide Objekte berechtigungsrelevant geschaltet, so verhalten sich die Berechtigungen voneinander unabhängig (siehe hierzu auch »multidimensionale Berechtigungen« in Abschnitt 1.2.6). In der Praxis kann dies dazu führen, dass es unmöglich ist, bestimmte Kombinationen explizit zu berechtigen. Lösen lässt sich dieses Problem durch die Verwendung von Hierarchieberechtigungen, da dann alle Werte eindeutig sind, denn jeder Knoten entspricht bereits dem konkatenierten (verknüpften) Wert.

Kennzahlen

Kennzahlen stellen einen Sonderfall dar. Soll der Zugriff auf bestimmte Kennzahlen eingeschränkt werden, so muss das InfoObjekt 0TCAKYFNM als berechtigungsrelevant markiert werden. In diesem Fall sind alle Kennzahlen im System berechtigungsrelevant, und für jeden InfoProvider müssen die entsprechenden Kennzahlen explizit ausgeprägt werden. Weiterführende Informationen finden sich in Abschnitt 1.2.3 unter »Berechtigungen auf Kennzahlen«.

1-3: Berechtigungsrelevanz von InfoObjekten setzen

Für unsere nächste Übung setzen Sie bitte das InfoObjekt »Produktkategorie« (0EPM_PRCAT) und das Navigationsattribut »Land« des Geschäftspartners (0EPM_BP__0EPM_CNTRY) berechtigungsrelevant.

Spezialmerkmale

Zusätzlich zu den vom Entwickler festgelegten InfoObjekten gibt es drei *technische InfoObjekte* (aus dem technischen Content), die bei jedem Datenzugriff geprüft werden: den »InfoProvider« (0TCAIPROV), die »Aktivität« (0TCAACTVT) und die »Gültigkeit« (0TCAVALID).

- **0TCAIPROV**
  Wie eingangs erwähnt, gilt die Berechtigungsrelevanz immer global. Sobald ein Objekt entsprechend markiert wurde, wird es in allen Providern geprüft, in denen es enthalten ist, unabhängig davon, ob dies für den jeweiligen Provider gewünscht ist oder nicht. Angenommen, wir schalten das Objekt »Land« berechtigungsrelevant, weil wir in unserem Vertriebscontrolling nach Ländern berechtigen wollen, dann wird dieses Objekt auch in einem HR-Bericht geprüft, sofern das InfoObjekt im zugehörigen InfoProvider enthalten ist. Dies gilt auch dann, wenn dort eigentlich jeder Anwender alle Länder sehen soll. Und genau hier kommt das InfoProvider-Objekt ins Spiel. Es gibt an, auf welche InfoProvider sich eine Berechtigung bezieht, d. h. für welche sie gültig ist. Auf diese Weise ist es möglich, für ein und denselben Anwender eine Berechtigung für das Controlling zu erstellen, die auf ein bestimmtes Land eingeschränkt ist (z. B. **DE**), und eine weitere für das HR-Reporting, die ihn für alle Länder (*) berechtigt.
- **0TCAACTVT**
  Die Aktivität bestimmt, ob ein Anwender lesend oder schreibend (relevant für die Integrierte Planung) auf Daten zugreifen darf.
- **0TCAVALID**
  Die Gültigkeit bestimmt, in welchem Zeitraum eine Berechtigung gültig ist. Da Analyseberechtigungen i. d. R. über Rollen zugewiesen werden und diese Zuweisung ebenfalls zeitabhängig ist, setzt man die Gültigkeit in den allermeisten Fällen auf *. Gleiches gilt auch bei der Generierung von Analyseberechtigungen, die wir noch kennenlernen werden.

Die drei Spezialmerkmale müssen u. U. beim erstmaligen Einrichten von Analyseberechtigungen manuell aus dem technischen Content ins System übernommen und berechtigungsrelevant gesetzt werden, ansonsten kann es bei der Anlage von Analyseberechtigungen zu einer entsprechenden Fehlermeldung kommen.

Prüfung der Spezialmerkmale

Auch wenn ein InfoProvider kein einziges berechtigungsrelevantes Merkmal enthält, benötigt der Anwender beim Zugriff dennoch eine Analyseberechtigung, die die drei Spezialmerkmale mit für den Zugriff gültigen Ausprägungen enthält, insbesondere den InfoProvider. Ein Provider ist damit per Default immer geschützt (auch das ist eine Neuerung im Vergleich zu den alten Reportingberechtigungen). Ob die Analyseberechtigung noch weitere InfoObjekte enthält, spielt dabei keine Rolle.

Zur Verwendung von 0TCAIPROV

0TCAIPROV sollte nie mit * ausgeprägt werden, sondern immer explizit Werte enthalten. Nur so stellen Sie sicher, dass eine später eingeführte Berechtigung nicht versehentlich eine eingeschränktere übersteuert.

Einfache Pflege von 0TCAIPROV

Um nicht jeden Provider einzeln in die entsprechenden Analyseberechtigungen eintragen zu müssen, können Sie im Idealfall mit Namenskonventionen und Intervallen oder Mustern arbeiten. Alternativ können Sie auch die InfoArea-Hierarchie nutzen oder sogar eine eigene Hierarchie auf dem Merkmal 0INFOPROV (0TCAIPROV referenziert 0INFOPROV) anlegen, siehe Abbildung 1.27.

Ebenso ist die Nutzung von Exit-Variablen (siehe Abschnitt 1.2.4 unter »Variablen-Ansatz«) möglich.

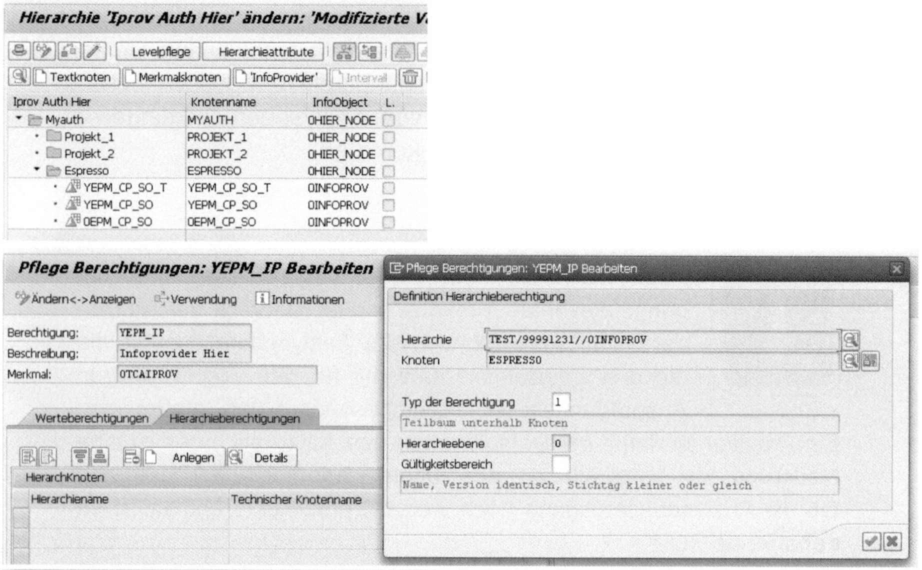

Abbildung 1.27: Die Infoarea-Hierarchie für Berechtigungen nutzen

Erlaubte Ausprägungen

Die Berechtigungen eines Anwenders für ein bestimmtes Objekt können folgende Werte enthalten.

- **Einzelwert**
  berechtigt einen konkreten Wert, z. B. Land »DE«.
- **Bereich**
  berechtigt einen Bereich von einem Start- bis zu einem Endwert, z. B. Postleitzahlen von [8000–8999].
- **Muster**
  berechtigt ein Muster, z. B. alle mit einer »8« beginnenden Postleitzahlen über »8*«. Für das Spezialmerkmal 0TCAVALID können mit + oder ++ auch ein oder zwei einzelne Zeichen maskiert werden.

- **Hierarchieknoten**
  Oft nutzt man bei der Definition von Berechtigungen Hierarchien, z. B. wenn es um Kostenstellen oder Organisationseinheiten geht, die ohnehin hierarchisch organisiert sind und sich ggf. auch noch regelmäßig ändern. Dies vereinfacht die Pflege der Berechtigungen ungemein.
- *** (Vollzugriff)**
  Ein Stern als Wert erlaubt einem Anwender, alle Ausprägungen für ein InfoObjekt zu sehen.
- **: (Aggregationsberechtigung)**
  Ein Doppelpunkt erlaubt dem Anwender, die Gesamtsumme über ein Objekt zu sehen, aber nicht die Verteilung auf die jeweiligen Ausprägungen. Weitere Informationen zum Thema »Aggregationsberechtigungen« finden sich in Abschnitt 1.2.3.

Ausschluss von Werten bei der Anlage von Berechtigungen

Bei der Definition von berechtigten Werten sind generell keine Ausschlüsse (»E« für »Exclude«) einzelner Werte möglich, die einzige Ausnahme bilden Datumswerte für die Gültigkeit. Sie können ansonsten lediglich mit Einzelwerten (»I« für »Include«) oder Bereichen (»BT« für »Between«) arbeiten. Möchten Sie einzelne Werte ausschließen, so müssen Sie entweder Bereiche um diese Werte herum definieren, ggf. auch dynamisch via Customer-Exit-Variablen, oder eine entsprechende Hierarchie anlegen und diese berechtigen.

Wirkungsweise

Berechtigungen werden immer in Bezug zu einem InfoProvider geprüft. Der InfoProvider ist damit die granularste Einheit, auf der Analyseberechtigungen definiert werden können. Es ist nicht möglich, einen Anwender auf zwei Queries, die auf demselben Provider basieren, unterschiedlich einzuschränken.

Die Berechtigungsprüfung für Daten basiert immer auf dem Alles-oder-nichts-Prinzip, d. h., wenn ein Anwender Daten für eine Reihe von Kostenstellen anfordert, so werden ihm diese nur dann angezeigt, wenn er für **alle** angeforderten Kostenstellen berechtigt ist. Ansonsten erhält er eine Fehlermeldung. Es wird kein Teilergebnis zurückgeliefert.

Dies mag zunächst sehr restriktiv wirken, hat aber den einfachen Grund, dass aus dem Abfrageergebnis für den ausführenden User nicht ersichtlich wäre, für welche Werte der Zugriff eingeschränkt wurde. Wenn also z. B. ein Anwender eine Abfrage für die Kostenstellen 1000, 2000 und 3000 stellt, so würde er dem Ergebnis u. U. nicht ansehen, dass die Kostenstelle 3000 mangels Berechtigungen fehlt und nicht nur keine Buchungen existieren. In diesem Fall bestünde also die Gefahr, dass das Ergebnis falsch interpretiert wird.

Berechtigungen werden immer gegen Selektionen geprüft ...

... und nie gegen die tatsächlichen transaktionalen Daten. Das bedeutet, dass beispielsweise für einen Anwender mit Berechtigung auf Produkt »A«, der keinen expliziten Filter in seiner Anfrage verwendet, eine Prüfung der Berechtigungen selbst dann fehlschlägt, wenn gar keine anderen Produkte als »A« in der Datenbasis existieren. Außerdem bedeutet es, dass Bereichsfilter (Filter [A;C] auf Produkt) in einer Abfrage nicht durch Einzelwertberechtigungen (z. B. für Produkte »A«, »B«, »C«) berechtigt werden können, auch wenn es gar keine weiteren Produkte wie etwa »AB« gibt.

Der Grund für die Prüfung gegen Selektion statt Ergebnisdaten liegt in der besseren Performance und darin, dass die Prüfung so schon vor der eigentlichen Queryausführung erfolgen kann.

Variablen vom Ersetzungstyp »Berechtigung«

Die Konsequenz aus dem Alles-oder-nichts Prinzip ist, dass ein Anwender seine Anfrage immer genau auf die Daten einschränken muss, für deren Zugriff er berechtigt ist. Das ist zum einen mühsam, zum anderen weiß der Anwender möglicherweise gar nicht, auf welche technischen Ausprägungen einzelner Objekte er überhaupt berechtigt ist.

Ein einfacher Ansatz, dies zu vermeiden, ist die Nutzung spezieller Variablen vom Ersetzungstyp »Berechtigung« in der Query. Diese Variablen lesen zur Laufzeit die berechtigten Werte eines Anwenders für ein bestimmtes InfoObjekt aus seinen Berechtigungen und füllen damit den Queryfilter auf eben diesem InfoObjekt. Somit sind zum Prüfzeitpunkt die angefragten, also in der Abfrage gefilterten Werte immer identisch mit den tatsächlich berechtigten Werten, und die Prüfung fällt stets positiv aus.

Zum Anlegen von Variablen müssen die BW-Modeling-Tools (Abbildung 1.28) oder in älteren BW-Versionen der *BEx Querydesigner* verwendet werden.

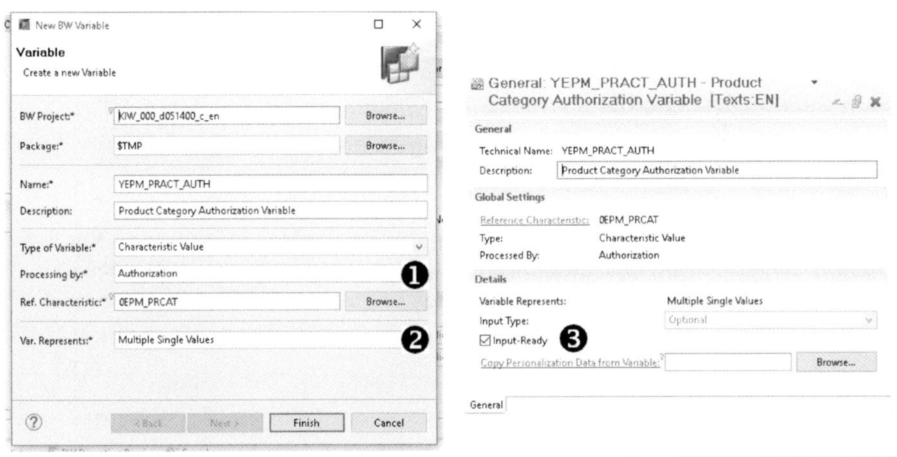

Abbildung 1.28: Variablenanlage mit den BW-Modeling-Tools

Wichtig beim Anlegen einer neuen Variablen ist, dass bei PROCESSING BY der Wert **Authorization** gewählt wird (❶).

Selektionsoption nutzen

Ein typischer Fehler bei der Anlage von Berechtigungsvariablen ist, den Default-Wert der Eigenschaft VAR. REPRESENTS »Single Value« (»Einzelwert«), beizubehalten. Das führt dazu, dass später immer nur der erste berechtigte Wert gelesen und damit auch gefiltert wird, auch wenn der Anwender tatsächlich auf mehrere Werte berechtigt sein sollte. Bei der Fehlersuche wird dies dann gern übersehen, weil diese sich zumeist auf die Analyseberechtigung konzentriert.

Wir empfehlen daher dringend, immer den Wert **Selection Option** (»Selektionsoption«) bzw. **Multiple Single Values** (»mehrere Einzelwerte«) zu wählen ❷.

Es ist außerdem möglich, die Variablen per Flag als eingabebereit zu definieren ❸. In diesem Fall hat der Anwender vor dem Ausführen der Query noch die Möglichkeit, die Filterung weiter einzuschränken, also nur eine Teilmenge seiner berechtigten Werte abzufragen. Dies ist beispielsweise dann hilfreich, wenn er sich nur für einen bestimmten Kostenstellenknoten interessiert, obwohl er für die komplette Hierarchie berechtigt ist. Dies kann Abfragen gegenüber einer Ausführung der Query mit allen Werten deutlich beschleunigen.

Wurden die Variablen korrekt angelegt, so ist der Variablenscreen für einen eingeschränkten Anwender bereits entsprechend seiner Berechtigungen vorbelegt (Abbildung 1.29).

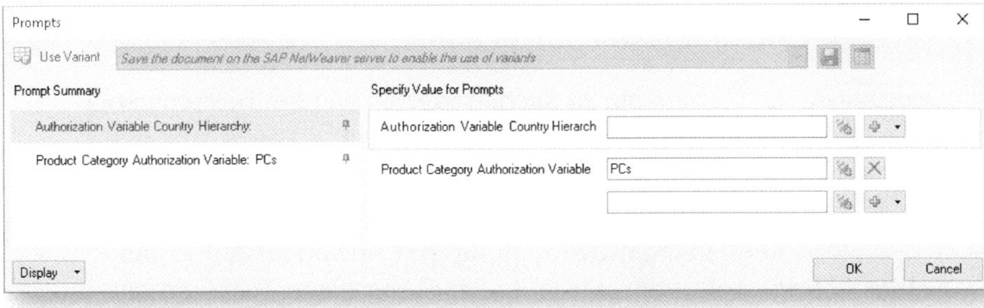

Abbildung 1.29: Vorbelegter Variablenscreen bei Verwendung von Berechtigungsvariablen

Berechtigungs- vs. Selektionsvariable

Die Berechtigungsvariable hat den großen Vorteil, dass der Anwender vorab keine explizite Filterung vornehmen muss, um ein Berichtsergebnis angezeigt zu bekommen. Möchte er nur einen Teil seiner berechtigten Werte auswählen, so muss er alle nicht gewünschten Werte manuell aus der Vorfilterung entfernen. Wenn der Anwender im Normfall aber z. B. immer nur einen einzigen Wert filtern möchte, ist ggf. eine Selektionsvariable die bessere Wahl. Hier muss der Anwender umgekehrt die anzuzeigenden Werte explizit auswählen, die Werteliste ist zum Zeitpunkt der Auswahl leer. Die Werteauswahl über die F4-Hilfe ist, wie bei der Berechtigungsvariable, bereits auf die berechtigten Werte des Anwenders reduziert. Um Berechtigungsfehler zu vermeiden, sollte die Variable in einem solchen Szenario aber auf »verpflichtend« gesetzt oder ein berechtigter Defaultwert per Customer-Exit vorbelegt werden.

Ausnahmen vom Alles-oder-nichts-Prinzip

Im Gegensatz zu flachen Werten werden Hierarchien im Queryaufriss und Kennzahlen automatisch anhand der Berechtigungen gefiltert, ohne dass eine Variable notwendig wäre. Der Grund ist, dass in einem solchen Szenario für den Anwender am Ergebnis der Abfrage sofort ersichtlich ist, ob er nur einen Teilbaum angezeigt bekommt: Die Zahlen sind also konsistent. Will der Anwender aber danach die Hierarchiedarstellung abwählen oder das entsprechende Merkmal aus dem Aufriss entfernen, so bekommt er einen Berechtigungsfehler. Jetzt wäre die zusätzliche Filterung aufgrund der Berechtigungen nicht mehr ersichtlich. Daher empfehlen wir die Verwendung von Variablen grundsätzlich auch für Hierarchien.

Globale Filter nutzen

Es ist möglich, Filter auf Provider-Ebene zu definieren (siehe Abbildung 1.30), ähnlich der Form, wie es für Kennzahlen oder Strukturen schon immer der Fall war. Der Filter wird dann mit dem Provider gespeichert und steht in allen Queries zur Verfügung. Dadurch ersparen Sie sich das Anlegen der Filter in jeder Query und stellen v. a. sicher, dass auch in jeder Query die richtigen Variablen zur Einschränkung verwendet werden. Zu guter Letzt wird das spätere Hinzufügen von Merkmalseinschränkungen aufgrund neu eingeschalteter Berechtigungsprüfungen massiv vereinfacht.

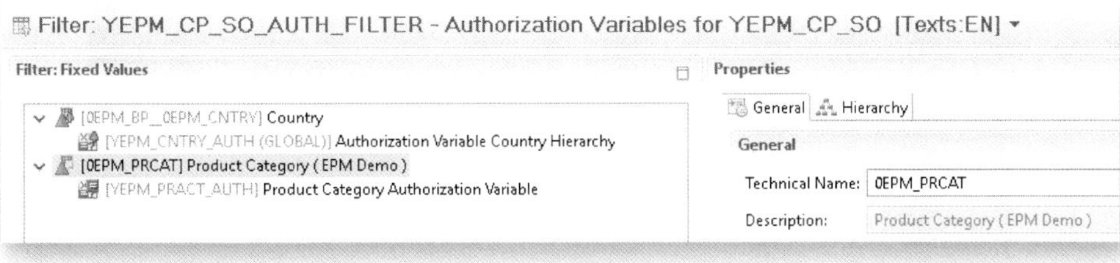

Abbildung 1.30: Einen globalen Filter anlegen

1-4: Erstellen einer Query mit Berechtigungsvariablen

Erstellen Sie nun für unsere späteren Übungen eine Query »YEPM_CP_SO_Q001« auf dem CompositeProvider YEPM_CP_SO (eine Kopie des Content Providers 0EPM_CP_SO).

Im Aufriss befinden sich das berechtigungsrelevante InfoObjekt »Produktkategorie« und das Navigationsattribut »Land« des Business-Partners aus unserer vorherigen Übung 1-3.

Auf Letzterem legen Sie bitte eine einfache Hierarchie mit den Kontinenten an. Beide InfoObjekte schränken Sie mit einer Variablen vom Ersetzungstyp »Berechtigung« ein. Den Aufriss gestalten Sie entsprechend Abbildung 1.31.

Diese Query wird uns als Grundlage für alle nachfolgenden Übungen dienen.

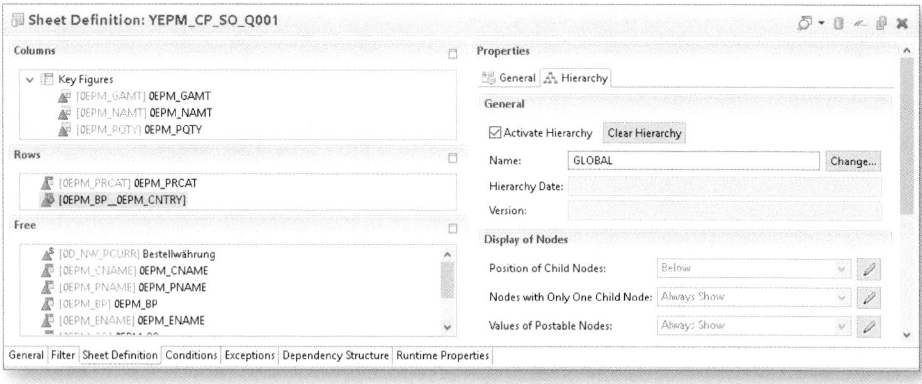

Abbildung 1.31: Querydefinition für Testquery YEPM_CP_SO_Q001

Führen wir die Query mit unserem eigenen User mit Vollzugriff aus, so erhalten wir das in Abbildung 1.32 gezeigte Ergebnis. In den Zeilen finden wir die Produktkategorie und die Länderhierarchie, in den Spalten die gewählten Kennzahlen.

Product Category (EPM NW Demo)	Country	Gross Order Amount (EPM NW Demo) EUR	Net Order Amount (EPM NW Demo) EUR	Order Quantity (EPM NW Demo) EA
Computer System Accessories	[-] GLOBAL	264.997,78	121,90	48.444
	[+] SOUTH AMERICA	24.081,20		3.520
	[+] NORTH AMERICA	74.663,01	52,90	17.618
	[+] ASIA	43.381,64	27,60	8.812
	[+] EUROPE	122.871,93	41,40	18.494
Flat Screen Monitors	[-] GLOBAL	24.693.077,15	14.375,00	70.464
	[+] SOUTH AMERICA	2.227.918,00		6.600
	[+] NORTH AMERICA	4.154.766,00	1.955,00	11.887
	[+] ASIA	4.879.523,60	4.830,00	13.662
	[+] EUROPE	13.430.869,55	7.590,00	38.315

Abbildung 1.32: Ergebnis Testquery YEPM_CP_SO_Q001 mit Vollzugriff

Führen wir denselben Bericht hingegen mit dem Test-User USER_1 aus, so erhalten wir als Ergebnis einen Berechtigungsfehler. Der User besitzt zwar die nötigen Standardberechtigungen zum Ausführen der Query, aber noch keine Datenberechtigung.

Merging von Berechtigungen

Vor der eigentlichen Prüfung werden Berechtigungen nach festen Regeln zusammengefasst (Merging). Die Optimierung dient in erster Linie der Verbesserung der Performance während der Prüfung. Im einfachsten Fall wird zur Laufzeit z. B. aus zwei Berechtigungen für das Objekt »Land« (eine DE, eine FR) eine gemeinsame Berechtigung erzeugt (DE und FR), die dann als Grundlage der Prüfung dient. Dadurch müssen weniger Prüfschritte durchgeführt werden, und die Chance, bei einer Prüfung bereits die komplette Selektion abzudecken, steigt. In einem weiteren Szenario werden durch das Merging leere Dimensionen aufgefüllt. Wenn zwar »Land« und »Produkt« berechtigt sind, eine Berechtigung für den Provider aber keine Dimension »Produkt« enthält, so kann der Produktwert nach bestimmten Regeln aus anderen passenden Berechtigungen aufgefüllt werden. Umgekehrt werden zusätzliche Dimensionen, deren Merkmale nicht im Provider enthalten sind, bei der Prüfung ignoriert, egal ob sie eingeschränkt oder mit * ausgeprägt sind.

Weitere Informationen und konkrete Beispiele finden sich im SAP-Hinweis 1000004 »Kombinationen und Optimierung von Analyseberechtigungen«.

Vollständige Berechtigungen nutzen

Wir empfehlen, immer voll ausgeprägte Berechtigungen zu erstellen. Das bedeutet, dass diese neben den drei Spezialmerkmalen (die explizit zu einer vollständigen Berechtigung gehören) auch immer alle berechtigungsrelevanten Merkmale der zugehörigen Provider enthalten sollten. Dadurch lassen sich ungeplante Seiteneffekte aufgrund fehlerhafter Modellierung durch Merging vermeiden. Nur Entwickler, die genau wissen, was sie tun, sollten das Merging aktiv nutzen, z. B. um die Zahl der Analyseberechtigungen durch Kombination modularer Berechtigungen zu reduzieren.

Analyseberechtigung 0BI_ALL

Analog zum Profil SAP_ALL gibt es auch bei den Analyseberechtigungen eine systemweite Vollberechtigung »0BI_ALL«. Ähnlich wie bei SAP_ALL kann auch bei 0BI_ALL eine Neugenerierung manuell über ZUSÄTZE • BERECHTIGUNG 0BI_ALL AKTUALISIEREN (in der Transaktion **RSECADMIN**) angestoßen werden. SAP_ALL beinhaltet einen * für S_RS_AUTH, wodurch im Unterschied zu 0BI_ALL jede im System bestehende Analyseberechtigung (inklusive 0BI_ALL) zugewiesen wird. Daher macht sich eine fehlende Aktualisierung von 0BI_ALL bei SAP_ALL-Anwendern i. d. R. auch nicht bemerkbar.

1.2.2 Anlegen einer Analyseberechtigung

Die zentrale Transaktion rund um das Thema Analyseberechtigungen ist die **RSECADMIN** (»Verwalten Analyseberechtigungen«), siehe Abbildung 1.33.

Abbildung 1.33: Transaktion RSECADMIN

Die zugehörige Benutzerschnittstelle besteht aus drei Reitern. Auf dem ersten Reiter BERECHTIGUNGEN sehen Sie vier Buttons. Der erste Button EINZELPFLEGE ❶ dient zum Anlegen und Ändern einzelner Analyseberechtigungen. Die MASSENPFLEGE ❷ erlaubt das Suchen nach Analyseberechtigungen anhand bestimmter Suchkriterien ähnlich der Transaktion **SUIM**. Anhand der gefundenen Ergebnismenge können mehrere Analyseberechtigungen auf einmal selektiert und bearbeitet werden (neu seit BW 7.3). Das ist z. B. hilfreich, wenn ein neues Merkmal berechtigungsrelevant geschaltet wurde und damit in alle existierenden Berechtigungen auf bestehenden Providern mit * (Vollberechtigung) hinzugefügt werden muss (siehe Abbildung 1.34).

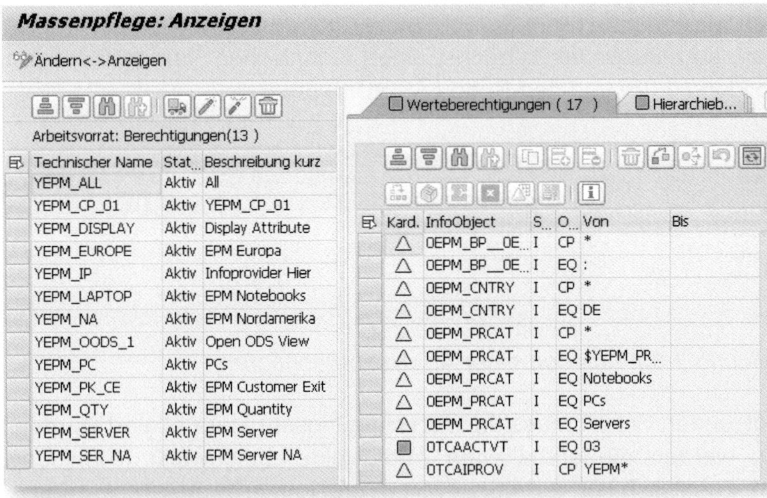

Abbildung 1.34: Massenpflege von Analyseberechtigungen

Außerdem enthält der Reiter einen Button GENERIERUNG ❸ (vgl. Abschnitt 1.2.4) und einen für den TRANSPORT ❹. Letzterer dient zum Sammeln und Schreiben von Analyseberechtigungen auf Transportaufträge (seit BW 7.3 sind Analyseberechtigungen normale *TLOGO-Objekte*).

Der Reiter BENUTZER gliedert sich in zwei Bereiche: Unter ANALYSEBERECHTIGUNGEN finden Sie die Funktionen EINZELNZUORDNUNG ❺, MASSENZUORDNUNG ❻ und TRANSPORT ❼. Die direkte Zuweisung von Analyseberechtigungen zu Usern ohne die Verwendung von Rollen ist in der Praxis aber eher unüblich, insbesondere der Transport solch direkter Zuweisungen. Der zweite Bereich NETWEAVER TRANSAKTIONEN enthält lediglich Verweise auf die bereits bekannten Transaktion der Nutzerverwaltung **SU01** (BENUTZERPFLEGE ❽) und **PFCG** (ROLLENPFLEGE ❾). Mit dem letzten Reiter ANALYSE beschäftigen wir uns in Abschnitt 1.2.7 genauer. Er beinhaltet die Möglichkeit, in die Rolle eines anderen Anwenders zu schlüpfen (Button AUSFÜHREN ALS... ❿), sowie der Fehleranalyse (Button BERECHTIGUNGSPROTOKOLL ⓫) und einen Link auf das Protokoll der Berechtigungsgenerierung (GENERIERUNGSPROTOKOLLE ⓬).

Legen wir nun eine neue Berechtigung über den Button EINZELPFLEGE ❶ an, so müssen wir zunächst einen technischen Namen festlegen (Abbildung 1.35) und den Button ANLEGEN drücken.

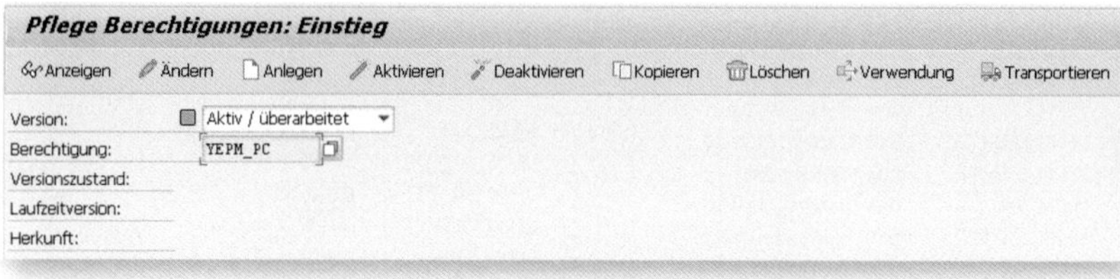

Abbildung 1.35: Anlegen einer Analyseberechtigung

Im folgenden Schritt muss die Berechtigungsstruktur definiert werden. Dazu werden die enthaltenen InfoObjekte ausgewählt (Abbildung 1.36). Zusätzlich können Kurz-, Mittel- und Langtext gesetzt werden.

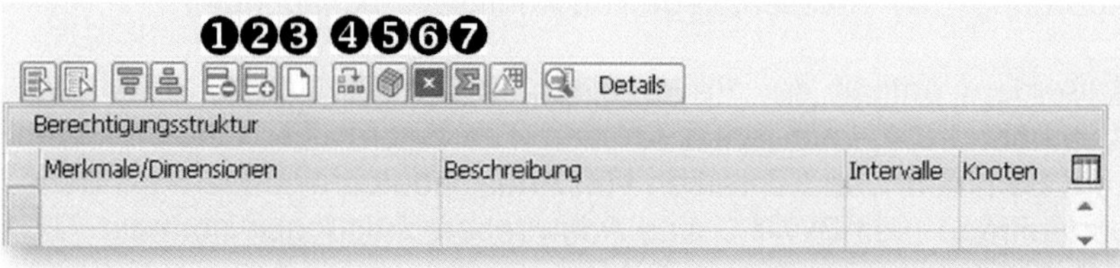

Abbildung 1.36: Die Berechtigungsstruktur definieren

Die Icons ❷ und ❸ fügen jeweils leere Zeilen hinzu, in die wir per Wertehilfe oder Direkteingabe berechtigungsrelevante InfoObjekte eingeben können (geben wir direkt ein nicht berechtigungsrelevantes InfoObjekt an, so wird beim Speichern der Berechtigung eine Fehlermeldung ausgegeben).

Besonderheiten sind das Icon für die Spezialmerkmale ❹ und das InfoCube-Symbol ❺. Ersteres fügt die drei Spezialmerkmale zu unserer Berechtigung hinzu, letzteres öffnet einen Dialog, in dem wir einen InfoCube (oder eine BW-Query) angeben können, für den uns dann alle enthaltenen berechtigungsrelevanten InfoObjekte angezeigt werden. Dabei können wir noch wählen, ob diese Objekte später bereits mit vorausgefüllter Voll- (»*«) oder Aggregations-Berechtigung (»:«) eingefügt werden sollen. Die InfoObjekte können in einem zweiten Schritt markiert und übernommen werden. Mit dem Button ❶ können Sie zuvor markierte Zeilen, also letztlich InfoObjekte, löschen. Mit den Buttons ❻ und ❼ fügen Sie für markierte Zeilen Voll- oder Aggregationsberechtigungen hinzu.

1.2.3 Arten von Berechtigungen

Berechtigte Werte können entweder einfach (flach) oder mithilfe von Hierarchien angegeben werden. Dazu gibt es für die Wertedefinition die beiden Reiter WERTEBERECHTIGUNGEN und HIERARCHIEBERECHTIGUNGEN.

Flache Berechtigungen

Die einfachste Art der Ausprägung von Analyseberechtigungen erfolgt über flache Werte. Dazu zählen i. d. R. auch die Spezialmerkmale (Ausnahme 0TCAIPROV, falls die InfoArea-Hierarchie verwendet wird).

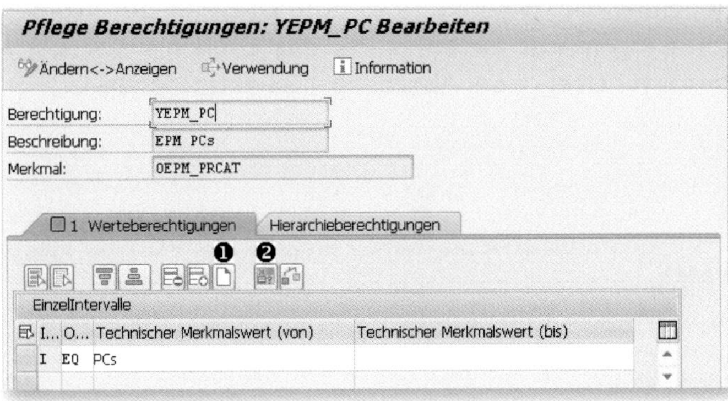

Abbildung 1.37: Eine flache Berechtigung anlegen

Per Doppelklick auf ein InfoObjekt gelangen Sie zur Eingabe der eigentlich berechtigten Werte (Abbildung 1.37). Über das Icon zum Einfügen ❶ lassen sich auch hier neue Zeilen ergänzen und dann die Felder TECHNISCHER MERKMALSWERT (VON) und TECHNISCHER MERKMALSWERT (BIS) (bei Bereichsberechtigungen) direkt oder per Eingabehilfe mit Werten füllen. Auch das Feld OPTION muss entsprechend gefüllt werden (**EQ** für »equals« bei Einzelwerten, **BT** für »between« bei Bereichen oder **CP** für »contains pattern« bei Mustern). Lassen wir das Feld OPTION leer oder füllen es falsch, wird es bei der Aktivierung aber automatisch korrigiert (und wir erhalten einen entsprechenden Hinweis).

Das Icon VARIABLENEINGABE ❷ und den Tab HIERARCHIEBERECHTIGUNGEN lernen Sie später noch kennen.

1-5: Eine einfache Analyseberechtigung anlegen

Legen Sie zunächst für unseren Test-User eine Analyseberechtigung an, die Daten für die Produktgruppe »PCs« anzeigt. Dazu erstellen Sie eine vollständige Analyseberechtigung »YEPM_PC«, die Sie entsprechend ausprägen und für die Provider »YEPM*« nutzbar machen. Diese Berechtigung fügen Sie über das Berechtigungsobjekt S_RS_AUTH in eine neue Rolle »YEPM_DATA_PCS« und weisen diese zusammen mit der bereits erstellten Reportingrolle unserem Test-User USER_1 zu. Wenn Sie alles korrekt gemacht haben, sollte das Ergebnis der Berichtsausführung für User_1 der Abbildung 1.38 entsprechen.

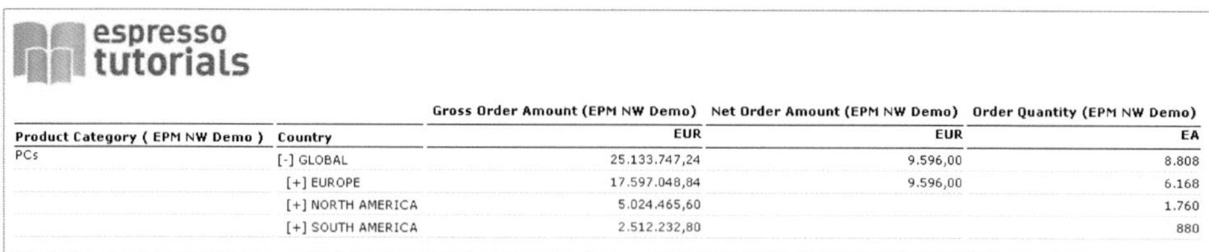

Product Category (EPM NW Demo)	Country	Gross Order Amount (EPM NW Demo) EUR	Net Order Amount (EPM NW Demo) EUR	Order Quantity (EPM NW Demo) EA
PCs	[-] GLOBAL	25.133.747,24	9.596,00	8.808
	[+] EUROPE	17.597.048,84	9.596,00	6.168
	[+] NORTH AMERICA	5.024.465,60		1.760
	[+] SOUTH AMERICA	2.512.232,80		880

Abbildung 1.38: Ergebnis der Abfrage YEPM_CP_SO_001 für den Anwender USER_1

Hierarchieberechtigungen

Wollen wir eine Berechtigung anhand eines Hierarchieknotens definieren, so müssen wir den Tab HIERARCHIEBERECHTIGUNGEN ausprägen. Wenn wir auf Anlegen klicken, öffnet sich ein neues Fenster, in dem wir zunächst eine der auf dem Merkmal definierten Hierarchien auswählen müssen (HIERARCHIE ❶). Anschließend kann man den oder die gewünschten KNOTEN aus der Hierarchiestruktur auswählen ❷ oder eine Customer-Exit-Variable ❸ (siehe auch Abschnitt 1.2.4, »Variablen-Ansatz«) angeben.

Zuletzt konkretisieren wir die Art der Hierarchieberechtigung, indem wir den TYP DER BERECHTIGUNG ❹ und den GÜLTIGKEITSBEREICH ❻ festlegen (Abbildung 1.39).

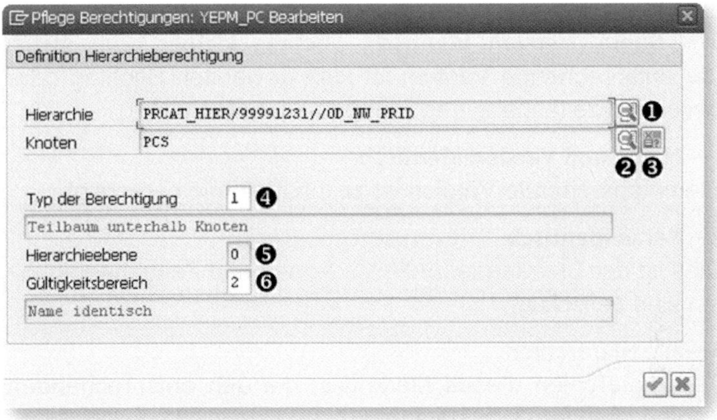

Abbildung 1.39: Berechtigte Werte anhand einer Hierarchie ausprägen

Folgende Typen stehen zur Auswahl:

- **0 – nur der ausgewählte Knoten**
  Der Knoten wird berechtigt, aber keines der darunterliegenden Kinder.
- **1 – Teilbaum unterhalb Knoten**
  Dies ist der Standardfall. Ein Knoten und alle darunterliegenden Kinder (Knoten und Blätter) werden berechtigt.

- **2 – Teilbaum unterhalb Knoten bis einschließlich Ebene absolut**
  Der Knoten und alle darunterliegenden Kinder bis zu einer festen Ebene (❺) werden berechtigt, wobei die Zahl die Nummer der Ebene beginnend von der Wurzel angibt.
- **3 – vollständige Hierarchie**
  Die ganze Hierarchie ist berechtigt. Diese Einstellung übersteuert den gewählten Knoten.
- **4 – Teilbaum unterhalb Knoten bis einschließlich Ebene absolut**
  Wie 2, nur dass die Anzahl der Ebenen nicht von der Wurzel, sondern vom gewählten Knoten aus berechnet wird.

Folgende Gültigkeitsbereiche stehen zur Auswahl:

- **0 – Name, Version identisch, Stichtag kleiner oder gleich**
  Die entsprechende Version ist zum gewählten Stichtag oder davor (bei zeitabhängigen Hierarchien) berechtigt.
- **1 – Name und Version identisch**
  Die entsprechende Version ist zeitunabhängig berechtigt.
- **2 – Name identisch**
  Dies ist der Standardfall: Alle Versionen und Zeitabhängigkeiten sind berechtigt.
- **3 – alle Hierarchien**
  Alle Hierarchien dieses Merkmals, die den entsprechenden Knoten besitzen, sind berechtigt.

Hierarchieberechtigungen haben den großen Vorteil, dass Änderungen an der Hierarchiestruktur automatisch in den Berechtigungen abgebildet werden. Findet beispielsweise eine Reorganisation statt und die Organisationshierarchie wird angepasst, so bilden die bestehenden Hierarchieberechtigungen automatisch die geänderten Werte unterhalb der jeweiligen Knoten ab. Hätte man anstelle der Knoten die zugeordneten Einzelwerte berechtigt, so müsste man bei einer Änderung der Hierarchiestruktur alle betroffenen Berechtigungen entsprechend anpassen.

Hierarchieberechtigungen auch ohne Hierarchie

Selbst wenn in der Query keine Hierarchiedarstellung auf dem InfoObjekt eingeschaltet ist, wirken die Hierarchieberechtigungen. Diese werden dann zur Laufzeit in Einzelwerte aufgelöst, was allerdings bei besonders großen oder komplexen Hierarchien auf den höheren Knoten oder bei vielen Berechtigungen zu spürbaren Performanceeinbußen führen kann. Umgekehrt benötigt eine Hierarchiedarstellung aber immer zwingend eine Hierarchieberechtigung.

1-6: Eine Hierarchieberechtigung anlegen

Ziel dieser Übungsaufgabe ist es, eine Hierarchieberechtigung auf dem Knoten »Europa« der Länderhierarchie für den Anwender »USER_2« anzulegen. Dazu wird neben einem neuen Test-User die Analyseberechtigung »YEPM_EUROPA« und die zugehörige Rolle »YEPM_DATA_EUROPA« benötigt. Als Ergebnis sollte User_2 ein Ergebnis wie in Abbildung 1.40 erhalten: Er sieht alle Produktkategorien, aber jeweils nur den Länderhierarchie-Knoten Europa.

espresso tutorials

		Gross Order Amount (EPM NW Demo)	Net Order Amount (EPM NW Demo)	Order Quantity (EPM NW Demo)
Product Category (EPM NW Demo)	Country	EUR	EUR	EA
Computer System Accessories	[+] EUROPE	122.871,93	41,40	18.494
Flat Screen Monitors	[+] EUROPE	13.430.869,55	7.590,00	38.315
Graphic Cards	[+] EUROPE	586.388,00	139,99	3.521
Ink Jet Printers	[+] EUROPE	1.602.620,60	1.020,00	7.928
Keyboards	[+] EUROPE	334.332,88	174,00	9.694
Laser Printers	[+] EUROPE	20.377.732,55	16.157,00	29.076

Abbildung 1.40: Ergebnis der Abfrage YEPM_CP_SO_001 für den Anwender USER_2

Alternative Hierarchien

Eine Hierarchieberechtigung bezieht sich immer auf genau eine Hierarchie (Ausnahme Gültigkeit »Alle Hierarchien«). Das bedeutet, dass bei alternativen Hierarchien (zur Laufzeit mehrere Hierarchien für den Endanwender zur Auswahl) auch jeweils mindestens ein Knoten berechtigt sein muss. Bei vielen Hierarchien kann das sehr aufwendig werden. Abhilfe schaffen könnte hier die Generierung bzw. Nutzung eines zusätzlichen technischen Merkmals für die Berechtigung anstelle des hierarchietragenden Originalmerkmals, das dann nicht berechtigt wird. Allerdings müssten in diesem Fall auch die Datenmodelle entsprechend angepasst werden. Die Verwendung von Customer-Exit-Variablen hilft an dieser Stelle leider nicht, da Variablen zwar als Ausprägung für Hierarchieknoten, nicht jedoch für die Hierarchie (technischer Name) selbst erlaubt sind.

Berechtigungen auf Kennzahlen

Wie in Abschnitt 1.2.1 beschrieben, muss zunächst das Merkmal 0TCAKYFNM berechtigungsrelevant gesetzt werden. Da es systemweit gilt, muss jeder Anwender für dieses alle Kennzahlen abbildende Objekt auf jedem Provider eine Berechtigung besitzen. Die konkreten Ausprägungen entsprechen den einzelnen Kennzahlen. In den meisten Fällen wird es sich aber um ein * handeln.

Da der Einsatz berechtigungsrelevanter Kennzahlen bei vielen Kunden zu Problemen oder Verständnisschwierigkeiten führt, insbesondere bei berechneten Kennzahlen, und außerdem sehr viele *-Berechtigungen angelegt werden müssen, sollte diese Option nur genutzt werden, wenn sich keine andere Lösung finden lässt.

Nutzung unterschiedlicher Sichten

In vielen Fällen geht es bei der Berechtigung von Kennzahlen nur darum, dass bestimmte Anwendergruppen sensible Kennzahlen nicht sehen dürfen. Dies kann z. B. im HR-Umfeld der Fall sein, wenn bestimmte personenbezogene Daten nur für HR-Mitarbeiter sichtbar sein sollen, derselbe Report aber auch von Managern genutzt wird, die nur Zugriff auf die nicht-personenbezogenen Daten haben sollen. Anstatt die Kennzahlen einzeln zu berechtigen oder zwei unterschiedlich eingeschränkte Abfragen auf denselben Provider zu bauen, ist es in diesem Fall sinnvoller, zwei unterschiedliche virtuelle Reportingmodelle (Composite- bzw. MultiProvider auf denselben Daten) zu erstellen: eines für die HR-Mitarbeiter inklusive der mitarbeiterbezogenen Daten und eines für die übrigen Nutzer, in dem die sensiblen Kennzahlen gar nicht enthalten sind. Dies ist i. d. R. nicht nur die einfachere, sondern auch die sauberere, weil weniger fehleranfällige Lösung. Außerdem lassen ich so Konflikte vermeiden, falls ein HR-Mitarbeiter gleichzeitig eine Managerrolle innehat (siehe hierzu auch Abschnitt 1.2.6).

1-7: Eine Kennzahlberechtigung anlegen

In dieser Übungsaufgabe geht es darum, die Kennzahl »Quantity« für den Anwender »USER_3« zu berechtigen. Die Merkmale sollen nicht eingeschränkt werden.

Das Ergebnis der Berichtsausführung soll am Ende der Abbildung 1.41 entsprechen: Der User sieht nur die Kennzahl »Quantity«.

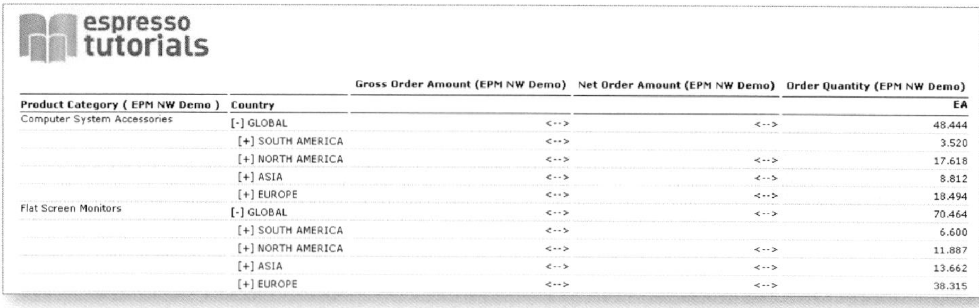

Product Category (EPM NW Demo)	Country	Gross Order Amount (EPM NW Demo)	Net Order Amount (EPM NW Demo)	Order Quantity (EPM NW Demo) EA
Computer System Accessories	[-] GLOBAL	<-->	<-->	48.444
	[+] SOUTH AMERICA	<-->		3.520
	[+] NORTH AMERICA	<-->	<-->	17.618
	[+] ASIA	<-->	<-->	8.812
	[+] EUROPE	<-->	<-->	18.494
Flat Screen Monitors	[-] GLOBAL	<-->	<-->	70.464
	[+] SOUTH AMERICA	<-->		6.600
	[+] NORTH AMERICA	<-->	<-->	11.887
	[+] ASIA	<-->	<-->	13.662
	[+] EUROPE	<-->	<-->	38.315

Abbildung 1.41: Ergebnis der Abfrage YEPM_CP_SO_001 für den Anwender USER_3

Aggregationsberechtigungen

Aggregationsberechtigungen (:) können zur Anzeige kumulierter Werte verwendet werden, wenn die eigentlichen Details nicht berechtigt werden sollen. Dies ist v. a. für Objekte relevant, die sich zwar im InfoProvider, nicht aber im Abfrageaufriss der BW-Query befinden.

Prüfung aller relevanten Objekte des InfoProviders

Wir erinnern uns: Es werden immer alle im InfoProvider enthaltenen berechtigungsrelevanten InfoObjekte geprüft, unabhängig davon, ob sie explizit in der Anfrage verwendet werden. Befindet sich ein InfoObjekt entweder gar nicht in der Query oder aber nur in den freien Merkmalen (ohne expliziten Filter), so benötigt der Anwender entweder eine Aggregations- oder eine Vollberechtigung für dieses Merkmal.

Falsche Verwendung von Aggregationsberechtigungen

Es mag trivial klingen, aber Aggregationsberechtigungen sind eben auch Berechtigungen. Häufig werden sie aus Unwissenheit vergeben, weil ein Anwender einen Berechtigungsfehler angezeigt bekommt und das Protokoll auf eine fehlende Aggregationsberechtigung verweist. Anstatt den Fehler zu analysieren und ggf. noch einmal die fachlichen Anforderungen zu klären, wird häufig einfach eine Aggregationsberechtigung in allen Analyseberechtigungen ergänzt. Tatsächlich fehlt aber zumeist nur eine Variable am berechtigten Merkmal. Dann würde dieses gegen einen expliziten Wert geprüft und eben nicht auf »:«.

Bei Vergabe einer Aggregationsberechtigung darf der Anwender zusätzlich die aggregierten Werte sehen, was nicht immer der Fachanforderung entspricht, zumal sich bisweilen über andere, inhaltlich ähnliche Merkmale Rückschlüsse auch auf die nicht berechtigten Einzelwerte ziehen lassen.

Korrekte Verwendung von Aggregationsberechtigungen

Ein valides Szenario wäre die Anforderung, dass ein Produktmanager den Umsatz seiner eigenen Produktkategorie sehen darf und zusätzlich den Umsatz aller Produktkategorien. In den Umsatz seiner Kollegen und ggf. Vorgesetzten (also die genauen Beiträge der übrigen Produktkategorien zum Gesamtumsatz) soll er jedoch keinen Einblick erhalten. Für das beschriebene Szenario benötigt unser Produktmanager für das Merkmal »Produktkategorie« sowohl eine spezifische Ausprägung als auch eine Aggregationsberechtigung.

1-8: Eine Aggregationsberechtigung anlegen

In dieser Aufgabe soll der Anwender »USER_4« auf die Produktkategorie »Notebooks« eingeschränkt werden, aber nicht die Verteilung in den einzelnen Ländern sehen dürfen. Lediglich die Summe über alle Länder soll erkennbar sein. Dazu legen Sie die entsprechende Analyseberechtigung und die Rolle an. Führen Sie die Abfrage mit dem Test-User aus, so müssen Sie eine Fehlermeldung (Abbildung 1.42) erhalten. Entfernen Sie daraufhin das InfoObjekt »Land« aus dem Aufriss, so erhalten Sie ein Ergebnis (Abbildung 1.43).

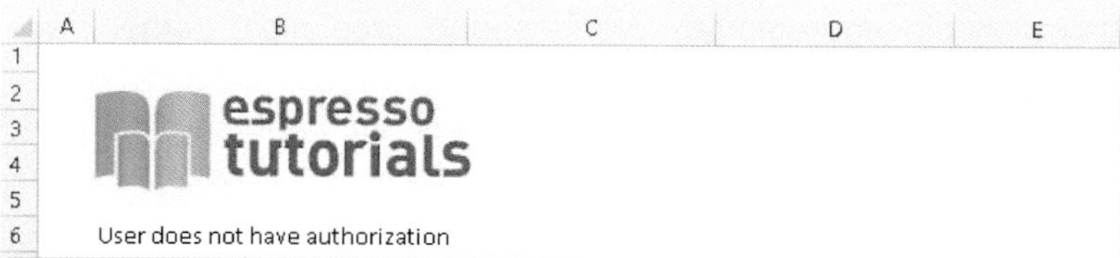

Abbildung 1.42: Ergebnis der Abfrage YEPM_CP_SO_001 für den Anwender USER_4

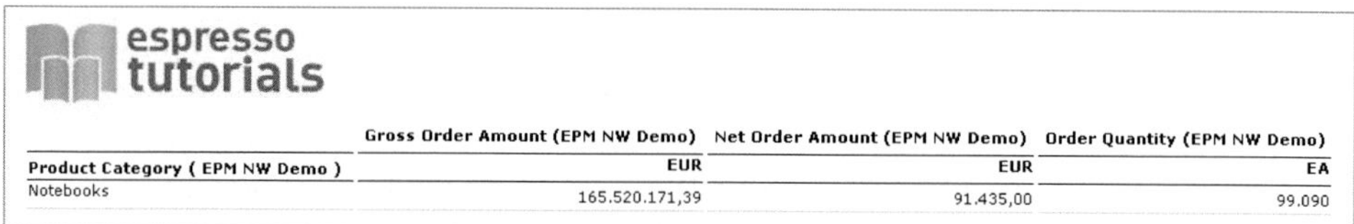

	Gross Order Amount (EPM NW Demo)	Net Order Amount (EPM NW Demo)	Order Quantity (EPM NW Demo)
Product Category (EPM NW Demo)	EUR	EUR	EA
Notebooks	165.520.171,39	91.435,00	99.090

Abbildung 1.43: Ergebnis der Abfrage YEPM_CP_SO_001 für den Anwender USER_4 nach Navigation

1.2.4 Varianten bei der Anlage von Analyseberechtigungen

Für das Erstellen von Analyseberechtigungen gibt es eine Reihe unterschiedlicher Möglichkeiten, die wir in diesem Abschnitt gegenüberstellen wollen.

Manuelles Erstellen

Die einfachste Möglichkeit, Analyseberechtigungen anzulegen, ist das manuelle Erstellen via **RSECADMIN**, das bereits ausführlich in Abschnitt 1.2.2 erläutert wurde.

Vorteile:

- einfaches Verfahren,
- gute Nachvollziehbarkeit.

Nachteile:

- bei hoher Änderungsrate großer manueller Aufwand,
- Änderungen müssen immer transportiert werden.

Variablen-Ansatz

Eine elegante Möglichkeit, den Pflegeaufwand bei der Verwaltung von Analyseberechtigungen zu minimieren, ist die Nutzung von *Customer-Exit-Variablen.* Als Voraussetzung müssen die berechtigten Werte pro Anwender an einer definierten Stelle im System hinterlegt sein, z. B. in einer Tabelle. Die Analyseberechtigung enthält dann für das fragliche Merkmal anstelle eines Festwerts eine Variable als Ausprägung. Im einfachsten Fall wird jedem Anwender dieselbe Rolle mit derselben Analyseberechtigung zugewiesen. Zur Laufzeit wird die Customer-Exit-Variable dann durch kundeneigenes ABAP mit Werten für den aktuellen Anwender gefüllt – in unserem Fall würde also die Tabelle ausgelesen (Abbildung 1.44). Wie die Werte in die Tabelle gelangen, spielt dabei keine Rolle. So könnte es sich um eine aus dem SAP Human Capital Management (HCM) geladene Organisationsstruktur handeln, um eine per Excel-Upload erstellte Profitcenter-Liste oder eine über die Transaktion **SM30** manuell gepflegte Mappingtabelle. In jedem Fall muss bei Änderungen an den berechtigten Werten nicht eine Vielzahl von Analyseberechtigungen angepasst und ggf. transportiert, sondern nur die Quelle aktualisiert werden, was i. d. R. direkt im Produktivsystem geschieht. Die neuen Werte sind dann sofort wirksam.

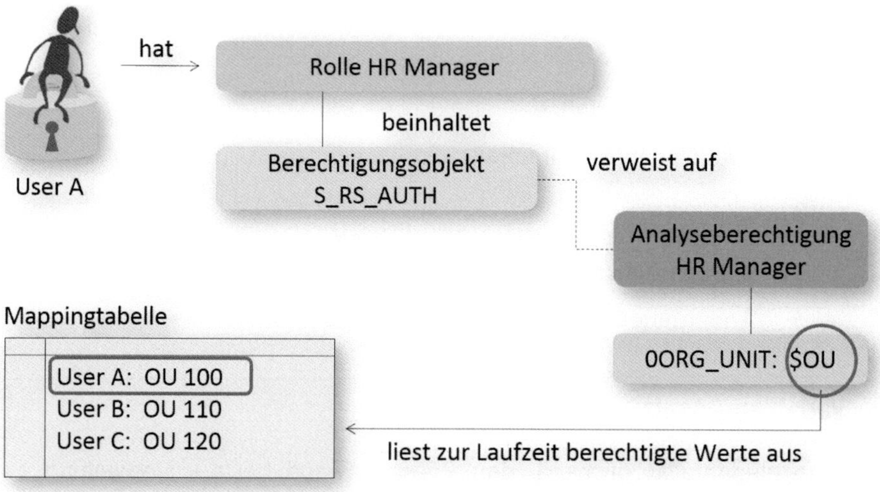

Abbildung 1.44: Wirkungsweise von Customer-Exits in Analyseberechtigungen

Customer-Exits werden immer zu definierten Zeitpunkten durchlaufen, den sogenannten *i-Steps*. Customer-Exits zu Variablen in Analyseberechtigungen nutzen den I_STEP = 0. Der Code muss daher in einem entsprechenden Block mit Abfrage (IF- oder CASE-Anweisung) auf Step »0« eingefügt werden.

Selektionsoption nutzen

Wie bei den Berechtigungsvariablen, so ist es auch bei den Customer-Exit-Variablen wichtig, den Default-Wert der Eigenschaft VARIABLE REPRESENTS von »Single Value« auf »Selection Option« bzw. »Multiple Single Values« bei Hierarchieknotenvariablen zu stellen. Ansonsten wird, unabhängig davon, wie viele Zeilen für einen Benutzer gepflegt wurden, immer nur die erste für die Berechtigungen ausgewertet.

Korrekte Nutzung von RSUDO

Damit die Transaktion **RSUDU** zur Analyse bei Berechtigungsproblemen (siehe Abschnitt 1.2.7) korrekt funktioniert, sollte immer der aktuell aufrufende Benutzer für das Auslesen der berechtigten Werte genutzt werden und nicht der Systemuser (»sy-uname«).

Dazu werden die ABAP-Funktion RSEC_GET_USERNAME aufgerufen und das Ergebnis – der Benutzername – im weiteren Verlauf verwendet.

Eine Customer-Exit-Variable anlegen

In der alten BEx-Welt werden alle Variablen immer im BEx Query Designer angelegt, auch wenn Sie die Customer-Exit-Variablen für die Berechtigungen i. d. R. nicht in Queries verwenden. In den neuen BW-Modeling-Tools können wir Variablen auch direkt über RECHTSKLICK • NEW • VARIABLE anlegen.

Wir erstellen für unsere weiteren Beispiele nun eine Customer-Exit-Variable »YEPM_PRCAT_AUTH_CE«. Die Einstellungen sollen mit denen aus Abbildung 1.45 übereinstimmen.

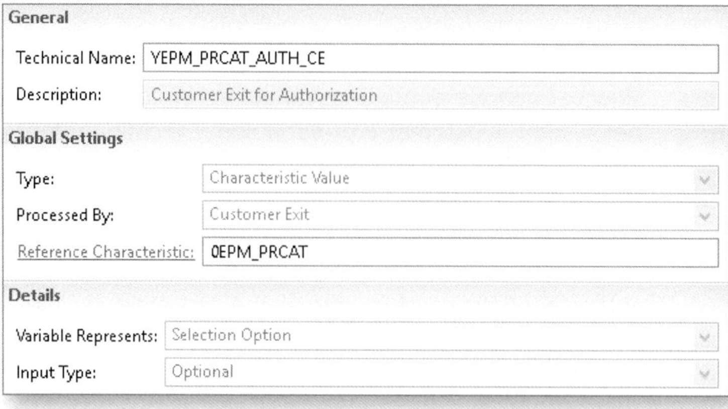

Abbildung 1.45: Eine Customer-Exit-Variable anlegen

Namenskonvention von Exit Variablen

Mit der richtigen Namenskonvention für die Customer-Exit-Variablen ist es in einigen Fällen möglich, mit nur einer zentralen Implementierung der Logik mehrere Exit-Variablen zu bedienen. Alle für die eindeutige Selektion der betreffenden Zeilen in der Mappingtabelle benötigten Informationen müssen aus dem Variablennamen ableitbar sein. Liegt die Tabelle im Kontenmodell vor, dann betrifft dies insbesondere den InfoObjekt-Namen und ggf. weitere Gruppierungskriterien der Tabelle, wie den Bereich oder das Modul.

Namenskonvention von Variablen nutzen

zB

Angenommen, die berechtigten Werte liegen in einer Tabelle mit folgender Struktur:

AREA	INFOOBJECT	OPERATOR	VON	BIS
FI1	COSTC	EQ	5000	
FI1	COMPC	EQ	1000	

Wenn wir nun für die Namenskonvention der Exit-Variablen die Logik ZAUTH_<Area>_<Infoobject> verwenden, konkret z. B. ZAUTH_FI1 _COSTC, so lassen sich alle für das Auslesen der zugehörigen Zeilen relevanten Informationen aus der Namenskonvention ableiten.

```
SELECT * FROM table WHERE area = <area abgeleitet aus Name> AND infoobject = <infoobject abgeleitet aus Name>.
```

Auf diese Weise können neue Variablen und selbst InfoObjekte hinzugefügt werden, ohne dass zusätzliche Customer-Exits angelegt und transportiert werden müssen.

Exit-Variablen bei Hierarchieberechtigungen

!

Bei Hierarchieberechtigungen ist zu beachten, dass nur einzelne Knoten berechtigt werden können. Der Knotenname selbst wird im Feld XXLOW übergeben, das Feld XXHIGH muss den Typ des Knotens enthalten. Handelt es sich um reine Knoten (Folder-Symbol in der Hierarchiedarstellung), dann ist das technische Merkmal 0HIER_NODE. Bei InfoObjekt-Knoten (Hierarchien mit bebuchbaren Knoten) oder Blättern ist es das jeweilige InfoObjekt, z. B. 0PROFIT_CTR.

Die eigentliche Implementierung des Customer-Exits erfolgt im Exit RSR00001 (»BI: Erweiterungen für globale Variablen im Reporting«) im Include ZXRSRU01 des Funktionsbausteins EXIT_SAPLRRS0 _001 (erreichbar auch über die Transaktion **CMOD** unter KOMPONENTEN) und sieht dann in etwa wie in Listing 1.1 aus.

```
* Holen des ausführenden Benutzers für RSUDO
    CALL FUNCTION 'RSEC_GET_USERNAME'
      IMPORTING e_username = l_uname.

* Eigentliches Auslesen aller berechtigten Werte
    SELECT * FROM <Tabelle mit berechtigten Werten>
      INTO TABLE it_values
      WHERE usernm = l_uname
      AND infoobj = <zu prüfendes InfoObject>.

* Übergabe der ausgelesenen Werte an die Berechtigung
    ls_range_a-sign  = 'I'.
    ls_range_a-opt   = 'EQ'.
    LOOP AT
     it_values INTO wa_values.
     ls_range_a-low = wa_values-low.
    ENDLOOP.

    APPEND ls_range_a TO e_t_range.
ENDIF.
```

Listing 1.1: Variablen-Exit für Analyseberechtigung

In diesem Beispiel haben wir eine Variable für mehrere Einzelwerte (Option 'EQ') mit flachen Ausprägungen gefüllt (nur »Range low« genutzt).

Exit-Variablen für technische Merkmale

Auch für die technischen Merkmale InfoProvider (0TCAIPROV), Aktivität (0TCAACTVT) und Gültigkeit (0TCAVALID) können Variablen hinterlegt werden. So lassen sich beispielsweise auch dann Providergruppen definieren, wenn keine Namenskonvention existiert.

Variablenpuffer einschalten

In der Transaktion **RSECADMIN** kann der Variablenpuffer unter ZUSÄTZE • PUFFERUNG VON VARIABLEN ein- oder ausgeschaltet werden (Abbildung 1.46). Aus Performancegründen wird empfohlen, den Puffer i.d.R. einzuschalten. Ist die Pufferung aktiv, so wird die Variable während einer Session nur einmal pro Objekt durchlaufen. Ein Szenario, in dem sich die berechtigten Werte während der Navigation innerhalb eines Reports ändern sollen, ist ohnehin schwer vorstellbar.

Abbildung 1.46: Die Pufferung von Variablen einschalten

1-9: Eine Datenberechtigung mit Customer-Exit anlegen

Legen Sie eine Analyseberechtigung »YEPM_PK _CE« auf Basis eines Customer-Exits an, die für den Anwender »USER_5« die Produktgruppe »Keyboards« berechtigt (über die Rolle »YEPM_PRCAT _AUTH_CE«).

Die berechtigten Werte pflegen Sie manuell (Transaktion **SM30**) in einer Tabelle »ZAUTH_TAB« mit einer wie in Abbildung 1.47 gezeigten Struktur.

Am Ende sollten Sie als Ergebnis Abbildung 1.48 erhalten.

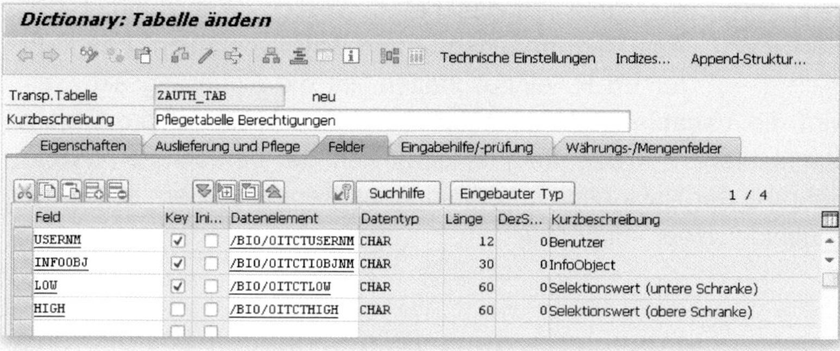

Feld	Key	Ini...	Datenelement	Datentyp	Länge	DezS...	Kurzbeschreibung
USERNM	✓		/BI0/OITCTUSERNM	CHAR	12	0	Benutzer
INFOOBJ	✓		/BI0/OITCTIOBJNM	CHAR	30	0	InfoObject
LOW	✓		/BI0/OITCTLOW	CHAR	60	0	Selektionswert (untere Schranke)
HIGH			/BI0/OITCTHIGH	CHAR	60	0	Selektionswert (obere Schranke)

Abbildung 1.47: Eine Mapping-Tabelle für dynamische Berechtigungsvergabe

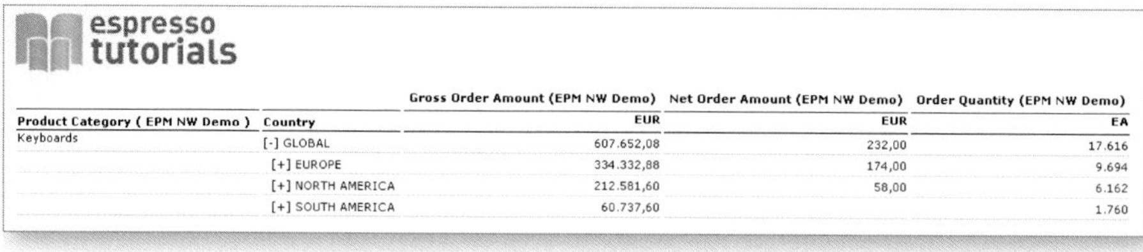

Product Category (EPM NW Demo)	Country	Gross Order Amount (EPM NW Demo)	Net Order Amount (EPM NW Demo)	Order Quantity (EPM NW Demo)
		EUR	EUR	EA
Keyboards	[-] GLOBAL	607.652,08	232,00	17.616
	[+] EUROPE	334.332,88	174,00	9.694
	[+] NORTH AMERICA	212.581,60	58,00	6.162
	[+] SOUTH AMERICA	60.737,60		1.760

Abbildung 1.48: Ergebnis der Abfrage YEPM_CP_SO_001 für den Anwender USER_5

BAdI RSROA_VARIABLES_EXIT

Anstelle der gezeigten Exit-Implementierung per CMOD können Customer-Exits auch per Business Add-in (BAdI) implementiert werden. Dazu dient der seit der BW-Version 7.3 verfügbare Standard-Erweiterungspunkt RSROA_VARIABLES_EXIT. Eine genaue Beschreibung findet sich z. B. unter *http://ekessler.de/badi-rsroa_variables_exit_badi/*.

Standard-Logging von Tabellen nutzen

Tabellen im SAP bieten standardmäßig die Möglichkeit, Änderungen der Inhalte zu protokollieren. Dazu muss nur das entsprechende Flag in der Transaktion **SE11** unter TECHNISCHE EINSTELLUNGEN gesetzt werden. Schon haben wir eine einfache Protokollierung, wer wann welche Berechtigung besessen hat (Abbildung 1.49).

Abbildung 1.49: Tabellenlogging einschalten

Vorteile der Nutzung von Customer–Exits:

- nur wenige Rollen nötig,
- geringer Pflegeaufwand,
- geänderte Berechtigungen sind sofort aktiv,
- keine Transporte für neue Ausprägungen notwendig.

Nachteile der Nutzung von Customer-Exits:

- eingeschränkte Nachvollziehbarkeit (Verbindung über Rolle aber noch vorhanden),
- ungeeignet bei multidimensionalen Berechtigungen,
- (einfache) ABAP-Programmierung notwendig.

Automatische Generierung von Analyseberechtigungen

Bei der Generierung werden die Analyseberechtigungen zu einem bestimmten Zeitpunkt automatisch auf Basis zuvor festgelegter Definitionen erzeugt. Diese Definitionen müssen in DataStore-Objekten (DSOs) bereitgestellt werden.

Der technische Content bietet dafür fünf Template-DSOs, die lediglich als Kopiervorlage für eigene DSOs dienen sollten:

- 0TCA_DS01: Berechtigungsdaten flache Werte,
- 0TCA_DS02: Berechtigungsdaten Hierarchie,
- 0TCA_DS03: Berechtigungen Texte,
- 0TCA_DS04: Zuweisung von Berechtigungen,
- 0TCA_DS05: Anlegen von Usern.

Nicht alle DSOs müssen verwendet werden, sondern jeweils nur die für das aktuelle Szenario benötigten. Es lassen sich sowohl flache als auch hierarchische Berechtigungen erstellen, wobei auch bei Hierarchieberechtigungen das DSO 01 benötigt wird, u. a. für die Ausprägung der technischen Objekte. Die generierten Berechtigungen lassen sich direkt den Anwendern zuordnen, und über das DSO 05 können Sie bei Bedarf sogar BW-User neu anlegen. Sind die berechtigten Werte zudem aus einem Vorsystem übernehmbar (z. B. aus dem HCM-Organisationsmanagement), dann kann ein voll automatisierter Prozess definiert werden, der täglich die aktualisierten Zuordnungen aus dem HCM übernimmt und im BW analog abbildet.

Da die Content-DSOs noch aus BW-3.x-Zeiten stammen, werden für die Transformationen zum Beladen der DSOs i. d. R. eigene ABAP-Routinen benötigt, z. B. zum Aufteilen der flachen und hierarchischen Werte derselben Berechtigung, zur dynamischen Namensgebung oder zur Deltaberechnung.

Content-DSOs als Kopiervorlagen

Nutzen Sie die DSOs ausschließlich als Kopiervorlagen. Ihre eigenen DSOS können Sie frei benennen, Sie müssen sie lediglich, wie die Vorlage-DSOs, mit einem Postfix 01 bis 05 durchnummerieren. Nur dann kann die Generierung korrekt durchgeführt werden.

Nachdem die Content-DSOs übernommen und kundeneigene DSOs aus den Vorlagen kopiert wurden, muss ein entsprechender Datenfluss angelegt werden, um die DSOs mit den Berechtigungsdaten zu füllen. Dieser muss leider komplett kundenindividuell aufgebaut werden. (Die alten Content-Modelle aus 3.x für HR und FI wurden nie von der SAP überarbeitet.) Die Generierung selbst wird über die Transaktion **RSECADMIN** mit dem Button GENERIERUNG angestoßen (Abbildung 1.50), bzw. über einen entsprechenden Prozessketten-task. Dazu müssen die zu nutzenden DSOs (mindestens eines) in die zugehörigen Felder eingetragen werden.

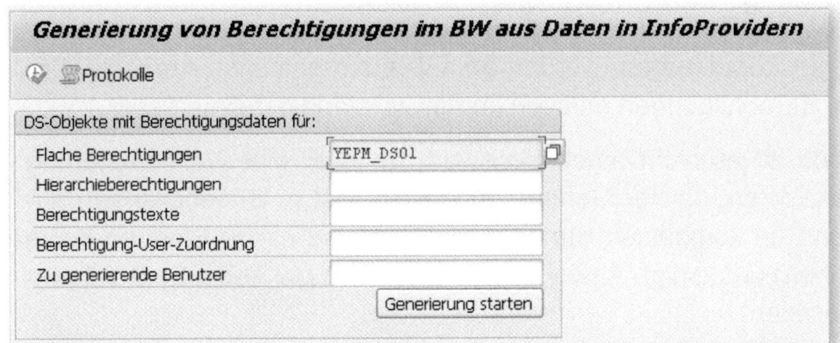

Abbildung 1.50: Die Generierung starten

Detaillierte Informationen zum Thema finden sich im SAP Help Portal unter dem Stichwort »Generierung von Analyseberechtigungen«.

Folgendes gilt es bei der Generierung zu berücksichtigen:

- Die Zuordnung der einzelnen DSO-Einträge, auch aus unterschiedlichen DSOs, zu einer gemeinsamen Berechtigung erfolgt über den Namen (0TCTAUTH) der zu generierenden Berechtigung.
- Wird in den DSOs Nr. 1 und 2 ein User (0TCTUSERNM) angegeben, so wird die erstellte Analyseberechtigung diesem direkt zugewiesen.
- Wird kein User angegeben, so wird die Berechtigung zunächst ohne Zuweisung generiert und kann über das DSO Nr. 4 auch mehreren Anwendern auf einmal zugewiesen werden.

Deltagenerierung

Bei der Generierung werden zunächst alle aus dem jeweiligen DSO zuvor generierten Objekte und Zuordnungen gelöscht, für die sich im aktuellen Lauf erneut Einträge finden. Das bedeutet, dass alle Konstellationen in sich immer vollständig sein müssen: Zu einem User »X« müssen in den Zuordnungs-DSOs immer alle Berechtigungen enthalten sein und nicht nur die Zeile, für die sich der Wert geändert hat. Im Generierungslauf »i« gepflegte und in »i+1« nicht mehr gepflegte Zuordnungen werden vom System gelöscht. Auch die einzelnen Berechtigungen müssen immer vollständig definiert sein.

Dennoch ist es nicht empfehlenswert, generell eine Vollgenerierung durchzuführen, da der Generierungslauf sonst u. U. sehr lange dauern kann (in komplexen Kundenszenarien sind einige Stunden keine Seltenheit) und einige Anwender in dieser Zeit gar keine Berechtigungen besitzen.

Letztlich bedeutet das: Der Entwickler sollte bei der Generierung dafür Sorge tragen, dass in den Generierungs-DSOs jeweils nur die geänderten Objekte enthalten sind, diese aber in sich immer vollständig sind.

Ein DSO-Set pro Bereich

Wird eine Generierung für unterschiedliche Bereiche, z. B. HR und FI, genutzt, so empfehlen wir, dafür jeweils verschiedene DSOs einzusetzen. Die generierten Berechtigungen stehen immer in Bezug zu den zugehörigen DSOs, etwa bei Löschungen im Zuge der Generierung. Daher lassen sich die einzelnen Bereiche besser verwalten, wenn unterschiedliche DSO-Gruppen genutzt werden (Ändern, Löschen, Neugenerieren).

Löschen von Berechtigungen

Zur Löschung einer Berechtigung gibt es unterschiedliche Methoden:

1. **Im Deltalauf**
   Soll eine Berechtigung während eines Deltalaufs gelöscht werden, so kann sie einfach als leere Hülle ohne Werte (über den technischen Namen der Berechtigung) neu generiert werden. Sie ist dann zwar noch vorhanden, aber wirkungslos.

2. **Während der vollständigen Generierung**
   Sollen die Berechtigung sauber gelöscht und alle Zuordnungen entfernt werden, so ist eine Full-Generierung notwendig. Bei dieser fügt man zusätzlich als erste Zeile in das DSO den Wert D_E_L_E_T_E für das Feld Benutzername ein. Dann werden vor der Generierung nicht nur die erneut im DSO vorhandenen Objekte gelöscht, sondern tatsächlich alle jemals aus dem DSO erzeugten Berechtigungen.

1-10: Eine Analyseberechtigung generieren

Im folgenden Szenario soll eine Analyseberechtigung für einen Benutzer »USER_6« generiert und direkt zugewiesen werden. Das bedeutet, der Benutzer benötigt wieder die Reportingrolle, diesmal aber keine zusätzliche Analyseberechtigung oder Datenrolle. Per Generierung soll der Benutzer auf die Produktkategorie »Servers« eingeschränkt werden. Dazu benötigen Sie ein DSO »YEPM_DS01«, für das das Content-DSO 0TCA_DS01 als Vorlage dient, und laden ein einfaches CSV-File (Abbildung 1.51) in das DSO.

	A	B	C	D	E	F	G	H	I	J	K	L	M
1	ReQuest	TCTUSERNM	TCTAUTH	TCTADTO	TCTIOBJNM	TCTSIGN	TCTOPTION	TCTLOW	TCTHIGH	TCTOBJVERS	TCTSYSID	RECORDMODE	TCTADFROM
2	1	USER_6	EPM_GEN1	29991231	0EPM_PRCAT	I	EQ	Servers		A	BW		19000101
3	1	USER_6	EPM_GEN1	29991231	0EPM_BP__0EPM_CNTRY	I	EQ	*		A	BW		19000101
4	1	USER_6	EPM_GEN1	29991231	0TCAIPROV	I	EQ	YEPM_CP_SO		A	BW		19000101
5	1	USER_6	EPM_GEN1	29991231	0TCAVALID	I	EQ	*		A	BW		19000101
6	1	USER_6	EPM_GEN1	29991231	0TCAACTVT	I	EQ	03		A	BW		19000101

Abbildung 1.51: CSV-Datei als Grundlage für die Generierung

Die korrekte Durchführung der Generierung wird in einem Protokoll bestätigt. Die erzeugte Berechtigung lässt sich in der **RSECADMIN** einsehen, und auf dem Tab BENUTZER • EINZELZURODNUNG können Sie auch die Zuordnung überprüfen (siehe auch die ausführliche Lösung zur Übungsaufgabe).

Führen Sie den Bericht mit dem Test-User aus, so erhalten Sie (hoffentlich) das gewünschte Ergebnis (Abbildung 1.52).

espresso tutorials

		Gross Order Amount (EPM NW Demo)	Net Order Amount (EPM NW Demo)	Order Quantity (EPM NW Demo)
Product Category (EPM NW Demo)	Country	EUR	EUR	EA
Servers	[-] GLOBAL	602.348.250,00	285.000,00	30.828
	[+] SOUTH AMERICA	62.832.000,00		3.520
	[+] NORTH AMERICA	143.990.000,00	110.000,00	6.606
	[+] ASIA	86.459.450,00	55.000,00	3.966
	[+] EUROPE	309.066.800,00	120.000,00	16.736

Abbildung 1.52: Ergebnis der Abfrage YEPM_CP_SO_001 für den Anwender USER_6

Ein einfaches Szenario wie das aus der Übungsaufgabe, in dem die Berechtigungen manuell gepflegt werden, lässt sich schnell umsetzen. Die Tücken der Generierung wie das Transformieren vorhandener Daten in die korrekten Strukturen, eigene Deltamechanismen, Prozessketten und große Ladezeiten treten erst in komplexeren Umgebungen zutage. Dennoch gibt es auch Anforderungen, die sich am besten mit einer Generierung umsetzen lassen.

Vorteile der Generierung von Berechtigungen:

- multidimensionale Berechtigungen möglich (im Gegensatz zum ebenfalls automatisierbaren Variablenansatz),
- komplexe Logik abbildbar,
- vollständige Automatisierung möglich,
- alternativ Begrenzung auf Automatisierung von Teilprozessen (z. B. Zuordnung bestehender Berechtigungen zu Anwendern),
- eigenes Generierungsprotokoll vorhanden.

Nachteile der Generierung von Berechtigungen:

- eingeschränkte Nachvollziehbarkeit (kein Rollenbezug mehr),
- aufwendig,
- ggf. komplexere ABAP-Programmierung notwendig,
- lange Lade- und Generierungszeiten,
- Zeitverzögerung, bis geänderte Werte aktiv sind,
- während der Generierung Ausfallzeiten durch fehlende Berechtigungen,
- keine Default-Delta-Logik.

Generierung für das initiale Erstellen von Analyseberechtigungen

Die Generierung kann auch nur zum Erstellen von Analyseberechtigungen eingesetzt werden, wenn die eigentliche Zuordnung über Rollen stattfindet. Das kann dann nützlich sein, wenn es um extrem viele Berechtigungen geht und die konkreten Ausprägungen z. B. ohnehin bereits im Excel-Format definiert wurden.

Virtuelle Analyseberechtigungen

Eine eher selten genutzte Variante bei der Berechtigungsvergabe ist die sogenannte *virtuelle Berechtigung*. Das liegt insbesondere daran, dass dieses Verfahren relativ komplex ist und dazu ein *Business Add-in (BAdI)* implementiert werden muss. Außerdem ist das Verfahren nicht besonders transparent, da selbst in der Benutzerzuordnung der **RSECADMIN** nicht sichtbar ist, dass dem Benutzer überhaupt eine Analyseberechtigung zugeordnet ist. Im Gegensatz zum Variablen-Ansatz, der ein festes Gerüst nutzt und bei dem zur Laufzeit nur die berechtigten Werte dynamisch ausgelesen werden, wird bei der virtuellen Berechtigung die komplette Berechtigung erst zur Laufzeit erstellt.

Wie in Abbildung 1.53 zu sehen, beinhaltet der Erweiterungspunkt RSEC_VIRTUAL_AUTHS drei BAdI-Definitionen, die sich kundenindividuell ausprogrammieren lassen:

1. RSEC_VIRTUAL_AUTH_BADI
   Dies ist das eigentliche BAdI für virtuelle Berechtigungen. Im Ergebnis muss die Definition einer Berechtigung, ähnlich dem Customer-Exit-Ansatz, zurückgegeben werden. Dazu müssen in der Implementierung der einzigen Methode GET_AUTHS die beiden Rückgabetabellen C_T_VAL (flache Werte) und C_T_HIE (Hierarchien) entsprechend befüllt werden.

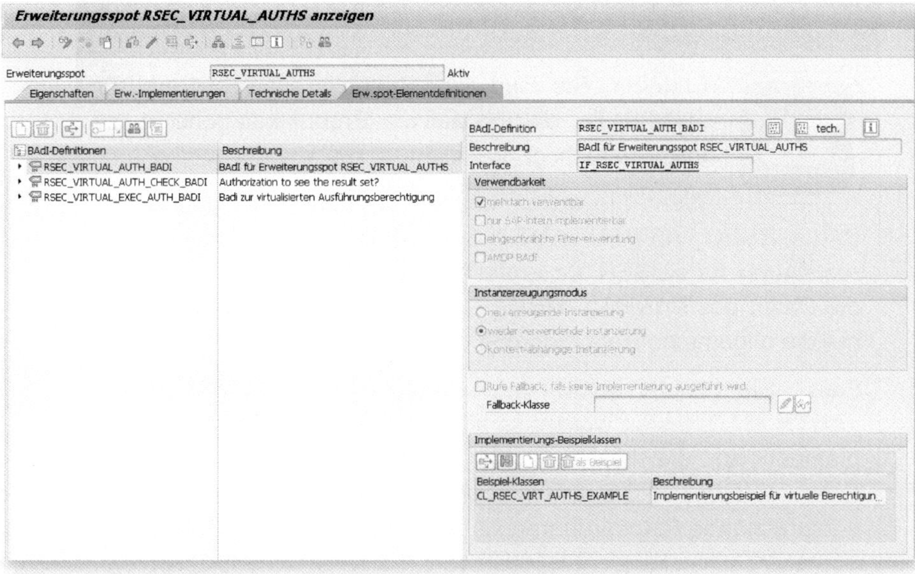

Abbildung 1.53: Virtuelle Berechtigungen per BAdI

2. RSEC_VIRTUAL_AUTH_CHECK_BADI
   Hier kann eine eigene Berechtigungsprüfung hinterlegt werden. Als Input-Parameter stehen der Anwender, seine Berechtigungen sowie der zu prüfende Infoprovider und die angefragte Aktivität zur Verfügung.
   Sie können auf dieser Basis jede beliebige eigene Prüfung implementieren. Im Ergebnis der Methode AUTH_CHECK werden nur »erlaubt« (C_AUTHORIZED=2) oder »nicht-erlaubt« (C_AUTHORIZED=1) für die Ergebnismenge erwartet. Zusätzlich kann die Prüfung auf bestimmte Benutzer eingeschränkt durchlaufen werden (Methode USED_FOR_USER).

3. RSEC_VIRTUAL_EXEC_AUTH_BADI
   erlaubt eine Prüfung für Queries, bietet also die Möglichkeit, einzelne Queries explizit zu berechtigen und nicht wie S_RS_COMP nur auf InfoProvider-Ebene zu prüfen.

1-11: Eine virtuelle Berechtigung erstellen

Erstellen Sie nun eine virtuelle Berechtigung für »USER_7«, die ihn auf die Produktkategorie »Laptops« berechtigt.

Wenn Sie wollen, können Sie außerdem mithilfe des BAdIs RSEC_VIRTUAL_AUTH_CHECK_BADI eine virtuelle Berechtigung für »USER_8« erstellen, die ihm stets Vollzugriff auf die Daten des Providers YEPM_CP_SO erlaubt. Er benötigt dafür nur die allgemeine Reportingrolle.

Falls Sie auch noch den BAdI RSEC_VIRTUAL_EXEC_AUTH_BADI testen wollen, so können Sie eine Berechtigung implementieren, die dem Anwender »USER_9« den Zugriff auf die Query YEPM_CP_SO_Q001 auch dann erlaubt, wenn er keine entsprechende Standardberechtigung über S_RS_COMP besitzt.

Lösungen zu allen drei Aufgaben finden Sie wie immer im Bonusmaterial zu diesem Buch.

Vorteile virtueller Berechtigungen:

- multidimensionale Berechtigungen möglich,
- beliebig komplexe Logik abbildbar,
- explizit die jeweils gerade benötigte Berechtigung kann zur Laufzeit erstellt werden (dazu muss diese aber eindeutig identifizierbar sein).

Nachteile virtueller Berechtigungen:

- stark eingeschränkte Nachvollziehbarkeit (Berechtigung nicht mehr am User sichtbar),
- relativ aufwendig,
- ggf. komplexere ABAP-Programmierung notwendig und
- damit erschwerte Fehlersuche.

1.2.5 Zuweisung von Analyseberechtigungen

Nachdem Sie die unterschiedlichen Varianten zum Erstellen von Analyseberechtigungen kennengelernt haben, wollen wir im Folgenden die Optionen hinsichtlich der Zuweisung an die Benutzer untersuchen.

Direkte Zuweisungen

Im Abschnitt 1.2.1 haben Sie erfahren, dass sich in der **RSECADMIN** Analyseberechtigungen einem User manuell zuordnen lassen. In der Praxis wird man diesen Ansatz kaum verwenden. Für das schnelle Testen von Berechtigungen ist er aber ein gangbarer Weg, insbesondere wenn man keine Berechtigung zur Rollenvergabe, aber für die direkte Zuweisung von Analyseberechtigungen besitzt.

Zuweisung über Rollen

Das Standardverfahren, über das Anwendern Analyseberechtigungen zugewiesen werden, ist der Weg über die Rollenvergabe. Dieser hat den großen Vorteil, dass bestehende Tools und Prozesse der Berechtigungsvergabe wie Zentrale Benutzerverwaltung (ZBV), SAP Identity Management (IdM) oder SAP Governance, Risk & Compliance (GRC) auch auf die Vergabe der Datenberechtigungen angewendet werden können.

Automatisierte Zuweisung

Als Teil der Generierung lassen sich Berechtigungen auch automatisiert zuordnen (Template-DSO 0TCA_DS04). Die automatische Zuordnung ist auch für nichtgenerierte Berechtigungen möglich, z. B. wenn sich zwar die Berechtigungen selbst nicht häufig ändern, aber die Zuordnung zu den einzelnen Usern.

1.2.6 Multidimensionale Berechtigungen

In unseren bisherigen Beispielen haben wir, ohne darauf eingegangen zu sein, bereits multidimensionale Berechtigungen verwendet, also Berechtigungen mit mehr als einem echten InfoObjekt. Da es rund um dieses Thema aber immer wieder zu Missverständnissen kommt, wollen wir noch einmal genauer betrachten, welche Varianten es gibt und woher die Missverständnisse rühren. Dabei müssen wir uns nicht nur mit den Berechtigungen selbst, sondern auch mit der Wirkungsweise von Variablen im BW beschäftigen.

Vorangehend hatten wir immer nur die Produktgruppe *oder* das Land eingeschränkt, das jeweils andere Objekt hatte eine Vollberechtigung. Nur wollen wir in **Szenario 1** einen Mitarbeiter betrachten, der die Rolle

- »Produktmanager für Computer (Server und PCs) in Nordamerika«

besitzt. Zur Laufzeit werden die Queryvariablen mit den berechtigten Werten gefüllt (Abbildung 1.54), die Berichtsausführung läuft ohne Probleme.

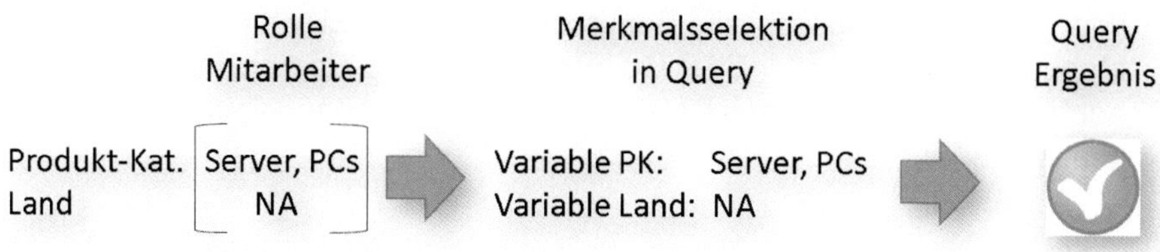

Abbildung 1.54: Multidimensionale Berechtigungen – Szenario 1

Nehmen wir nun in **Szenario 2** an, dass unser Anwender eigentlich zwei getrennte Rollen (entsprechend seinen Funktionen im Unternehmen) besitzt, nämlich

1. »Produktmanager für Server in Nordamerika« und
2. »Produktmanager für PCs in Nordamerika«.

Da sich in diesem Beispiel nur einer der beiden eingeschränkten Werte (Produktkategorie) unterscheidet, bleibt nach Optimierung der Analyseberechtigungen eine identische Berechtigung wie in Szenario 1. Damit funktioniert auch diese Variante problemlos (Abbildung 1.55).

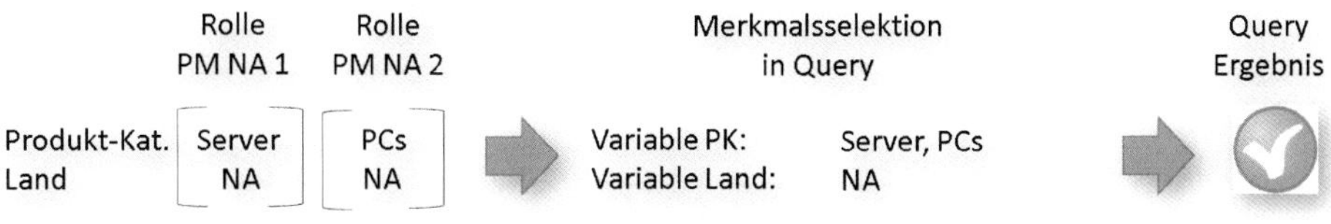

Abbildung 1.55: Multidimensionale Berechtigungen – Szenario 2

Für **Szenario 3** nehmen wir nun an, dass unser Mitarbeiter

1. »Regionalmanager Nordamerika« ist und
2. »Produktmanager für Computer (Server und PCs)«.
3. Für beide fachlichen Rollen bekommt er die zugehörige BW-Datenrolle:
   - einmal mit Einschränkung auf »Land« und Vollzugriff auf »Produktkategorie« und
   - einmal mit Einschränkung auf »Produktkategorie« und Vollzugriff auf »Land«.

Jetzt wird es schon interessanter. Im SAP BW beziehen sich alle Variablen und Selektionen immer nur auf genau ein Merkmal, ohne dabei Abhängigkeiten zwischen Merkmalen zu berücksichtigen. Daher wird jede Berechtigungsvariable einzeln gefüllt. Die Variable für »Produkt« holt alle berechtigten Werte für »Produkt« und die Variable für »Land« alle Werte für »Land« – ohne Unterscheidung, aus welchen Berechtigungen die Werte stammen und welche weiteren Einschränkungen diese Berechtigungen ggf. auf andere Merkmale besitzen. Die *-Selektion übersteuert dabei die weiteren Einschränkungen; damit bleiben beide Selektionen leer, die Query wird also ohne Einschränkung ausgeführt. Damit der Anwender nun nach der Alles-oder-nichts-Regel ein Ergebnis sieht, benötigt er Vollzugriff auf beide

Merkmale. Da er diesen nicht besitzt, erhält er einen Berechtigungsfehler, und das ist auch vollkommen korrekt (Abbildung 1.56).

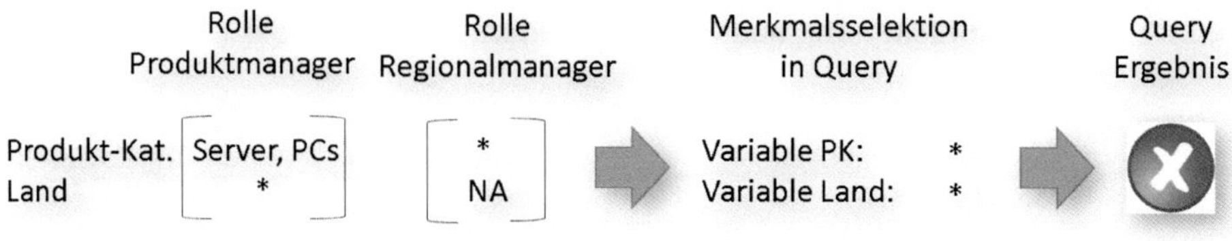

Abbildung 1.56: Multidimensionale Berechtigungen – Szenario 3

Wenn wir eingabebereite Variablen verwenden, so kann der Anwender eine der beiden Variablen auf einen berechtigten Wert einschränken, also entweder »Land« auf den Knoten »Nordamerika« bzw. ein dazu gehörendes Land oder »Produktkategorie« auf einen der berechtigten Werte »Server« oder »PCs«, und würde das jeweilige Ergebnis angezeigt bekommen.

Auflösen von Rollenkonflikten

In unserem Fall handelt es sich um einen einfachen Rollenkonflikt. Dieser ließe sich am besten über zwei unterschiedliche virtuelle Sichten (CompositeProvider) lösen, was einer klaren Trennung der Anwendungsfälle (analog zu den fachlichen Rollen) entspräche. Ein Provider würde die Ländersicht, der andere die Produktsicht abbilden. Der Anwender muss keine manuelle Selektion mehr vornehmen.

Solange die Mehrdimensionalität durch Vermengung unterschiedlicher Sichten entsteht, lässt sie sich einfach durch die Trennung der Sichten auflösen. Anders sieht es bei echter Multidimensionalität aus. Nehmen wir daher für **Szenario 4** an, dass der Mitarbeiter verantwortlich für

1. Server in den USA (Rolle 1) und für
2. PCs in Kanada (Rolle 2) ist.

In diesem Fall würden die Berechtigungsvariablen eine Selektion auf »Server« und »PCs« für die Produktkategorie und auf »USA« und »Kanada« für das Land erzeugen. Damit wird implizit auch das Kreuzprodukt der Berechtigungen angefragt, also »PCs in USA« und »Server in Kanada«. Dies war aber wiederum nicht berechtigt (Abbildung 1.57).

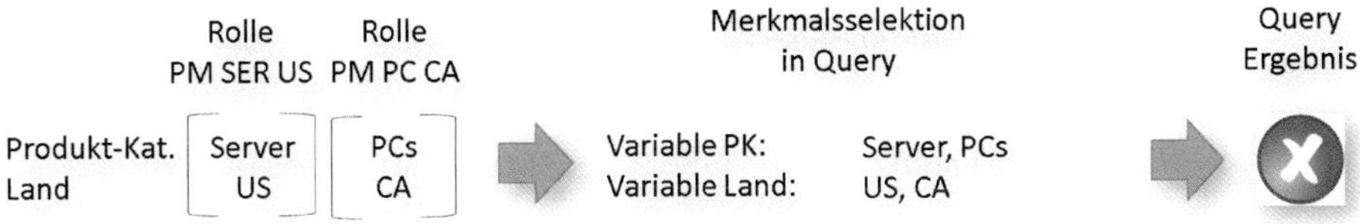

Abbildung 1.57: Multidimensionale Berechtigungen – Szenario 4

Auflösen von multidimensionalen Berechtigungen

In Szenario 4 ist eine Lösung des Konflikts schwieriger, wenn man vermeiden will, dass der Anwender manuell korrekte Kombinationen auswählen muss, was mit jedem weiteren InfoObjekt noch schwieriger wird. Dennoch gibt es eine Reihe möglicher Ansätze, damit umzugehen. Auch wenn wir nicht alle Ansätze im Detail besprechen können, so wollen wir doch eine möglichst vollständige Übersicht erprobter Lösungen geben. Für jede Anforderung muss die beste Variante aber individuell bestimmt werden, eine Patentlösung existiert nicht.

- **Option 1:** Das Kreuzprodukt ebenfalls berechtigen
  Sofern dies keinen gravierenden Verstoß gegen die fachlichen Anforderungen an die Berechtigungen darstellt, kann das Kreuzprodukt explizit berechtigt werden. Das ist auch dann notwendig, wenn das Kreuzprodukt in der Praxis nicht in den transaktionalen Daten existiert (wir erinnern uns: Berechtigungen werden immer nur gegen die Selektion geprüft).
- **Option 2:** Den F4-BAdI nutzen
  Unter Nutzung des F4-BAdIs (Transaktion **SE18**, BAdI-Name RSR_VARIABLE_F4_RESTRICT_BADI) für die Wertehilfe von Variablen ist es möglich, je nach bisher gewählten Vari-

ablenwerten die Wertehilfe für weitere Merkmale einzuschränken und nur die zur bisher getroffenen Auswahl passenden Werte anzuzeigen. Dies vereinfacht zumindest die Auswahl korrekter Kombinationen für den Endanwender.

- **Option 3:** Personalisierung von Variablen
  Den Anwendern werden manuell erstellte oder per ABAP generierte Varianten (gespeicherte Kombinationen von Variablenwert-Kombinationen) als Personalisierung zur Verfügung gestellt. Auch dies erleichtert die Auswahl.

- **Option 4:** Die Rolle zur Auswahl stellen
  Dies ist eine elegantere Variante von Option 3, sofern die Rollen klar spezifiziert werden können. Dabei wird ein technisches Merkmal erstellt (Rollenname) und über eine Mappingtabelle oder Ableitung aus dem Namen der Analyseberechtigungen mit den zugehörigen Ausprägungen der Objekte verknüpft. Dieses technische Merkmal wird als Selektionsvariable in die Query aufgenommen, z. B. über eine eingeschränkte, aber ausgeblendete Dummy-Kennzahl. Der Anwender muss dann bei Berichtsstart eine Rolle wählen. Die berechtigten InfoObjekte werden per Customer-Exit-Variablen eingeschränkt, wobei die Exit-Variablen die zur jeweils selektierten Rolle zugehörigen Werte aus der Mappingtabelle lesen. Der Anwender muss dann nur ein Objekt (die Rolle) manuell selektieren.

- **Option 5:** Ein konkateniertes Objekt erstellen
  In diesem Fall wird ein technisches Berechtigungsobjekt definiert, dessen Schlüssel die konkatenierten Werte der berechtigten Ausprägungen der unterschiedlichen InfoObjekte enthält. Allerdings muss dieses Merkmal dann auch in den transaktionalen Daten enthalten sein, was eine Anpassung des Datenmodells erfordert. Für Hierarchien ist der Ansatz ebenfalls nicht geeignet, da diese sehr aufwendig auf dem technischen Merkmal abgebildet werden müssten.
  Normalerweise wird dieser Ansatz aufgrund der nötigen physischen Anpassung des Datenmodells nicht empfohlen. Es ist aber die einzige Option, bei der der Anwender keinerlei manuelle Auswahl treffen muss (Berechtigungsvariablen) und al-

le berechtigten Werte gleichzeitig im Ergebnis erhält, weshalb sie vereinzelt von Kunden genutzt wird. Sie ermöglicht zudem die Nutzung von Customer-Exit-Variablen.

- **Option 6:** generierte HANA-View verwenden
  In einem BW on HANA können wir einfach aus dem InfoProvider oder der Query ein entsprechendes HANA-Modell inkl. Berechtigungen generieren lassen (siehe Kapitel 3) und auf dieses zugreifen.

1-12: Multidimensionale Berechtigungen

Erstellen Sie eine Analyseberechtigung für Server UND Nordamerika und weisen Sie diese einem Test-User »USER_10« zu. Einem weiteren Test-User »USER_11« geben Sie zwei getrennte Berechtigungen als »Regionalverantwortlicher Nordamerika« und als »Produktverantwortlicher für Server« und vergleichen die Ergebnisse.

1.2.7 Fehlersuche bei Analyseberechtigungen

Analog zum Berechtigungstrace für Standardberechtigungen, den Sie im Abschnitt 1.1.4 kennengelernt haben, gibt es auch für Analyseberechtigungen Werkzeuge zur Fehlersuche. Diese sind sogar noch etwas komfortabler, wie Sie im folgenden Abschnitt sehen werden.

Protokoll der Berechtigungsprüfung

Die Berechtigungsprüfung lässt sich mithilfe der Transaktion **RSECPROT** (alternativ über **RSECADMIN** ANALYSE • AUSFÜHREN ALS) konfigurieren (Abbildung 1.58).

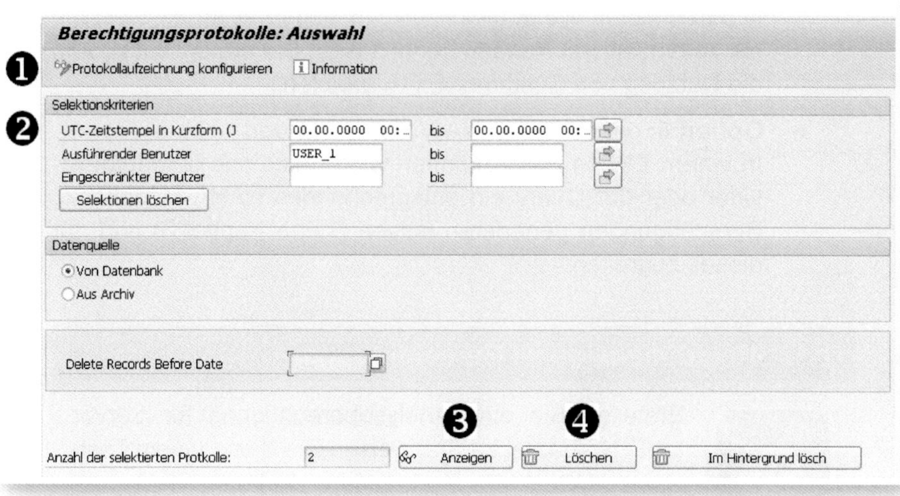

Abbildung 1.58: Protokollierung der Berechtigungsprüfung

Über den Button PROTOKOLLAUFZEICHNUNG KONFIGURIEREN ❶ kann ein Anwender in den Trace aufgenommen werden (Abbildung 1.59). Im Gegensatz zur Transaktion **ST01** ist kein explizites An- oder Abschalten der Aufzeichnung möglich. Wenn ein Benutzer eingetragen wurde, wird für ihn automatisch aufgezeichnet.

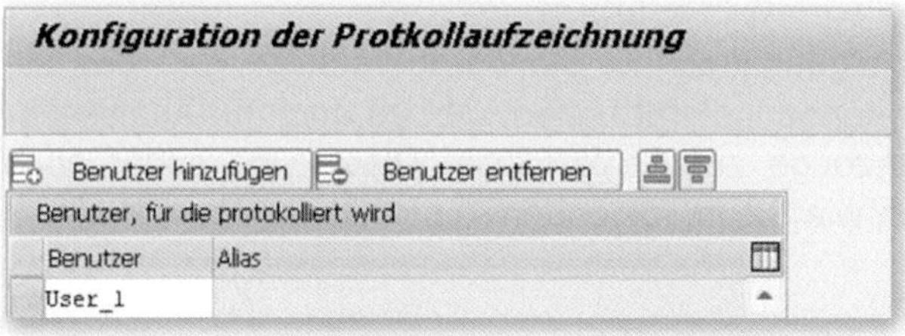

Abbildung 1.59: Prot[o]kollaufzeichnung konfigurieren

Für die Anzeige des Protokolls stellen wir die gewünschten SELEKTIONSKRITERIEN ein ❷ und drücken den Button ANZEIGEN ❸. Im folgenden Schritt (Abbildung 1.60) wählen wir aus der Liste der Treffer die passende Zeile aus und erhalten so das eigentliche Protokoll.

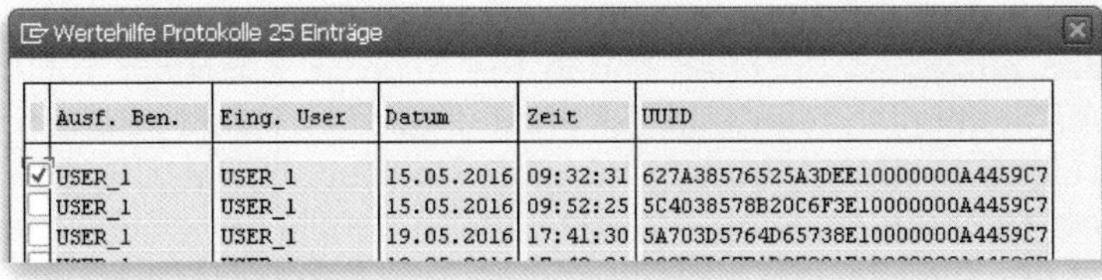

Abbildung 1.60: Auswahl einer Protokollaufzeichnung

Selektionskriterien korrekt setzen

Sie müssen in die Wertefelder zu UTC-ZEITSTEMPEL IN KURZFORM zwingend Von-/bis-Werte eingeben, ansonsten bekommen Sie bei der Anzeige immer eine leere Trefferliste.

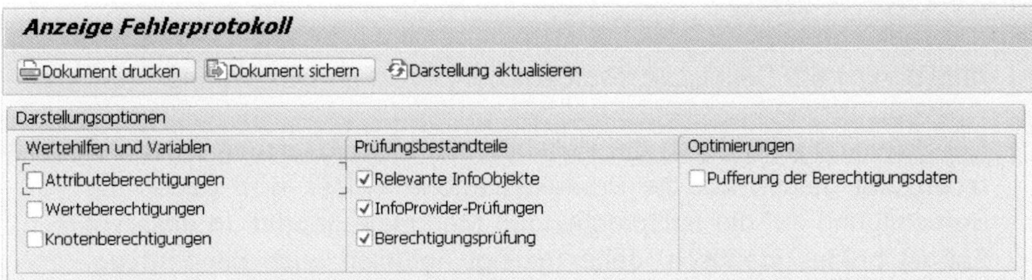

Abbildung 1.61: Protokoll-Header

Über die Darstellungsoptionen (Abbildung 1.61) lassen sich Ergebnisse von einzelnen Prüfschritten in die Protokollanzeige ein- und ausblenden. Die Standardeinstellung ist meist ein guter Startpunkt. Wollen Sie genau sehen, welche Werte aus den Analyseberechtigungen von der Datenbank gelesen oder wie die einzelnen Berechtigungen unter Umständen kombiniert werden, so schalten Sie den Haken bei PUFFERUNG DER BERECHTIGUNGSDATEN ein. Allerdings kann die Protokollausgabe dann schnell unübersichtlich werden, Sie sollten also wissen, wie Sie das Protokoll zu lesen haben.

Die Prüfung selbst erfolgt in mehreren Schritten. Genaue Informationen zu den einzelnen Schritten finden Sie auch im Abschnitt 1.3.2. Der für uns momentan relevante Teil steht unter dem Punkt »Berechtigungsprüfung – Detail-Prüfung für InfoProvider YEPM_CP_SO« (Abbildung 1.62). Zu diesem Zeitpunkt wurden bereits der eigentliche Zugriff auf den InfoProvider geprüft, vorhandene Berechtigungen falls möglich optimiert und zusammengefasst und alle Merkmale mit *-Berechtigung (in unserem Fall das Land) aus der Prüfung entfernt.

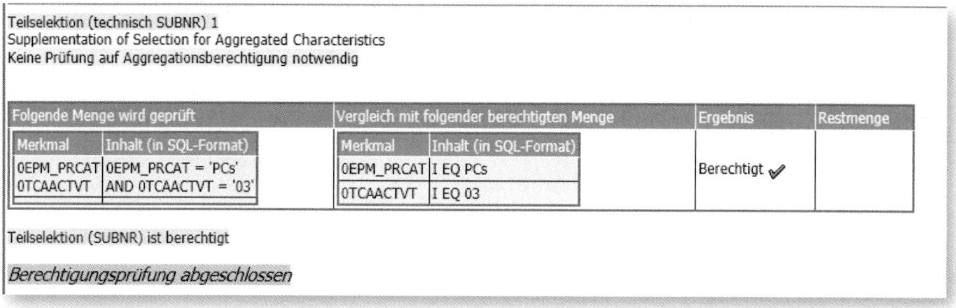

Teilselektion (technisch SUBNR) 1
Supplementation of Selection for Aggregated Characteristics
Keine Prüfung auf Aggregationsberechtigung notwendig

Folgende Menge wird geprüft		Vergleich mit folgender berechtigten Menge		Ergebnis	Restmenge
Merkmal	Inhalt (in SQL-Format)	Merkmal	Inhalt (in SQL-Format)		
0EPM_PRCAT 0TCAACTVT	0EPM_PRCAT = 'PCs' AND 0TCAACTVT = '03'	0EPM_PRCAT	I EQ PCs	Berechtigt ✔	
		0TCAACTVT	I EQ 03		

Teilselektion (SUBNR) ist berechtigt

Berechtigungsprüfung abgeschlossen

Abbildung 1.62: Detailsicht, Protokoll der Berechtigungsprüfung

Die Selektion (hier durch die Variablen vom Typ **Ersetzung durch Berechtigung** gefüllt) auf die Produktkategorie »PCs« wird gegen die Berechtigung auf die entsprechenden Merkmale geprüft. In unserem Fall ist beides identisch, daher gelingt natürlich auch die Prüfung. Besitzt ein Anwender mehrere Berechtigungen, die die Selektion nur teilweise erfüllen, so sehen wir im Protokoll sowohl die Optimierung (Zusammenfassen der Berechtigungen soweit möglich, vgl. Hinweis »Merging« unter »Wirkungsweise« in 1.2.1) als auch ggf. eine mehrstufige Prüfung der nach Optimierung und Zusammenfassung verbliebenen Berechtigungen, bis am Ende entweder eine positive oder negative Rückmeldung bleibt. Die Selektion, d. h. die angefragte Datenmenge und die mögliche, noch nicht berechtigte Restmenge nach (Teil-)Prüfung, werden jeweils in SQL-Syntax angegeben.

Abschalten der Prüfung nach Nutzung

Ein eingeschaltetes Berechtigungsprotokoll kann massive Auswirkungen auf die Dauer der Berechtigungsprüfung und damit die Performance der Queryausführung haben. Daher sollten wir immer daran denken, das Protokoll nach der Nutzung wieder auszuschalten. Selbst das Löschen von Einträgen aus dem Log (Abbildung 1.58 ❹) kann sehr viel Zeit in Anspruch nehmen.

Archivieren der Protokolltabelle

Die Log-Tabelle kann bei eingeschaltetem Trace relativ schnell anwachsen und somit die Performance während der Aufzeichnung negativ beeinträchtigen. Daher empfiehlt es sich, das Log regelmäßig zu löschen (über den entsprechenden Button SELEKTIONEN LÖSCHEN, siehe Abbildung 1.58) oder aber zu archivieren. Dazu muss in der Transaktion **SARA** für das Object **RSECPROT** mithilfe des Buttons SCHREIBEN eine Variante angelegt werden (Abbildung 1.63).

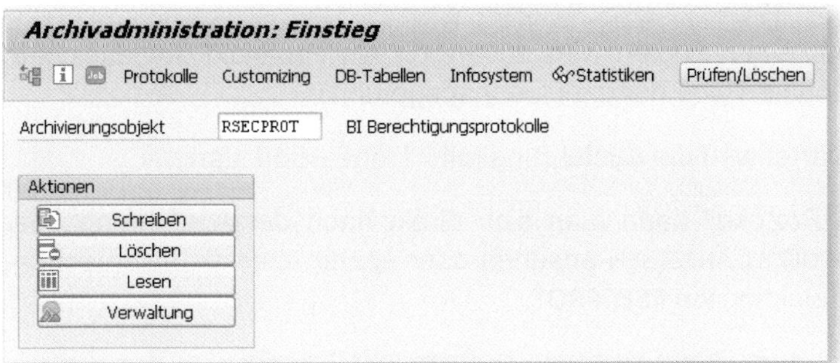

Abbildung 1.63: Archivieren des Berechtigungslogs

Simulieren eines Nutzerzugriffs

Für die Analyse von Berechtigungsproblemen steht auf Datenberechtigungsseite außerdem noch eine sehr praktische Funktion zur Verfügung. Mithilfe der Transaktion **RSUDU** (»Ausführen als Benutzer mit eingeschränkten Berechtigungen«), ebenfalls erreichbar über **RSECADMIN** ANALYSE • AUSFÜHREN ALS, kann ein entsprechend berechtigter Administrator eine Berichtsabfrage für einen anderen Anwender simulieren, ohne dessen Passwort kennen zu müssen (Abbildung 1.64). Der Anwender selbst muss auch nicht am System angemeldet sein. Das spart im Zweifel viel Zeit und Abstimmungsaufwand.

Abbildung 1.64: Nutzerzugriff simulieren mit RSUDO

❶ Zunächst muss der technische Name des Anwenders angegeben werden, für den der Zugriff simuliert werden soll.

❷ Durch einen Haken wird zusätzlich ein Protokoll aufgezeichnet (ansonsten wird nur die Query ausgeführt).

❸ Gestartet wird die Ausführung mit »Transaktion starten«.

❹ Das Protokoll kann man sich direkt nach der Ausführung über PROTOKOLL ANZEIGEN ansehen oder später über die entsprechende Selektion via **RSECPROT**.

❺ Unter dem Punkt WIE FUNKTIONIERT DAS? findet sich der Hinweis zur Nutzung von Customer-Exit-Variablen (siehe hierzu auch Abschnitt 1.2.4 unter »Customer-Exit-Ansatz«).

❻ Hier können Sie noch festlegen, welche Art von Transaktion simuliert werden soll. Für den Standard-Query-Test belässt man die Einstellung auf **RSRT**.

Ausführen einer Prüfung für einen anderen Anwender

zB

Wir wollen im Weiteren einen Benutzerzugriff von USER_1 simulieren.

1. Zunächst starten wir die Transaktion **RSUDO**, geben als Benutzernamen **USER_1** ein, setzen den Haken für die Protokollaufzeichnung und führen die Transaktion **RSRT** aus.
2. Für den Querynamen geben wir **YEPM_CP_SO_Q001** ein und wählen ein beliebiges Ausgabeformat.
3. Jetzt erhalten wir das Queryergebnis, wie es auch der Benutzer gesehen hätte: Obwohl wir als Administrator mit Vollzugriff angemeldet sind, ist die Ergebnismenge auf die Produktkategorie »PCs« eingeschränkt (Abbildung 1.65).

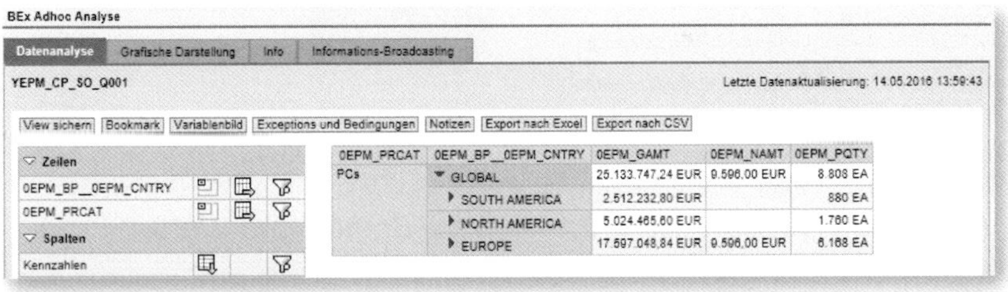

Abbildung 1.65: Ergebnis der Ausführung mit RSUDO

4. Nun gehen wir mit dem Zurück-Button (alternativ [F3]) zwei Schritte zurück, bis wir wieder auf der **RSUDO**-Startseite landen, und wählen jetzt den Button Protokoll anzeigen. Nun sehen wir das Protokoll analog zu Abbildung 1.62.

5. Gehen wir zurück zu Schritt 2 und starten die Query diesmal mit der zusätzlichen Eingabe **variable_screen=X** im freien Textfeld unterhalb der Queryanzeige-Auswahlbox, so erhalten wir den Variablen-Bildschirm, über den wir die Auswahl noch anpassen können.

6. Wenn wir jetzt den Wert **PCs** um den zusätzlichen Wert **Keyboards** ergänzen, so erhalten wir für User_1 natürlich einen Berechtigungsfehler, da er nicht über die entsprechende Berechtigung verfügt.

7. Im Protokoll können wir den Fehler nun entsprechend nachvollziehen (Abbildung 1.66).

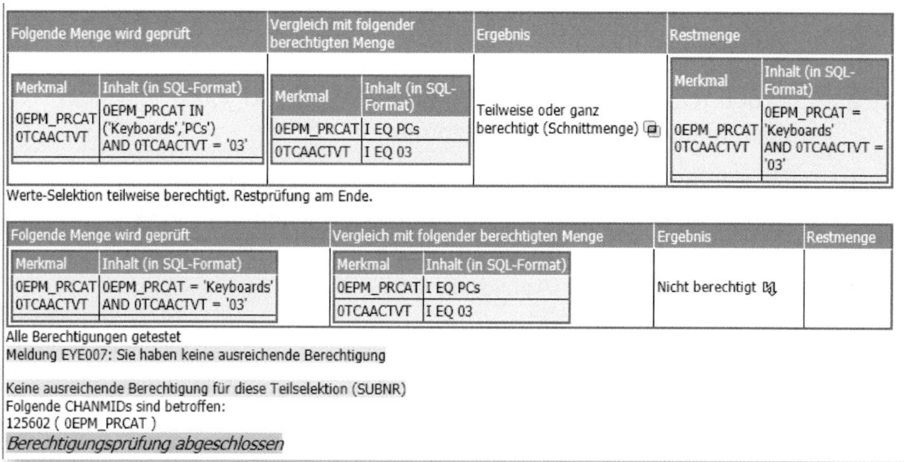

Folgende Menge wird geprüft	Vergleich mit folgender berechtigten Menge	Ergebnis	Restmenge
Merkmal: 0EPM_PRCAT, 0TCAACTVT Inhalt (in SQL-Format): 0EPM_PRCAT IN ('Keyboards','PCs') AND 0TCAACTVT = '03'	0EPM_PRCAT: I EQ PCs 0TCAACTVT: I EQ 03	Teilweise oder ganz berechtigt (Schnittmenge)	Merkmal: 0EPM_PRCAT, 0TCAACTVT Inhalt (in SQL-Format): 0EPM_PRCAT = 'Keyboards' AND 0TCAACTVT = '03'

Werte-Selektion teilweise berechtigt. Restprüfung am Ende.

Folgende Menge wird geprüft	Vergleich mit folgender berechtigten Menge	Ergebnis	Restmenge
Merkmal: 0EPM_PRCAT, 0TCAACTVT Inhalt (in SQL-Format): 0EPM_PRCAT = 'Keyboards' AND 0TCAACTVT = '03'	0EPM_PRCAT: I EQ PCs 0TCAACTVT: I EQ 03	Nicht berechtigt	

Alle Berechtigungen getestet
Meldung EYE007: Sie haben keine ausreichende Berechtigung

Keine ausreichende Berechtigung für diese Teilselektion (SUBNR)
Folgende CHANMIDs sind betroffen:
125602 (0EPM_PRCAT)
Berechtigungsprüfung abgeschlossen

Abbildung 1.66: Detailsicht, Protokoll bei Berechtigungsfehler

Wir erkennen am Protokoll auch, dass die Selektion zunächst gegen unsere Berechtigung **PCs** und die verbliebene Restmenge (**Keyboards**) in einem zweiten Schritt noch einmal gegen mögliche weitere Berechtigungen geprüft wird. In diesem Fall besitzen wir aber keine weitere Berechtigung, die die verbleibende Restselektion erfüllen würde; daher schlägt die Prüfung fehl.

Simulieren eines Nutzerzugriffs zeigt Daten

Das Ergebnis einer Simulation mit **RSUDO** zeigt nicht nur das Protokoll der Prüfung, sondern auch das eigentliche Ergebnis des User-Zugriffs – so, wie der Anwender es sehen würde. Das bedeutet, dass beispielsweise die Simulation eines Anwenders mit Vollzugriff dessen sämtliche Daten anzeigt. Daher ist es wichtig, diese Transaktion gut zu schützen (siehe nachfolgender Hinweis) und nur Personen zuzuweisen, die ohnehin alle Daten im Produktivsystem sehen dürfen. Ist Supportmitarbeitern oder Berechtigungsadministratoren der Zugriff auf die Daten verwehrt, muss also auf den herkömmlichen Weg mit Trace und Ausfuhrung durch den Endanwender zurückgegriffen werden. Zumindest für technische Tests der Berechtigungen im Entwicklungs- oder ggf. Testsystem durch den Entwickler ist die Transaktion aber dennoch von Nutzen.

Transaktion schützen

Das Berechtigungsobjekt S_RSEC dient zur (Berechtigungs-)Steuerung aller Aktivitäten rund um das Thema »Analyseberechtigung«. Um die Ausführung von **RSUDO** ohne Eingabe des Nutzerpassworts zu erlauben, muss das Feld RSECADMOBJ (»Objekttyp Infrastruktur Analyseberechtigungen«) mit **RSUDO** und das Feld ACTVT (»Aktivität«) mit **16** ausgeprägt werden. Im Feld RSECADMVAL (»Infrastruktur Analyseberechtigung«) werden die Benutzernamen oder Muster hinterlegt, für die eine Ausführung ohne Passworteingabe möglich sein soll.

Mehr Informationen zum Berechtigungsobjekt S_RSEC finden sich im folgenden Abschnitt.

1.2.8 Best Practice für Berechtigungskonzepte

Nachdem wir nun eine Reihe von Optionen kennengelernt haben, wie man Analyseberechtigungen sowohl erstellen und pflegen als auch den Anwendern zuweisen kann, stellt sich nun die Frage, welche dieser Varianten wir für unser eigenes Berechtigungskonzept am besten nutzen sollten. Alle Optionen lassen sich im Prinzip beliebig miteinander kombinieren, auch wenn nicht jede Kombination wirklich sinnvoll ist.

		Zuweisung zum Anwender		
		direkt (manuell)	**via Rolle**	**direkt (generiert)**
Erstellen der Berechtigung	**manuell (Festwert)**	nur in bestimmten Szenarien sinnvoll	sehr klar und übersichtlich Berechtigungen anhand der Rolle ersichtlich	wenn nur die Zuweisung automatisiert werden soll
	mit Exit-Variable	nur in bestimmten Szenarien sinnvoll	insbesondere sinnvoll bei vielen Ausprägungen oder häufigen Änderungen oder Übernahme aus Vorsystem	i.d.R. nicht sinnvoll
	generiert	i.d.R. nicht sinnvoll	bei häufigen Änderungen der berechtigten Werte	bei multidimensionalen Berechtigungen oder Übernahme der Daten aus Vorsystem. User können angelegt werden, vollständige Automatisierung möglich

Abbildung 1.67: Möglichkeiten der Berechtigungssteuerung

Aus der in Abbildung 1.67 gezeigten Matrix sollte das für das jeweilige Projekt am besten passende Szenario ausgewählt werden. Insbesondere ist frühzeitig zu klären, woher die berechtigten Werte kommen und wie der Pflege- und der Verteilprozess aussehen werden. Also:

- Liegen die Daten bereits in einem Vorsystem, oder müssen sie manuell gepflegt werden?
- Möchte der Fachbereich die Berechtigungen selbst steuern, um flexibler und schneller reagieren zu können?

- Möchte die IT einen Teil der Verantwortung auf die Daten-Owner übertragen?
- Welche Anforderungen müssen hinsichtlich Logging und Nachvollziehbarkeit von Änderungen erfüllt sein?
- Wie sieht der Support-Prozess aus?
- Wie gelangt ein Anwender an seine benötigten Berechtigungen?

Sind diese Fragen geklärt, geht es darum, ein entsprechendes Konzept auf dem Papier zu skizzieren. Hierbei sollten folgende Dinge beachtet werden:

- **Keep it simple (KISS)**
  Klingt trivial, wird in der Praxis aber oft nicht eingehalten. Insbesondere aus den Fachbereichen kommen oft sehr komplexe Vorschläge, wann genau ein Anwender wie berechtigt sein soll. Wichtig ist es dann, zwischen Prozess- und Berechtigungsanforderungen zu unterscheiden, letztere kritisch zu hinterfragen und die eigentlichen Kernanforderungen herauszuarbeiten. Zu KISS gehört insbesondere: So wenige Berechtigungsobjekte (InfoObjekte) wie möglich verwenden, multidimensionale Szenarien soweit möglich vermeiden, einfache und klare Prozesse und Verantwortlichkeiten etablieren.
  Dies führt letztlich zu einem besseren Verständnis des Berechtigungskonzeptes bei allen Beteiligten und erleichtert spätere Erweiterungen ebenso wie die Analyse im Fehlerfall.
- **Schutz der Daten, nicht der Queries**
  Wie erwähnt, ist das granularste Objekt für die Berechtigungsprüfung der InfoProvider. Es macht daher i. d. R. keinen Sinn, einzelne Queries mithilfe von S_RS_COMP zu berechtigen oder auszuschließen, wenn sie auf demselben Provider basieren. Oft ist dies auch überhaupt nicht notwendig, weil ein Anwender zwar vielleicht nicht mit einer bestimmten Query arbeiten muss, die darin enthaltenen Daten aber prinzipiell sehen dürfte. In diesem Fall wären Menü- oder Portalrollen die richtige Lösung. Sollen wirklich unterschiedliche

Sichten berechtigt werden, so sollte man diese sauber über unterschiedliche MultiProvider trennen.

- Frühzeitiges Einbinden des Berechtigungsteams in Projekte bereits in der Design-Phase.
- Nutzung einer Namenskonvention für BW-Objekte, die auch für die Berechtigungen geeignet ist (z. B., um InfoProvidergruppen zu bilden).
- Keine Verwendung von * für 0TCAIPROV.
- Nutzung der Aggregationsberechtigung (:) nur dann, wenn diese auch wirklich benötigt wird.
- Berechtigung zum Setzen der Berechtigungsrelevanz auf das (BW-)Berechtigungsteam beschränken.
- Wahl der jeweils besten Methode für eine Anforderung. Idealerweise legt man zwar ein Standardverfahren fest (z. B. manuelle Erstellung und Zuweisung über Rollen), dennoch sollte man offen für bestimmte Anforderungen, wie dynamisches Orgmanagement im HR (dann eignen sich z. B. Generierung oder Variablen-Ansatz) oder auch andere Verfahren sein, sofern diese besser geeignet sind, die Anforderungen abzudecken.
- Konsistenz innerhalb einer Anwendung.
  Innerhalb einer Anwendung (z. B. Finanzen) nach Möglichkeit keine Verfahren kombinieren. Eine Ausnahme bilden allenfalls einfache Festwerte (z. B. Vollzugriff) für bestimmte Nutzergruppen, die auch in dynamischen Szenarien Sinn ergeben können.
- Nutzen von Automatisierung, wo sinnvoll (z. B. Laden von Berechtigungen aus dem Vorsystem oder Übernahme aus einem Antragssystem wie IdM oder GRC und Verwendung von Variablen).
- Trennung von BW-Berechtigungs- und Datenberechtigungsrollen. Durch die modulare Kombination von Rollen in Sammelrollen lässt sich der Pflegeaufwand deutlich reduzieren.

Für das Skizzieren von Berechtigungsanforderungen hat sich folgender Ansatz bewährt:

1. **Erstellen einer Matrix** (z. B. in Excel), die in den Zeilen die Applikationen oder Contents und in den Spalten die relevanten Business-Rollen enthält. An den Schnittpunkten wird festgehalten, ob und wie genau die jeweilige Rolle für den zugehörigen Fachbereich eingeschränkt werden soll, sofern sie überhaupt Zugriff auf die Daten haben soll. Auch eine Unterscheidung zwischen lesendem und schreibendem Zugriff (für die Planung) sollte getroffen werden.

2. **Erweitern der Matrix** um die Provider der jeweiligen Bereiche und die darin enthaltenen InfoObjekte. Dabei werden die Einschränkungen von der Fach- auf die technische Sicht heruntergebrochen, also nicht mehr nur auf welchem Content wie eingeschränkt wird, sondern ganz konkret: Auf welche einzelnen InfoProvider hat eine Rolle Zugriff und welche InfoObjekte werden wie ausgeprägt?

Aus einer solchen Matrix lassen sich dann leicht die Analyseberechtigungen ableiten:

- Provider mit gemeinsamen Anforderungen werden zusammengefasst und bilden eine Gruppe von Analyseberechtigungen (mit jeweils unterschiedlichen Ausprägungen).
- Die Gruppen gehören immer zu einem Contentbereich.
- Ein Contentbereich enthält somit 1-n zugehörige Berechtigungsgruppen, z. B. eine für die auf Kostenstellen eingeschränkten und eine für die offenen Provider (auf die jeder Bereichsanwender Vollzugriff haben soll), und schließlich vielleicht noch eine weitere Planungsberechtigung, die aber am Ende in einer anderen Rolle landen sollte.
- Jede Datenrolle enthält am Ende 1-n Analyseberechtigungen, entweder aus einem Bereich (wenn die Businessrollen sich an den BW-Contents orientieren) oder auch aus unterschiedlichen Bereichen (wenn die Businessrollen Content-übergreifende Prozesse abbilden).

1.3 Das Zusammenspiel von Standard- und Analyseberechtigungen im SAP BW

Sie wissen nun sowohl, wie Standardberechtigungen funktionieren und geprüft werden, als auch, wie dies bei den Analyseberechtigungen vonstattengeht. Meist spielen aber beide Berechtigungen zusammen, und in manchen Fällen ist für einen Außenstehenden nicht klar ersichtlich, welche Art von Berechtigung an welcher Stelle vom System geprüft wird. Daher soll das folgende Kapitel noch einen genaueren Einblick in typische Berechtigungsszenarien in SAP BW geben.

1.3.1 Prüfung von Analyseberechtigungen

Beim Zugriff auf Daten innerhalb von SAP BW werden die unterschiedlichen Prüfungen an verschiedenen Stellen durchgeführt. Analyseberechtigungen werden geprüft bei

- klassischem BW-Reporting
  das haben Sie bereits zur Genüge kennengelernt;
- Reporting in BW on HANA
  verhält sich absolut identisch zu klassischem BW;
- BusinessObjects-Reports auf Basis von BW-Objekten
  sofern die Reports auf BW-Queries oder InfoProvidern basieren, mit direktem Zugriff via interner Schnittstelle BICS oder über ein relationales Universum auf InfoProvider–Basis;
- Datenladeprozesse innerhalb des SAP BW
  Quelle und Ziel sind InfoProvider; beim Laden wird geprüft, ob die Datenberechtigung auf die Quelle mit dem DTP-Filter übereinstimmt. Dies ist insbesondere für Poweruser relevant, die ggf. manuell bestimmte Ladevorgänge anstoßen;
- Datenanzeige/-vorschau über Kontextmenü zu InfoProvider in der **RSA1**.

Analyseberechtigungen werden NICHT geprüft bei

- Datenanzeige von Tabellen über die **SE16**
  In diesem Fall muss das Standard-Berechtigungsobjekte S_TABU* genutzt werden (siehe Abschnitt 1.5.1), auch bei Zugriff auf die Tabellen über Vorwärtsnavigation in der **RSA1**.
- Datenzugriff via ABAP
  Enthält das aufgerufene ABAP-Programm ein direktes SELECT auf eine Tabelle, dann wird der Anwender alle Daten sehen, sofern er zur Ausführung des ABAP-Programms berechtigt ist. Eine zusätzliche Datenberechtigungsprüfung findet nicht statt.
- Datenladeprozesse von Daten in das SAP BW,
  z. B. Staging aus einer externen Quelle in ein *Advanced-DataStore-Objekt* (ADSO).
- Direktes Reporting auf HANA-Views
  In diesem Fall werden die analytischen Privilegien der SAP HANA geprüft (vgl. Kapitel 2).
- BusinessObjects-Reports, die nicht auf die BW-Objekte, sondern andere Datenbanken zugreifen (z. B. auf HANA-Views).

1.3.2 Ablauf der Berechtigungsprüfungen beim Queryzugriff

Die Berechtigungsprüfungen für einen Queryzugriff finden schrittweise statt, streng nach Performancekriterien optimiert.

1. Bei Anforderung einer Query werden zunächst die Standardberechtigungen für die Query geprüft (S_RS_COMP und S_RS _COMP1). Nur wenn diese Prüfung erfolgreich war, werden die Datenberechtigungen betrachtet und ansonsten ein Berechtigungsfehler erzeugt (Klasse BRAIN, Abbildung 1.68).

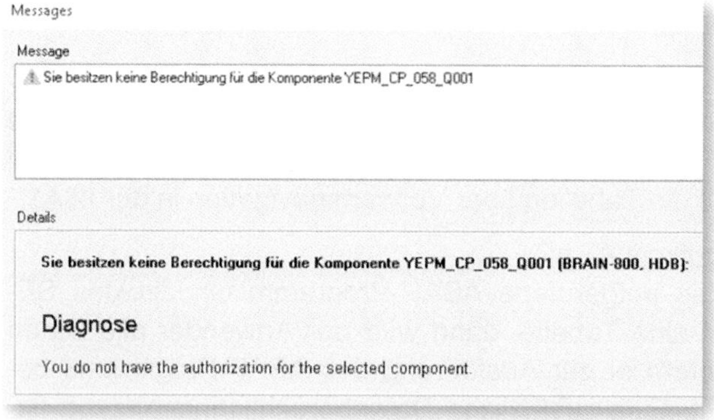

Abbildung 1.68: Fehlende Query-Berechtigung (Klasse BRAIN)

2. Auch bei den Datenberechtigungen wird zunächst ein Standardobjekt geprüft, nämlich S_RS_AUTH auf die Ausprägung »0BI_ALL«. Besitzt ein User also »0BI_ALL« oder einen »*« im Feld BIAUTH, so wird die Prüfung bereits hier erfolgreich beendet, und die Query wird ausgeführt. Andernfalls werden die Analyseberechtigungen geprüft, und ein entsprechender Eintrag wird im Log erzeugt (siehe Hinweiskasten unten und Abbildung 1.74).

3. Erst jetzt findet die eigentliche Prüfung der Analyseberechtigungen statt. Fehlermeldungen gehören zur Klasse EYE (Abbildung 1.69).

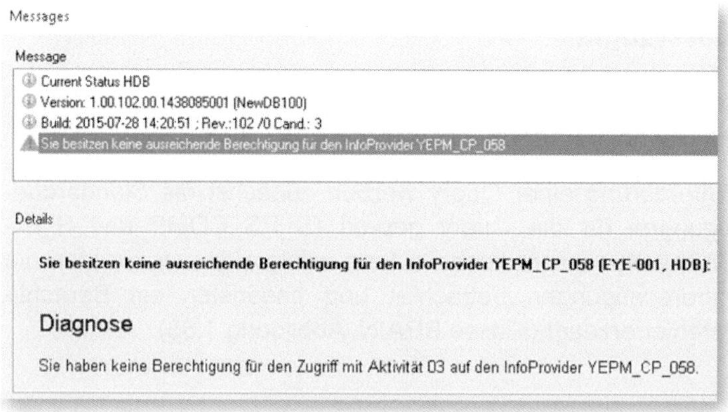

Abbildung 1.69: Fehlende Daten-Berechtigung (Klasse EYE)

Pufferung der Berechtigungen

Die Berechtigungen des Benutzers werden eingelesen und gepuffert, also für die Dauer der Benutzersession in einem Zwischenspeicher vorgehalten. Auf diesen Speicher wird bei jeder Prüfung, z. B. nach jedem zusätzlichen Navigationsschritt, zugegriffen. Bei Verwendung von Customer-Exit-Variablen in der Berechtigung sollte dringend der Variablenpuffer eingeschaltet werden (siehe Abschnitt 1.2.4, Tipp unter »Variablen-Ansatz«), damit auch die Ergebnisse der Exit-Auswertung im Speicher gehalten werden. Der Puffer enthält außerdem die Ergebnisse der Optimierung.

Optimieren und Zusammenfassen der Berechtigungen

Im Rahmen des Mergings (SAP Hinweis 1000004 und Abschnitt 1.2.1) werden leere Dimensionen unvollständiger Berechtigungen zunächst aufgefüllt und dann die Analyseberechtigungen wo möglich zusammengefasst. Sofern Berechtigungen zusammengefasst werden können, werden diese neuen temporären Objekte für die weiteren Prüfschritte verwendet. Schalten Sie in der Protokollausgabe die Option PUFFERUNG DER BERECHTIGUNGEN ein, um die einzelnen Schritte der Optimierung nachvollziehen zu können (Abbildung 1.70).

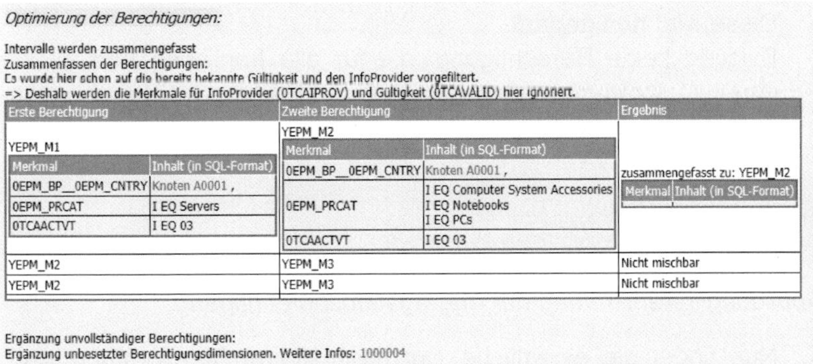

Abbildung 1.70: Zusammenfassen und Optimieren der Berechtigungen

Ablauf der Berechtigungsprüfung

1. Zunächst wird geprüft, ob der Benutzer überhaupt eine gültige Analyseberechtigung für den fraglichen Provider besitzt (Spezialmerkmale **0TCAIPROV** und **0TCAACTVT**), siehe Abbildung 1.71 oben. Falls nicht, endet die Anfrage mit einem Fehler (EYE-001).

2. Es wird geprüft, ob Merkmale voll berechtigt sind (*), diese gehen nicht in die Detailprüfung ein (»Reduktion der Merkmale«), siehe Abbildung 1.71 unten.

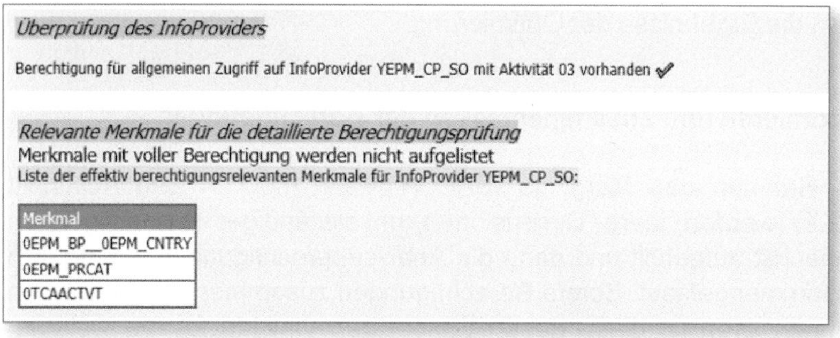

Abbildung 1.71: Berechtigungsprüfung: Vorprüfungen

3. Merkmale, die nicht explizit selektiert wurden und die sich nicht im Aufriss befinden, benötigen eine Aggregationsberechtigung. Diese wird nun geprüft.
   Existiert keine Berechtigung, die für alle fraglichen InfoObjekte eine :-Ausprägung enthält, so kann die Prüfung nicht mehr gelingen, da *-Berechtigungen ja bereits berücksichtigt wurden (Abbildung 1.72).

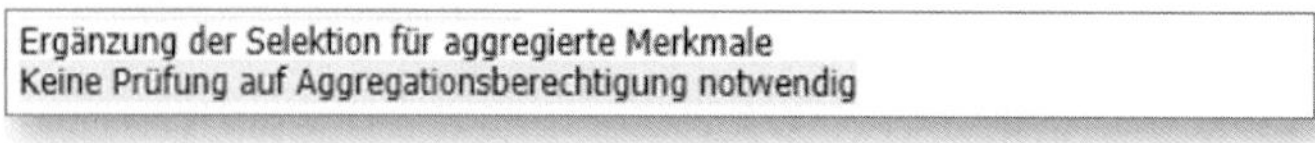

Abbildung 1.72: Prüfung der Aggregationsberechtigung

4. Nun findet die eigentliche, ggf. mehrstufige Detailprüfung statt, wie wir sie bereits in Abschnitt 1.1.4 kennengelernt haben (Abbildung 1.73). Bei Fehlern erscheint die Meldung »Sie besitzen keine ausreichende Berechtigung« (**EYE007**).

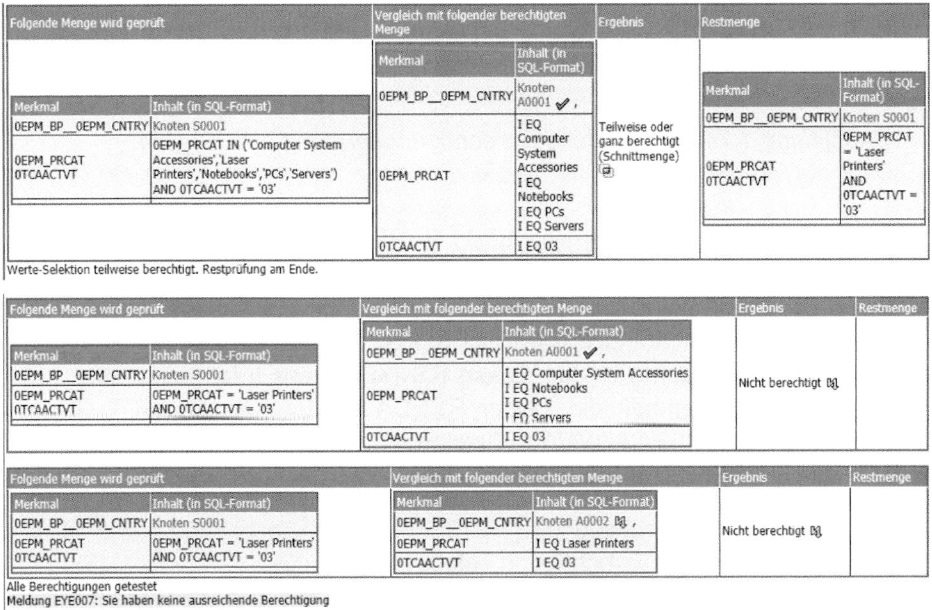

Folgende Menge wird geprüft	Vergleich mit folgender berechtigten Menge	Ergebnis	Restmenge
Merkmal: 0EPM_BP__0EPM_CNTRY – Inhalt (in SQL-Format): Knoten S0001 Merkmal: 0EPM_PRCAT 0TCAACTVT – Inhalt (in SQL-Format): 0EPM_PRCAT IN ('Computer System Accessories','Laser Printers','Notebooks','PCs','Servers') AND 0TCAACTVT = '03'	Merkmal: 0EPM_BP__0EPM_CNTRY – Inhalt (in SQL-Format): Knoten A0001 ✔, Merkmal: 0EPM_PRCAT – Inhalt: I EQ Computer System Accessories I EQ Notebooks I EQ PCs I EQ Servers Merkmal: 0TCAACTVT – Inhalt: I EQ 03	Teilweise oder ganz berechtigt (Schnittmenge)	Merkmal: 0EPM_BP__0EPM_CNTRY – Inhalt (in SQL-Format): Knoten S0001 Merkmal: 0EPM_PRCAT 0TCAACTVT – Inhalt: 0EPM_PRCAT = 'Laser Printers' AND 0TCAACTVT = '03'

Werte-Selektion teilweise berechtigt. Restprüfung am Ende.

Folgende Menge wird geprüft	Vergleich mit folgender berechtigten Menge	Ergebnis	Restmenge
Merkmal: 0EPM_BP__0EPM_CNTRY – Inhalt (in SQL-Format): Knoten S0001 Merkmal: 0EPM_PRCAT 0TCAACTVT – Inhalt (in SQL-Format): 0EPM_PRCAT = 'Laser Printers' AND 0TCAACTVT = '03'	Merkmal: 0EPM_BP__0EPM_CNTRY – Inhalt (in SQL-Format): Knoten A0001 ✔, Merkmal: 0EPM_PRCAT – Inhalt: I EQ Computer System Accessories I EQ Notebooks I EQ PCs I EQ Servers Merkmal: 0TCAACTVT – Inhalt: I EQ 03	Nicht berechtigt	

Folgende Menge wird geprüft	Vergleich mit folgender berechtigten Menge	Ergebnis	Restmenge
Merkmal: 0EPM_BP__0EPM_CNTRY – Inhalt (in SQL-Format): Knoten S0001 Merkmal: 0EPM_PRCAT 0TCAACTVT – Inhalt (in SQL-Format): 0EPM_PRCAT = 'Laser Printers' AND 0TCAACTVT = '03'	Merkmal: 0EPM_BP__0EPM_CNTRY – Inhalt (in SQL-Format): Knoten A0002, Merkmal: 0EPM_PRCAT – Inhalt: I EQ Laser Printers Merkmal: 0TCAACTVT – Inhalt: I EQ 03	Nicht berechtigt	

Alle Berechtigungen getestet
Meldung EYE007: Sie haben keine ausreichende Berechtigung

Abbildung 1.73: Berechtigungsprüfung, Detailprüfung

Fehlereintrag im Protokoll ST01

Wie Sie eben gesehen haben, findet die eigentliche Analyseberechtigungsprüfung überhaupt nur dann statt, wenn der Benutzer kein »0BI_ALL« besitzt. Für diese Prüfung wird im Fehlerfall ein Eintrag im ST01-Protokoll (siehe Abbildung 1.74) erzeugt. Ein solcher Eintrag auf fehlende 0BI_ALL–Berechtigung bedeutet also nicht, dass es einen Fehler gab, sondern nur, dass die eigentliche Datenprüfung überhaupt erst getriggert wurde (das Ergebnis dieser Prüfung findet sich dann im RSECPROT-Log). Durch diesen vermeintlichen Fehlereintrag sollten Sie sich nicht verwirren lassen.

hh:mm:ss,ms	Typ	Dauer(us)	Objekt		Text
15:19:24,620	AUTH		S_RFC	RC=0	RFC_TYPE=FUGR;RFC_NAME=RSBOLAP_BICS_CONSUMER;ACTVT=16;type=RF;name=BICS_CONS_SET_GE
15:19:25,421	AUTH		S_RFC	RC=0	RFC_TYPE=FUGR;RFC_NAME=RSBOLAP_BICS_PROVIDER;ACTVT=16;type=RF;name=BICS_PROV_OPEN;
15:19:25,513	AUTH		S_RS_AUTH	RC=4	BIAUTH=0BI_ALL;type=RF;name=BICS_PROV_OPEN;

Abbildung 1.74: Systemtrace Berechtigungsprüfung auf 0BI_ALL

1.3.3 Das Berechtigungsobjekt S_RSEC

Das zentrale Objekt zur Steuerung des Zugriffs auf Aktionen innerhalb der Transaktion **RSECADMIN** ist S_RSEC (»Infrastruktur der Analyseberechtigungen«) in der Klasse RS (»Business Information Warehouse«). Es enthält die Felder RSECADMOBJ (Objekt), ACTVT (Aktivität) und RSECADMVAL (Objektwert). Mögliche Ausprägungen für das Feld RSECADMOBJ sind:

- AUTH (Berechtigung)
  die Analyseberechtigung selbst,
- USER (Benutzer)
  für Aktionen, die einen Benutzer betreffen,
- PROT (Protokoll)
  für Aktionen, die das Protokoll betreffen,
- LOGS (Änderungsprotokolle)
  für Aktionen, die das Änderungsprotokoll betreffen,
- RSUDO (Ausführen als anderer User ohne Passwortabfrage)
  für die Funktion »Ausführen als...«,
- IOBJ (InfoObjekt als berechtigungsrelevant markieren)
  Berechtigungsrelevanz für InfoObjekte ändern.

Für eine konkrete Berechtigung wird der Feldwert mit einer Aktivität (ACTVT) und einem konkreten Objektwert (RSECADMVAL) kombiniert, wobei natürlich nicht alle Kombinationen Sinn ergeben. Anbei ein paar typische Ausprägungsbeispiele:

- Berechtigung zum Setzen der Berechtigungsrelevanz für InfoObjekte:
  Objekt: IOBJ, Objektwert: *, Aktivität: 02

- Berechtigung zum Anlegen von Analyseberechtigungen für den HR-Bereich:
  Objekt: AUTH, Objektwert: HR*, Aktivität: 01, 02, 03, 06
- Berechtigung zur direkten Zuweisung von Analyseberechtigungen zu Benutzern:
  Objekt: USER, Objektwert: *, Aktivität: 02, 03
- Ausführen der Simulation (**RSUDO**) für alle Benutzer:
  Objekt: RSUDO, Objektwert: *, Aktivität: 16

Eine gute Übersicht über die geprüften Aktivitäten pro Objekt findet sich in der Dokumentation zum Berechtigungsobjekt (Abbildung 1.75).

Feldwert(RSECADMOBJ)/Aktivität	Anlegen (01)	Ändern (02)	Anzeigen (03)	Löschen (06)	Transport (21)	Generieren (64)	Ausführen (16)
AUTH (Berechtigung)	✓	✓	✓	✓	✓	✓	-
USER (Benutzer)	-	✓	✓	-	✓	✓	-
PROT (Protokolle)	-	-	✓	✓	-	-	-
LOGS (Änderungsprotokolle)	-	-	✓	✓	-	-	-
MODI (Systemverhalten)	-	✓	-	-	-	-	-
RSUDO (RSUDO o. Kennwort)	-	-	-	-	-	-	✓
IOBJ (InfoObjekt)	-	✓	-	-	-	-	-

Abbildung 1.75: Dokumentation zum Berechtigungsobjekt S_RSEC

1.4 Planung in SAP BW

Neben dem lesenden Zugriff auf Daten, wie es im Berichtswesen üblich ist, erlaubt das SAP BW auch das manuelle (oder manuell angestoßene, automatisierte) Erzeugen von Datensätze durch den Anwender im Rahmen von Planungsapplikationen.

1.4.1 Integrierte Planung

Die *Integrierte Planung (IP)* ist das klassische Planungsinstrument im SAP BW mit vollständiger Integration in die BEx-Tools. Auch *SAP Analysis for Office* und *SAP Design Studio* unterstützen die Integrierte Planung. Bei ihr werden spezielle Provider mit Schreibzugriff verwendet (ADSO, klassisches DSO oder InfoCube, Letzterer kann auch optional beladen werden). Technisch läuft die manuelle Dateneingabe in einen offenen Request, bis dieser manuell oder, bei Erreichen einer bestimmten Größe, automatisch geschlossen wird. Zusätzlich lassen sich auf Basis der bereits eingegebenen auch weitere Daten generieren, z. B. im Rahmen einer Top-down-Verteilung in hierarchiebasierten Planungsszenarien, bei denen ein Hierarchieknoten beplant und dieser Planwert sodann auf Basis definierter Regeln auf die darunterliegenden Knoten und Blätter verteilt wird (*Disaggregation*). Die zentrale Transaktion für die Integrierte Planung ist die **RSPLAN**.

Planungskonzepte

Ausführliche Informationen finden Sie im SAP Help Portal:

- BW-integrierte Planung: unter dem Suchbegriff »Planungskonzepte«
- SAP Analysis for Office: *http://help.sap.com/boaa*
- SAP Design Studio: *http://help.sap.com/boad*

Advanced DSO und Integrierte Planung

Für Systeme kleiner BW 7.5 SP04 unterstützt das ADSO nur Realtime-InfoCube-Szenarien (Einstellung ALLE MERKMALE SIND SCHLÜSSEL am ADSO), ab SP04 auch das Szenario »Direct Update«. Für beide Varianten existieren Templates in den BW-MT (siehe Abbildung 1.76). Zusätzliche Informationen finden Sie im SAP-Hinweis 2189829 (»Details and Condition for Planning on advanced DataStore Object«).

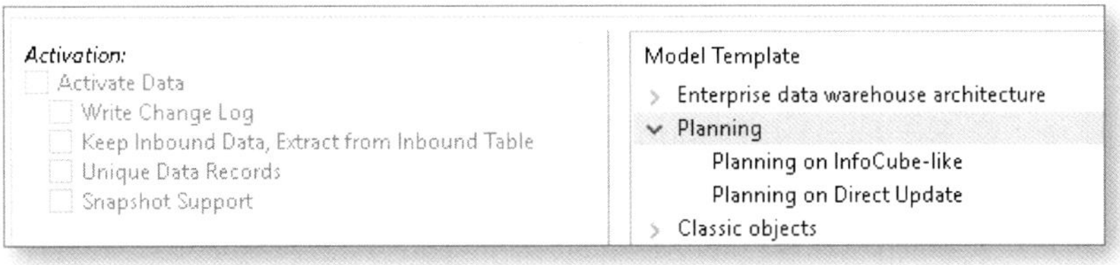

Abbildung 1.76: Templates für die Planung mit ADSOs

CompositeProvider und Integrierte Planung

Aktuell gelten für Planungsszenarien auf Basis von CompositeProvidern noch ein paar Einschränkungen (siehe auch SAP Help):

- Keiner der eingabebereiten InfoProvider darf Teil eines Joins sein.
- Der CompositeProvider darf keinen lokalen Provider enthalten.
- Der CompositeProvider darf keine Navigationsattribute enthalten, die nicht auch in allen eingabebereiten InfoProvidern enthalten sind.

Standardberechtigungen

Für die integrierte Planung existiert eine Reihe von Standardberechtigungsobjekten, die je nach Aktion im Rahmen der Planung geprüft werden:

- S_RS_ALVL (»Planung: Aggregationsebene«)
  Erstellen der/Zugriff auf die Aggregationsebene,
- S_RS_PLSQ (»Planungs-Sequenz«)
  Erstellen/Ausführen einer Planungssequenz,

- S_RS_PLSE (»Planungsfunktion«)
  Erstellen/Ausführen einer Planungsfunktion,
- S_RS_PLST (»Planungsfunktionstyp«)
  Anlegen/Anzeigen eines Planungsfunktionstyps,
- S_RS_PLENQ (»Sperr-Einstellungen«)
  Verwalten von Sperren.

Zusätzlich benötigt der Benutzer Zugriff auf folgende BW-Standardberechtigungen:

- S_RS_COMP und S_RS_COMP1
  Ausführen der Planungsquery auf der Aggregationsebene oder dem Composite- bzw. MultiProvider,
- S_RS_RFC
  Zugriff auf die RFC-Funktionen der Planung,
- S_RS_AO oder S_RS_ZEN (optional)
  Zugriff auf das Planungsfrontend.

Eine Berechtigungsrolle für einen Planungsanwender hätte dann z. B. die in Abbildung 1.77 gezeigten Ausprägungen.

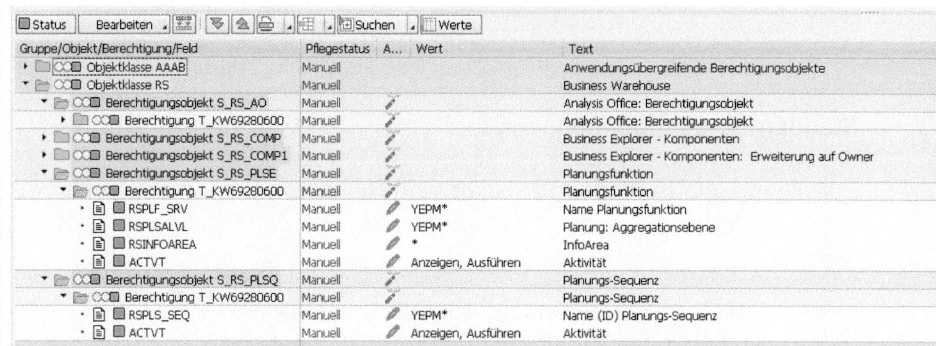

Status | Bearbeiten | Suchen | Werte

Gruppe/Objekt/Berechtigung/Feld	Pflegestatus	A...	Wert	Text
Objektklasse AAAB	Manuell			Anwendungsübergreifende Berechtigungsobjekte
Objektklasse RS	Manuell			Business Warehouse
Berechtigungsobjekt S_RS_AO	Manuell			Analysis Office: Berechtigungsobjekt
Berechtigung T_KW69280600	Manuell			Analysis Office: Berechtigungsobjekt
Berechtigungsobjekt S_RS_COMP	Manuell			Business Explorer - Komponenten
Berechtigungsobjekt S_RS_COMP1	Manuell			Business Explorer - Komponenten: Erweiterung auf Owner
Berechtigungsobjekt S_RS_PLSE	Manuell			Planungsfunktion
Berechtigung T_KW69280600	Manuell			Planungsfunktion
RSPLF_SRV	Manuell		YEPM*	Name Planungsfunktion
RSPLSALVL	Manuell		YEPM*	Planung: Aggregationsebene
RSINFOAREA	Manuell		*	InfoArea
ACTVT	Manuell		Anzeigen, Ausführen	Aktivität
Berechtigungsobjekt S_RS_PLSQ	Manuell			Planungs-Sequenz
Berechtigung T_KW69280600	Manuell			Planungs-Sequenz
RSPLS_SEQ	Manuell		YEPM*	Name (ID) Planungs-Sequenz
ACTVT	Manuell		Anzeigen, Ausführen	Aktivität

Abbildung 1.77: Berechtigungen für die Integrierte Planung

Berechtigungsobjekte für BW-BPS

Bevor die Integrierte Planung mit SAP BW 7.0 vorgestellt wurde, war *SAP Business Planning and Simulation* (kurz BPS) der Standard für die Planung im BW. Die mit »R_*« beginnenden Planungsobjekte in der **SU21** beziehen sich auf diese Art der Planung, die heute nur noch gelegentlich in älteren Systemen anzutreffen ist.

Datenberechtigungen

Im Rahmen der Integrierten Planung werden die normalen BW-Analyseberechtigungen genutzt. Von Bedeutung ist insbesondere das technische Merkmal 0TCTACTVT (Aktivität), das wir bisher immer mit »03« (Anzeigen) ausgeprägt haben. Für Schreibzugriffe nutzen wir jetzt die Aktivität »02« (Ändern). Da es keinen Sinn ergibt, wenn ein Benutzer zwar Daten schreiben, dieselben aber nicht lesen darf, vergibt man für Planungsberechtigungen i. d. R. beide Aktivitäten zusammen (»02«, »03« oder »*«).

Unterschiedliche Berechtigungen für Berichte und Planung

In vielen Szenarien besitzt ein Anwender auf denselben Daten unterschiedliche Berechtigungen für Planung und Berichtswesen. So hat etwa ein Regionalverantwortlicher für Deutschland schreibenden Zugriff auf seine Region, darf aber im Berichtswesen auch die Daten der Peer-Gruppen sehen. In einem solchen Szenario erhält der Anwender zwei Analyseberechtigungen: Die erste beinhaltet den lesenden Zugriff auf den Knoten »Europa« und die zweite den schreibenden Zugriff auf den darunterliegenden Knoten »Deutschland«. In den meisten Fällen ist es überdies sinnvoll, unterschiedliche Datenrollen für lesenden und schreibenden Zugriff zu verwenden (in unserem Beispiel also, die beiden Analyseberechtigungen auch in unterschiedliche Rollen abzulegen). Das hängt aber schlussendlich vom jeweiligen Kundenszenario ab.

InfoProvider und Aggregationsebene

Bei der Integrierten Planung werden sogenannte *Aggregationsebenen* definiert, die die Datengranularität für die Planmaske bestimmen. In der Modellierung kann die Aggregationsebene entweder direkt auf dem Planungs- oder dem virtuellen Provider aufsetzen. Während sich die Analyseberechtigung (Merkmal 0TCAIPROV) immer auf den Provider bezieht, egal ob dieser ober- oder unterhalb der Aggregationsebene liegt, bezieht sich das Feld RSINFOCUBE im Standardberechtigungsobjekt S_RS_COMP immer auf das oberste Objekt, also das, auf dem die Query basiert. Die folgende Darstellung aus SAP Help liefert einen guten Überblick, wobei anstelle des MultiProviders auch ein CompositeProvider und anstelle des Plan-InfoCubes auch ein Plan-DSO stehen könnten (siehe Abbildung 1.78).

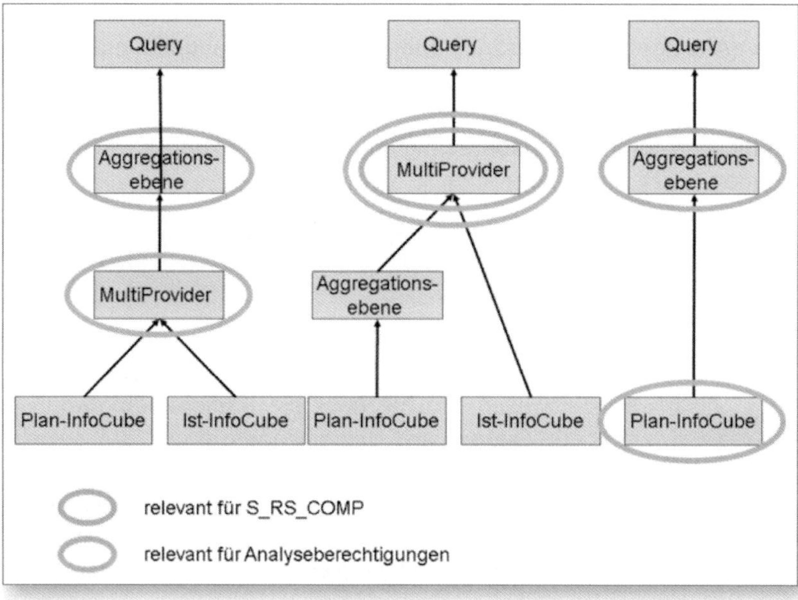

Abbildung 1.78: Für die Berechtigungsprüfung relevante Schichten je nach Modellierung (aus SAP Help)

Attributsplanung und Kommentieren auf Basis von SAP BW IP

Mit BW 7.4 SP08 wurde SAP BW IP um Möglichkeiten zur Anlage neuer Merkmalsausprägungen und Kommentare erweitert. Das Ganze firmiert unter dem Namen *Attributsplanung*. Die Daten werden dabei ebenfalls in Planungs-DSOs abgelegt, wobei letztlich Text-Ausprägungen für ein Merkmal geplant werden, das zuvor im IP-Modell als Kennzahl (um)definiert wurde (in IP lassen sich nur Kennzahlen beplanen). Aus Sicht der Berechtigungen verhält sich ein solches Kommentierungsszenario genau wie ein normales IP-Planmodell, bei dem die eingabebereiten Werte Kennzahlen sind.

1.4.2 BPC10.1 embedded

SAP Business Planning and Consolidation (BPC) ist eine Planungsanwendung, die ursprünglich unter dem Namen »Outlooksoft« entwickelt und 2007 von der SAP übernommen wurde. In den folgenden Versionen wurde BPC Schritt für Schritt in die SAP-BW-Architektur integriert. In der aktuellen Version von SAP BPC 10.1 unterscheiden wir zwei Modelle: die sogenannte *BPC-Classic*-Variante und die vollintegrierte Variante *BPC Embedded*, die sich technisch dahingehend unterscheiden, wie eng die Integration ins SAP BW vollzogen ist. Die Embedded-Variante setzt vorwiegend auf BW-IP-Technologie auf und nutzt auch Berechtigungen aus dem BW.

Standardberechtigungen

Aus Sicht der Standardberechtigungen werden für den Frontendzugriff die normalen BW-Berechtigungen je verwendetem Tool benötigt, z. B. auf ein Analysis Workbook und eine zugehörige BW-Query. Gleiches gilt für Stammdaten und Provider. Zusätzlich besitzt BPC embedded eigene Standardberechtigungsobjekte für BPC-spezifische Objekte, wie die sogenannte *Umgebung*, das *Modell* oder auch solche zur Konsolidierung, die jeweils mit dem Präfix »RSBPC« beginnen und in SAP-Rollen verwendet werden können. Für Details nutzen Sie bitte den BPC Security Guide unter *http://help.sap.com/bopacnw_re*.

Datenberechtigungen

Datenberechtigungen basieren wie im klassischen BW auf berechtigungsrelevanten InfoObjekten, die im BPC-Kontext *Dimensions* genannt werden. Für die Pflege von Berechtigungen existieren drei unterschiedliche Wege.

- **Analyseberechtigungen**
  Die bekannten BW-Analyseberechtigungen, die per RSECADMIN angelegt werden.
- **Umgebungsberechtigungen** (optional)
  Mithilfe der Transaktion **RSECENVI** (»BW-Reporting: Zuordnung von Umgebung und Berechtigung«) können bestehende Analyseberechtigungen einer BPC-Umgebung (»environment«: entspricht in etwa einer Planungsanwendung) zugeordnet werden. Diese sind dann für alle Anwender der Umgebung gültig.
- **Data Access Profile (Datenzugriffsprofil)**
  Die BPC-eigenen Berechtigungen, wie sie auch in der BPC-Classic-Variante verwendet werden. Sie werden in der Web IDE angelegt und schränken ebenfalls den Datenzugriff auf eine Umgebung ein.

Die eigentliche Berechtigungsprüfung läuft in zwei Schritten ab:

1. Zunächst werden die Analyseberechtigungen des Anwenders mit den Umgebungsberechtigungen per ODER kombiniert. Besitzt der Anwender also eine Berechtigung für das Land »DE« und dem Environment ist eine Berechtigung für »FR« zugeordnet, so dürfte der Anwender »DE« und »FR« beplanen.

2. Die Sammelmenge der Analyseberechtigungen wird nun per UND-Verknüpfung mit den Datenzugriffsprofilen des Benutzers kombiniert, es wird also die Schnittmenge gebildet. Besitzt der Anwender ein Datenzugriffsprofil für »FR« und »IT«, so bleibt in der Schnittmenge mit der Berechtigung aus Schritt 1 nur »FR« übrig, er darf also Daten für Frankreich beplanen.

Das bedeutet, dass ein Anwender sowohl eine Analyseberechtigung (entweder als BW-, als Environment-Berechtigung oder beides) als auch ein Datenzugriffsprofil benötigt, um Daten sehen oder planen zu können. Um Mischszenarien zu vermeiden, ist es empfehlenswert, sich auf ein primäres Konzept (entweder Analyseberechtigungen oder Datenzugriffsprofile) festzulegen und für das andere Konzept den Zugriff zu öffnen. Insbesondere für Kunden, die aus dem BW kommen sowie aufgrund der engen technischen Integration von BPC embedded mit IP empfehlen wir, die Datenberechtigungen primär im BW, also als Analyseberechtigungen, zu pflegen und eine Vollberechtigung für das Data Access Profile zu nutzen. In diesem Fall kann auf dieselben Daten sowohl mit BPC- als auch mit IP-Mitteln zugegriffen werden, sollte dies einmal erforderlich sein.

0BI_ALL und BPC

Besitzt ein BPC-Anwender die Analyseberechtigung 0BI_ALL, so darf er immer alle Daten sehen, unabhängig davon, was in seinem Data-Access-Profil ggf. eingeschränkt ist.

Planung in SAP BW/4HANA

Zur Verfügbarkeit von Planung in BW/4HANA beachten Sie bitte den SAP-Hinweis 2189708 (»SAP BW/4HANA Add-On Handling and Usage)«.

1.5 Weitere Berechtigungen im SAP-BW-Umfeld

1.5.1 Tabellen

Tabellen werden in SAP-ABAP-Systemen und damit auch im SAP BW mithilfe der folgenden Standardberechtigungsobjekte geschützt:

- S_TABU_DIS (»Tabellenpflege« [über Standardtools wie z. B. **SM30**])
  Jeder Tabelle kann über den Pflegedialog eine sogenannte *Berechtigungsgruppe* zugeordnet werden. Auch von SAP ausgelieferte Tabellen sind i. d. R. einer solchen Gruppe zugeordnet. Eine Übersicht über die bestehenden Gruppen findet sich in der Tabelle TBGR (das Feld BROBJ in der Selektion einschränken auf »S_TABU_DIS«). Mithilfe der Transaktion **SE54** lassen sich auch kundeneigene Gruppen definieren. Welche Tabelle welcher Gruppe zugeordnet ist, sieht man am schnellsten in der Tabelle TDDAT. Beim Zugriff auf eine Tabelle wird zunächst das Berechtigungsobjekt S_TABU_DIS geprüft, das ein Feld DICBERCLS für die Berechtigungsgruppe und eines (ACTVT) für die Aktivität (»02« bei Lesen und »03« bei Pflege, z. B. über die **SM30**) besitzt. Tabellen ohne explizite Zuordnung zu einer Berechtigungsgruppe werden über den Wert »&NC&« (ohne Berecht.gruppe) im Feld DICBERCLS berechtigt.

- S_TABU_CLI (»Tabellenpflege mandantenunabhängiger Tabellen«)
  Zusätzlich benötigt für mandantenübergreifende Tabellen.

- S_TABU_NAM (»Tabellenzugriff über generische Standardtools«)
  Mit SP23 für Netweaver 7.0 wurde zusätzlich das Berechtigungsobjekt S_TABU_NAM eingeführt, das immer dann geprüft wird, wenn die Prüfung auf S_TABU_DIS fehlschlägt. Neben der bekannten Aktivität ist das Feld TABLE enthalten, das mit konkreten Tabellennamen ausgeprägt werden kann. Insbesondere im BW, das nur wenige unterschiedliche Be-

rechtigungsgruppen bietet, ist dieser Ansatz eine Erleichterung (siehe auch Hinweis 1481950 – »Neue Berechtigungsprüfung bei generischem Tabellenzugriff«).

- S_TABU_LIN (»Berechtigung für organisatorische Einheit«)

  Mithilfe von S_TABU_LIN lassen sich die eigentlichen Tabelleninhalte berechtigen, was im BW in der Vergangenheit v. a. im Rahmen der Stammdatenpflege relevant war (siehe Abschnitt 1.5.2).

BW-Tabellen bestimmter Contents schützen

Vom BW generierte Tabellen (z. B. aktive Tabellen eines DSOs) werden standardmäßig der Berechtigungsgruppe »BWG« (BW generated) zugeordnet. Das hilft uns leider nicht, wenn wir analog zur **RSA1** den Zugriff auf bestimmte Modelle erlauben, den auf andere (z. B. HR) aber verhindern wollen. Mithilfe von S_TABU_NAM ist dies aber möglich. Ganz trivial ist es zwar nicht: Man benötigt eine möglichst durchgängige Namenskonvention seiner BW-Objekte, ein profundes Wissen um die Namenskonvention der vom BW generierten Tabellen (von Cubes, DSOs, PSA, Changelogs etc.). Im Falle eines Ausschlusses müssen Intervalle um die betroffenen Tabellen herumgebaut werden, aber auf diese Weise lassen sich z. B. für Supportmitarbeiter Tabelleninhalte generell berechtigen, alle Tabellen mit HR-bezogenen Daten jedoch explizit ausschließen.

1.5.2 Stammdaten

Die Berechtigungssteuerung bei der Stammdatenpflege wurde in den letzten Jahren grundlegend überarbeitet, sodass heute unterschiedliche Möglichkeiten existieren.

Klassische Stammdatenpflege

Die Berechtigungsprüfung im Rahmen der Stammdatenpflege im SAP BW erfolgt auf dem Berechtigungsobjekt S_RS_IOMAD (»Data Warehousing Workbench – Stammdaten pflegen«), das vier auszuprägende Felder enthält:

- RSAPPLNM (»Anwendungskomponente«)
  die Anwendungskomponente, um die es geht;
- RSINFOAREA (»InfoArea«)
  die InfoArea, der das InfoObjekt als InfoProvider in der RSA1 zugeordnet ist;
- RSIOBJNM (»InfoObjekt«)
  das eigentliche InfoObjekt, für das Stammdaten gepflegt werden dürfen;
- ACTVT (»Aktivität«)
  die bekannte Aktivität in den möglichen Ausprägungen »03« (Anzeigen), »23« (Pflegen) und »06« (Löschen).

Sollen nicht nur das InfoObjekt selbst, sondern auch die eigentlichen Inhalte geprüft werden, so muss der entsprechende Haken am InfoObjekt im Reiter STAMMDATEN/TEXTE gesetzt werden (Abbildung 1.79).

Abbildung 1.79: Berechtigungsprüfung für Stammdatenpflege einschalten

Sobald der Haken gesetzt ist, steht das zugehörige InfoObjekt bei der Ausprägung des Berechtigungsobjektes S_TABU_LIN als Organisationskriterium zur Verfügung. In Abbildung 1.80 dürfte ein Mitarbeiter nun also Stammdaten im Wertebereich zwischen **0000000000** und **1000000000** pflegen.

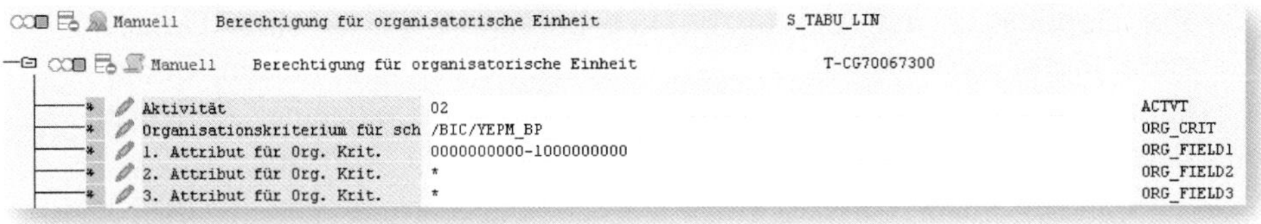

Abbildung 1.80: Stammdatenpflege mit S_TABU_LIN

Stammdatenpflege mit Rollen

Mit Einführung der webbasierten Stammdatenpflege mit SAP BW 7.4 SPS05 wurde auch das Berechtigungskonzept zur Stammdatenpflege erweitert. Im Customizing-Leitfaden (IMG) in der Transaktion **SPRO** lässt sich seitdem im Pfad SAP CUSTOMIZING EINFÜHRUNGSLEITFADEN • SAP NETWEAVER • BUSINESS WAREHOUSE • ALLGEMEINE EINSTELLUNGEN • EINSTELLUNGEN FÜR DIE STAMMDATENPFLEGE • BERECHTIGUNGEN FÜR STAMMDATENPFLEGE WERDEN GEÄNDERT zusätzlich eine Tabelle pflegen, in der normale PFCG-Rollen InfoObjekten zugewiesen werden können (Abbildung 1.81). Die Rolle selbst muss dabei keinerlei Berechtigungsobjekte enthalten. Da die klassischen Stammdaten-Berechtigungsobjekte aber weiterhin geprüft werden, muss der Anwender nach wie vor für diese berechtigt sein. Über das Auswahlfeld NUR ANZEIGE können Sie einfach eine reine Anzeigerolle definieren. Die Checkbox LÖSCHSTANDARD VERW. bewirkt, dass bei der Löschung von Stammdaten kein zusätzliches Pop-up mit Auswahlmöglichkeiten erscheint, sondern feste Einstellungen (Löschen inklusive SIDs und Texten) verwendet werden.

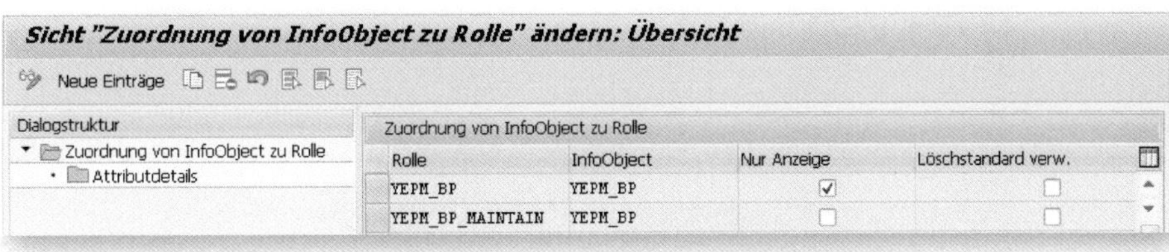

Abbildung 1.81: Stammdatenpflege über Rollen 1/2

Per Doppelklick auf ATTRIBUTDETAILS gelangen wir zu einer Detailsicht, in der sich einzelne Attribute explizit berechtigen lassen. Somit können unterschiedliche Benutzer für die Pflege einzelner Attribute berechtigt werden. Dasselbe gilt auch für die Texte (Abbildung 1.82).

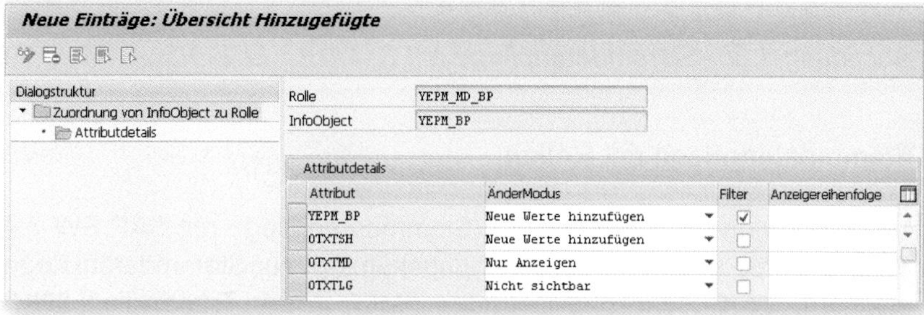

Abbildung 1.82: Stammdatenpflege über Rollen 2/2

Besitzt ein Anwender mehr als eine Rolle zu einem InfoObjekt, so bekommt er beim Start der Stammdatenpflege eine Wahlmöglichkeit, welche Rolle er nutzen möchte (Abbildung 1.83).

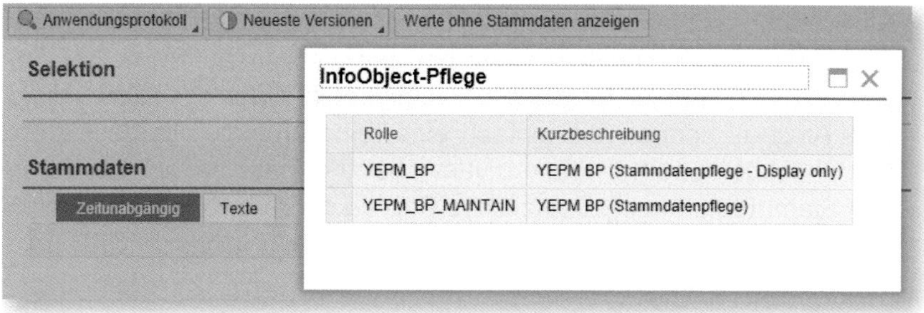

Abbildung 1.83: Wahlmöglichkeit bei mehreren Rollen

Die Mappingtabelle enthält lediglich zusätzliche Einschränkungen für bestimmte Rollen.

Besitzt ein Anwender die Berechtigung zur Stammdatenpflege für ein bestimmtes InfoObjekt, für das in der Tabelle Einträge existieren, aber für keine der dort aufgeführten Rollen, so darf er dennoch uneingeschränkt Stammdaten pflegen und nicht, wie vielleicht erwartet, gar keine Daten ändern. Das bedeutet, dass sich zwar mithilfe der Rollen Anwender in Bezug auf die Stammdatenpflege weiter einschränken lassen, per Default die Pflege aber offen ist. Ebenso sind alle in der Detailsicht nicht explizit eingeschränkten Attribute für den Rolleninhaber änderbar.

Datenberechtigungsprüfung bei der Stammdatenpflege

Mit SAP BW 7.5 wurde die Stammdatenpflege per Rollen noch einmal erweitert. Man kann nun zusätzlich eine Prüfung auf Analyseberechtigungen erzwingen, indem man den entsprechenden Haken in der Mappingtabelle setzt (Abbildung 1.84). Damit werden Stammdaten jetzt genauso behandelt wie transaktionale Daten. Die Prüfung ist unabhängig davon, ob die Berechtigungsprüfung am InfoObjekt eingeschaltet ist; entscheidend ist der Eintrag in der Customizing-Tabelle. Ist der Haken am InfoObjekt gesetzt, dann wird auch weiterhin S_TABU_LIN geprüft, was in der Praxis allerdings wenig Sinn ergibt.

Zuordnung von InfoObject zu Rolle

Rolle	InfoObject	Nur Anzeige	Löschstandard ...	Analyseberechtigungen...
YEPM_BP	YEPM_BP	☑	☐	☐
YEPM_BP_MAINTAIN	YEPM_BP	☐	☑	☑

Abbildung 1.84: Prüfung von Analyseberechtigungen bei Stammdatenpflege einschalten

Keine Prüfung auf InfoProvider und Aktivität

Bei der Prüfung auf Analyseberechtigungen in der Stammdatenpflege spielt das Feld InfoProvider aktuell keine Rolle. Das bedeutet, dass alle Berechtigungen des Anwenders auf das Merkmal kombiniert werden, unabhängig davon, ob sie sich auf unterschiedliche Provider beziehen. Auch die Aktivität (Lesen oder Schreiben) der Analyseberechtigung ist unerheblich.

1-13: Stammdatenpflege

Für die folgende Übungsaufgabe legen Sie bitte ein InfoObjekt YEPM_BP als Kopie von 0EPM_BP an, entfernen die Klammerung und schalten dafür die Berechtigungsrelevanz an. Nun erstellen Sie eine Rolle YEPM_MD, die die Stammdatenpflege für die Ausprägungen 1000000000 bis 2000000000 erlaubt, zunächst über den klassischen, dann über den neuen Weg mit Prüfung der Analyseberechtigungen.

Feld »zu prüfendes DSO«

In der InfoObjekt-Pflege (**RSD1**) ist das Auswahlfeld Zu prüfendes DataStore-Objekt, in das man ein DSO eintragen kann, etwas unglücklich direkt unter dem Schalter für die Stammdatenpflege platziert (Abbildung 1.85). Es hat aber nichts mit Berechtigungen zu tun, sondern dient der Validierung beim Beladen transaktionaler Daten, falls die Stammdaten nicht als InfoObjekt, sondern als DSO modelliert wurden. In den BW-MT wurden die Felder deutlich besser platziert und benannt, sodass weniger Verwechslungsgefahr besteht.

Abbildung 1.85: Schalter zur Berechtigungsprüfung in der SAP GUI

1.5.3 Workspaces

BW Workspaces (Transaktionen **RSWSP** und **RSWSPW**) sind von der IT definierte Bereiche, innerhalb derer Fachanwender auch auf dem Produktivsystem eigene Szenarien definieren und beispielsweise lokale Excel-Dateien (lokale Provider) mit zentralen Daten (ein Hauptprovider und mehrere zentrale Provider) kombinieren können. Dabei können auch Queries auf den zentralen Providern referenziert werden, also als Datenquelle dienen. Für die virtuellen Datenmodelle werden (mit dem »BW Workspace Designer«) sogenannte *lokale CompositeProvider* erstellt, auf denen wiederum (mit dem »BW Workspace Query Designer«) Abfragen angelegt werden können. Die Fachbereiche haben also große Freiheiten bei der Erstellung eigener Datenmodelle bzw. der Anreicherung bestehender Modelle. Dennoch findet die Modellierung in festen, von der IT vorgegebenen Grenzen statt.

Das Konzept der »Workspaces« wurde im Laufe der letzten Releases immer wieder überarbeitet. Die folgenden Ausführungen beziehen sich explizit auf die neuen Workspaces mit SAP BW on HANA in der Version 7.5 und BW/4HANA.

Standardberechtigungen

Wenn wir uns mit den Standardberechtigungen für Workspaces auseinandersetzen, müssen wir zwischen drei Anwendergruppen unterscheiden:

- *Administrator*
  in der IT, der den Workspace für den Fachbereich anlegt und verwaltet und sozusagen den Rahmen vorgibt;

- *Key User* oder *Designer*
  aus dem Fachbereich, der eigene Modelle erstellt, vorhandene Modelle erweitert und lokale Daten beisteuert;
- *Endanwender*
  ebenfalls aus dem Fachbereich, der die fertigen Modelle konsumiert.

Für jede dieser Anwendergruppen gibt es sowohl eine zugehörige Berechtigungsvorlage als auch eine entsprechende PFCG-Template-Rolle.

Beim Arbeiten mit Workspaces werden die folgenden Standardberechtigungen geprüft:

- S_RS_WSPAC (»BW Workspace«)
  regelt den Zugriff auf den eigentlichen Workspace, sowohl für den Workspace Designer (Aktivität »68« Modellieren) als auch für Endanwender, also den Berichtskonsumenten (dann Aktivität »16«),
- S_RS_CPRO (»CompositeProvider lokal und Ad-hoc«)
  betrifft das Arbeiten mit den Workspace–Providern für den Designer,
- S_RS_AI (»Analytischer Index«)
  benötigt zum Anlegen lokaler CompositeProvider durch den Designer,
- S_RSCOMP
  prüft die lokale Query (`3M<Prefix Workspace> <generierte ID>`) oder, im Fall einer referenzierten Query, die Originalquery. Basiert die Query auf einem zentralen Provider, so wird dieser geprüft, ansonsten aber der lokale Provider (`@3<Prefix Workspace><Name>`) in der Workspace-Infoarea (`@3WORKSPACE_AREA`).

Datenberechtigungen

1. Zentraler Provider

Betrachten wir zunächst den einfachen Fall, dass eine Query auf einem zentralen Provider basiert oder eine andere Query referenziert. In diesem Fall werden die Berechtigungen des Anwenders auf den zentralen bzw. den der referenzierten Query zugrunde liegenden Provider geprüft.

2. Lokaler Provider

Bei lokalen Providern werden diejenigen Felder geprüft, für die ein Mapping auf ein berechtigungsrelevantes InfoObjekt angelegt wurde. Dabei werden diese Felder aber ohne InfoProvider-Bezug geprüft, d. h., alle Berechtigungen eines Users für dieses Infoobjekt werden zusammengefasst. Es ist jedoch möglich (und sinnvoll), nur die Analyseberechtigungen des Hauptproviders zur Prüfung zuzulassen. Dazu muss in der Workspace-Administration der entsprechende Haken bei ANALYSEBERECHTIGUNGEN EINGESCHRÄNKT gesetzt werden (Abbildung 1.86).

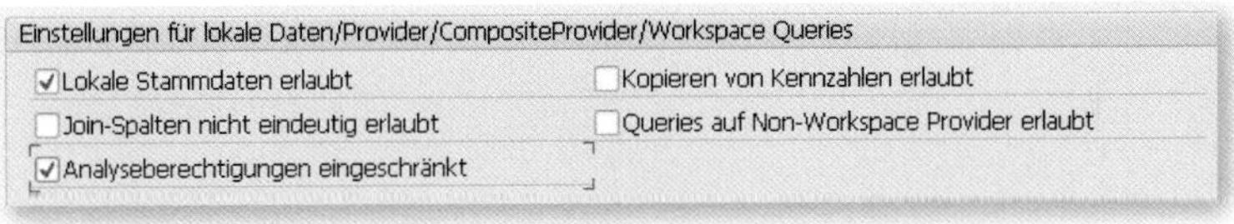

Abbildung 1.86: Analyseberechtigungen auf Hauptprovider prüfen

Existiert kein Hauptprovider, so wird stattdessen gegen alle zentralen Provider geprüft.

2 Berechtigungen in SAP HANA

Berechtigungen sind in SAP HANA ein wichtiger Bestandteil der Systemadministration. Auch SAP HANA bietet, ähnlich dem ABAP-Applikationsserver oder SAP Business Warehouse, je nach Art des Zugriffs oder der Aktion verschiedene Berechtigungstypen an.

Insgesamt gibt es in HANA fünf Formen von Berechtigungen. Diese unterscheiden sich je nach Anwendungsgebiet in ihrer Anlage und den Möglichkeiten der Modellierung:

- *Systemprivilegien*,
- *Objektprivilegien*,
- *Paketprivilegien*,
- *Applikationsprivilegien* und
- *analytische Privilegien*.

Rollen können wie im BW für eine Sammlung verschiedener Privilegien genutzt und einem Benutzer zugeordnet werden.

Fokus auf Datenberechtigungen

Um der Idee des Buches zu entsprechen, welches die unterschiedlichen Berechtigungskonzepte in BW und HANA anhand eines End-to-End-Szenarios erklärt, werden wir uns nur kurz den System-, Objekt-, Paket- und Applikationsprivilegien widmen und nach einer groben Übersicht und der Vermittlung notwendiger Grundlagen zügig den Fokus auf die analytischen Privilegien und Rollen legen.

SAP HANA Web-based Development Workbench

In diesem Teil des Buches werden wir uns ausschließlich auf Beispiele innerhalb der *SAP HANA Web-based Development Workbench*, oftmals auch Web IDE genannt, fokussieren. Sie basiert auf dem in HANA eingebetteten Applikations-Server *XS Engine* und ist als Nachfolger des Eclipse-basierten HANA Studios mit HANA Revision SPS 07 verfügbar. Auf HANA-Datenbanken mit einer entsprechenden Revision können wir über die folgende URL auf die Web IDE zugreifen: *http://<WebServerHost>:80<SAPHANAinstance>/sap/hana/ide*. In diesem Buch verwenden wir die Version 1.120.12.

Allgemeine SAP HANA Guides

HANA ist eine grundlegend neue Welt, die zu erklären eines eigenen Buches bedarf. Wer sich gern ausführlicher mit diesem Datenbankkonzept befassen möchte, dem seien folgende Lektüren empfohlen:

- Mehr Informationen bezüglich Einrichtung und Nutzung der Web IDE liefert der SAP HANA Developer Guide. Sie finden ihn im SAP Help Portal unter dem Suchbegriff »SAP HANA Developer Guide«.
- Hinweise zur und Hilfe für die Administration der XS Engine, etwa für die Einrichtung von Sicherheitseinstellungen oder HTTP-Verbindungen, gibt es unter dem Suchbegriff »SAP HANA Administration Guide«.
- Auch den SAP HANA Security Guide finden Sie unter dem entsprechenden Suchbegriff »SAP HANA Security Guide«.

DDL-, DML-, DCL- und TCL-Statements

Im weiteren Verlauf dieses Buches werden Sie gelegentlich die folgenden Abkürzungen über den Weg laufen. Diese kurze Übersicht hilft Ihnen, diese korrekt einzuordnen:

- *DDL* (Data Definition Language): Definieren von Datenbankstrukturen, -objekten oder Schemata wie z. B. CREATE ..., ALTER ..., DROP ... oder TRUNCATE ...
- *DML* (Data Manipulation Language): Manipulieren von Daten: SELECT ..., INSERT ..., UPDATE ..., DELETE ...
- *DCL* (Data Control Language): Kontrollieren von Privilegien, z. B.: GRANT ..., REVOKE ...
- *TCL* (Transaction Control Language): Verwalten von durch DML Statements durchgeführten Änderungen, z. B. COMMIT ..., ROLLBACK ... oder SET TRANSACTION ...

Begrifflichkeiten in SAP HANA

Ebenso werden uns die folgenden Begriffe in den nächsten Kapiteln und Abschnitten häufiger begegnen. Daher finden Sie hier jeweils eine kurze Definition:

- *Schema*: Ein Schema beschreibt einen Container, der Datenbankobjekte wie Tabellen, Views oder Prozeduren enthält.
- *Repository*: Das Repository besteht aus Paketen, welche wiederum die zur Design-Time erzeugten Versionen verschiedener Objekte (Rollen, Prozeduren, Privilegien, ...) enthalten.

- *Katalog*: Der Katalog enthält die aus den Design-Time-Objekten während der Aktivierung oder durch DDL-Statements erzeugten Laufzeitobjekte. Diese werden anhand von Schemata sortiert, analog zu den Paketen im Repository.
- *Attribute*, *Analytic* oder *Calculation View*: Eine View ist ein Modell, das eine bestimmte Datenscheibe der in der HANA-Datenbank enthaltenen Daten beschreibt.

Um die nachfolgenden Beispiele besser nachvollziehen zu können, melden wir uns zunächst in der Web IDE an. Nach erfolgreicher Authentifizierung sehen wir in Abbildung 2.1 den Einstiegsbildschirm mit einer Übersicht über die verschiedenen Bereiche innerhalb der Web IDE.

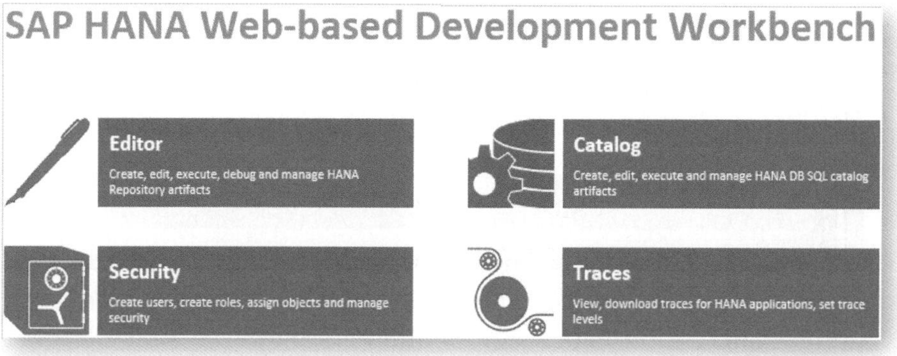

Abbildung 2.1: Einstiegsbildschirm in der Web IDE

Der Bildschirm ist in die vier Komponenten EDITOR, CATALOG, SECURITY und TRACES aufgeteilt. Im Verlauf des Buches werden Sie alle vier Komponenten und deren Aufgaben genauer kennenlernen. Sollten Sie bereits Vorkenntnisse auf der Basis von HANA Studio besitzen, werden Sie nicht viele Veränderungen in der Aufteilung oder Menüführung feststellen. Beginnen werden wir im nachfolgenden Abschnitt 2.1 mit dem Bereich SECURITY, da uns dieser am meisten interessiert. Zu Beginn sei hinsichtlich der vier verschiedenen Bereiche der Web IDE zwecks eines kurzen Überblicks so viel gesagt:

- Die Komponente *Editor* stellt uns eine Umgebung zur Verfügung, um Repository-Objekte basierend auf *SAP HANA Extended Services* (SAP HANA XS) entwickeln und verwalten zu können.
- Die Komponente *Catalog* bietet uns Zugriff auf die aktiven Datenbank- oder Katalogobjekte, welche z. B. durch die Aktivierung von Design-Time-Objekten im Repository (Komponente EDITOR) oder durch SQL-DDL-Statements erzeugt werden. Die Objekte werden dabei anhand von Schemata in Strukturen eingeteilt und organisiert.
- Mithilfe der *Security*-Komponente können wir Rollen und Benutzer anlegen und verwalten.
- Um Applikationen und Zugriffe in HANA aufzeichnen zu können, bietet sich die Komponente *Traces* an. Hier können wir Trace-Dateien analysieren und das Trace-Level für eine bestimmte Applikation einstellen.

Anmeldung in der Web IDE

Für die Arbeit mit der Web IDE werden bestimmte Privilegien der XS Engine benötigt. Hat Ihr Benutzer diese nicht, scheitert die Anmeldung in der Web IDE. Bevor Sie dafür die Performance oder Stabilität Ihrer HANA-Datenbank verantwortlich machen, melden Sie sich mit dem Systemuser an und prüfen, ob Ihr Benutzer die folgenden Privilegien besitzt:

- SAP.HANA.IDE.ROLES::DEVELOPER: Sammelrolle für die nachfolgenden Rollen. Ihr Benutzer sollte entweder diese oder eine der nachfolgenden Rollen gemäß seiner Zuständigkeit besitzen. Letztere sind entsprechend der vier Bereiche aus Abbildung 2.1 aufgeteilt.
- SAP.HANA.IDE.ROLES::EDITORDEVELOPER (Bereich EDITOR): Ermöglicht dem Besitzer das Anzeigen, Anlegen, Ändern, Löschen und Aktivieren von Repository-Objekten.

- SAP.HANA.IDE.ROLES::CATALOGDEVELOPER (Bereich CATALOG): Ermöglicht dem Besitzer das Anzeigen, Anlegen, Ändern und Löschen von SQL-Katalogobjekten.
- SAP.HANA.IDE.ROLES::SECURITYADMIN (Bereich SECURITY): Ermöglicht dem Besitzer das Anlegen, Ändern und Löschen von Benutzern und Rollen.
- SAP.HANA.IDE.ROLES::TRACEVIEWER (Bereich TRACES): Ermöglicht dem Besitzer die Konfiguration, Anzeige und den Download von Traces.
- SAP.HANA.XS.DEBUGGER::DEBUGGER (Bereich EDITOR): Ermöglicht dem Besitzer das Debuggen von Server-seitig ausgeführtem JavaScript Code. Diese Rolle ist **nicht** in der Sammelrolle SAP.HANA.IDE.ROLES::DEVELOPER enthalten und muss bei Bedarf zusätzlich zugewiesen werden.

2.1 Benutzer, Rollen und Standardberechtigungen in SAP HANA

In den folgenden Abschnitten sollen Sie einen Überblick über die Administration von Benutzern, Berechtigungen und Rollen bekommen. Wir werden einen Blick auf die verschiedenen Administrations- und Modellierungsoberflächen in der Web IDE werfen sowie vermitteln, was die genauen Aufgaben und Möglichkeiten der jeweiligen Objekte sind bzw. wie Sie diese verwalten.

2.1.1 Benutzer

Nach der Anmeldung in der Web IDE und einem Klick auf den Button SECURITY gelangen wir über den Menüpfad SECURITY • USERS • <BENUTZER> in die Benutzerverwaltung des gewählten Benutzers, wie in Abbildung 2.2 gezeigt.

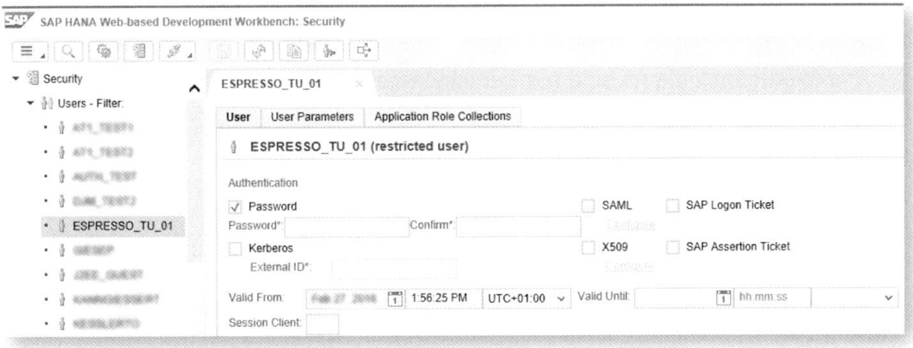

Abbildung 2.2: Benutzerverwaltung in der Web IDE

Hier finden wir zuerst die drei Reiter USER, USER PARAMETERS und APPLICATION ROLE COLLECTIONS, wovon uns allerdings nur der erste interessiert. Sie sollten lediglich wissen, dass Sie auf dem Reiter USER PARAMETERS vordefinierte Parameter, u. a. die Zeitzone (TIME ZONE), E-Mail-Adresse (EMAIL ADDRESS) oder maximale Speicherbelegung des vom Benutzer ausgeführten Statements (STATEMENT MEMORY LIMIT), benutzerspezifisch einstellen können. Der Reiter APPLICATION ROLE COLLECTIONS ist für Sie interessant, wenn Sie in die XS-Applikationsentwicklung einsteigen.

Nutzung der Toolbar

In der Toolbar finden Sie mehrere Buttons, die die Arbeit im aktuellen Bereich und die Navigation durch die Web IDE erleichtern:

(MENÜ) – neue Benutzer und Rollen anlegen oder die Perspektive bearbeiten,

(SEARCH) – nach Benutzern oder Rollen suchen,

(SETTINGS) – Einstellungen für die Anzeige des Baumes auf der linken Seite ändern,

(SECURITY CONSOLE) – die Sicherheitskonsole öffnen, in der Sie alle Einstellungen bezüglich Auditing und Passwortrichtlinien vornehmen können,

(NAVIGATION) – zu anderen Bereichen in der Web IDE navigieren.

Die folgenden Buttons sind nur bei mindestens einem geöffneten Editor sichtbar:

(SAVE) – speichert den aktuellen Zustand eines Editors,

(REFRESH) – aktualisiert die Anzeige.

Die letzten drei Buttons sind nur sichtbar, wenn Sie einen Editor zur Benutzerverwaltung geöffnet und selektiert haben:

(COPY) – Kopieren eines existierenden Benutzers,

(DEACTIVATE) – Deaktivieren eines Benutzers,

(WHERE-USED BROWSER) – Verwendungsnachweis eines Benutzers.

Auf dem Reiter USER können Sie die Art der Authentifizierung (AUTHENTICATION), die Gültigkeit des Benutzers (VALID FROM und VALID UNTIL) und den SESSION CLIENT festlegen.

Weitere Informationen im SAP HANA Security Guide

Weitere Informationen zur Authentifizierung finden Sie im SAP HANA Security Guide unter dem Suchbegriff »SAP HANA Authentication and Single Sign-On«.

Bei der Authentifizierung wählen wir für alle in den folgenden Beispielen anzulegenden Testbenutzer die Option PASSWORD. In richtigen Szenarien sollten Sie entsprechend Ihrer firmeninternen Sicherheitsrichtlinie entscheiden, ob für Sie nicht auch eine der anderen Möglichkeiten der Authentifizierung wie SAML, SAP LOGON TICKET, KERBEROS, X509 oder SAP ASSERTION TICKET die bessere Wahl als das klassische Passwort darstellt. In den Feldern VALID FROM und VALID UNTIL geben wir den Gültigkeitsbereich des Benutzers an. Außerhalb dieses Bereichs ist dieser nicht aktiv und kann nicht für die Anmeldung an der Datenbank und der Web IDE verwendet werden. Per Default ist das Feld VALID UNTIL nicht gefüllt, sodass Benutzer zunächst ab dem im

Feld VALID FROM eingetragenen Zeitpunkt uneingeschränkt gültig sind. Das Feld SESSION CLIENT funktioniert analog zum Mandanten im BW. Hier sollten Sie für Benutzer, die im Kontext eines BW-Systems eingesetzt werden, den BW-Mandaten eintragen. Der Vollständigkeit halber sei an dieser Stelle erwähnt, dass Sie unterhalb der bereits beschriebenen Felder mehrere Reiter zur Verwaltung und Zuweisung von Privilegien finden (in Abbildung 2.2 nicht dargestellt). Diese werden Sie im folgenden Abschnitt 2.1.2 genauer kennenlernen.

HANA unterscheidet *Standardbenutzer* (dazu gehören auch die technischen Benutzer) und *eingeschränkte Benutzer*.

Weitere Informationen zu Standardbenutzern

Eine Auflistung aller in HANA existierenden Standardbenutzer und deren Beschreibungen finden Sie im SAP HANA Security Guide unter dem Suchbegriff »Predefined Users«.

Technische Benutzer sind z. B. der bereits bei der Installation der Datenbank existierende Benutzer SYSTEM und die mit dem Präfix _SYS_ beginnenden Benutzer wie _SYS_REPO oder _SYS _STATISTICS. Auch das BW benutzt für die Kommunikation mit der Datenbank einen speziellen technischen BW-Benutzer, den sogenannten *SAP<SID> User*. Dieser wird standardmäßig für sämtliche Kommunikation mit der Datenbank eingesetzt, ist also für die Standardverbindung in der Transaktion **DBCO** hinterlegt.

Datenbankzugriff mit anderen Datenbankbenutzern

Sie können in der Transaktion **DBCO** weitere sekundäre Datenbankverbindungen pflegen und somit auf die Datenbank auch mit anderen Datenbankbenutzern als dem technischen BW-Benutzer zugreifen. Weitere Informationen zu deren Anlage und Pflege finden Sie im SAP Help Portal unter dem Suchbegriff »Maintaining Database Connection Information«.

Es ist nicht verboten, weitere technische Benutzer zu erstellen, wenn es ein bestimmtes Geschäftsszenario verlangt. Haben Sie z. B. eine Anwendung im BW und wollen den Zugriff auf die Datenbank möglichst gut kontrollieren, so können Sie eine weitere Datenbankverbindung einrichten und einen eigenen technischen Datenbankbenutzer mit eingeschränktem Zugriff auf einen Teil der BW-Daten hinterlegen. In der Praxis wird diese Möglichkeit aber selten benutzt, da man dazu alle möglichen Berechtigungsprobleme über Standard- und Datenberechtigungen im BW lösen können sollte.

Sonderfall Benutzer »SYSTEM«

Es wird empfohlen, den User »SYSTEM« nur während der Einrichtung einer neuen HANA-Installation zu verwenden. Er ist der mächtigste Benutzer im System und sollte nach erfolgter Systemeinrichtung deaktiviert werden, um nicht-autorisierte Zugriffe zu vermeiden. Sie deaktivieren ihn mithilfe des folgenden Statements: `ALTER USER SYSTEM DEACTIVATE USER NOW`.

Standarduser vs. eingeschränkter User

Unterschieden werden Standard- und eingeschränkte Benutzer an den bei der Neuanlage eines Users initial vergebenen Privilegien. Eingeschränkten Benutzern werden bei Neuanlage keine Privilegien zugeordnet. Standardbenutzer erhalten per Default das Privileg, Objekte in ihrem eigenen Schema anlegen und bearbeiten zu können. Außerdem erhalten sie die Rolle PUBLIC, welche Privilegien für den lesenden Zugriff auf alle Systemviews enthält (siehe Abschnitt 2.1.3, »Standardrollen in SAP HANA«). Die Rolle PUBLIC kann auch später nicht an eingeschränkte Benutzer vergeben werden. Der Benutzeradministrator hat somit die volle Kontrolle darüber, was ein eingeschränkter Benutzer zu Beginn sehen darf. Bei der Neuanlage eines Benutzers können Sie diesen als eingeschränkt anlegen, indem Sie die Einstellung Restricted User in der Benutzerpflege aktivieren.

Einstellung Restricted User nur widerrufbar mit HANA 2

Mit HANA 1 können sie die Einstellung Restricted User nur auswählen (und auch wieder abwählen), solange Sie den Benutzer noch **nicht** gespeichert haben. Danach ist ein Umschalten zwischen Standard- und eingeschränktem Benutzer nicht mehr möglich. HANA 2 bietet für das nachträgliche Bearbeiten dieser Einstellung entsprechende Unterstützung an. Indem Sie dem Benutzer die Rolle PUBLIC und das Privilieg CREATE ANY auf seinem eigenen Schema zuweisen, werten Sie den Benutzer von einem eingeschränkten zu einem Standardbenutzer auf. Beachten Sie, dass Sie in diesem Fall anstelle des GRANT-Befehls den Befehl ALTER USER verwenden müssen. Umgekehrt können Sie aus einem Standardbenutzer einen eingeschränkten Benutzer machen. Mehr Informationen hierzu finden Sie im SAP HANA Security Guide unter dem Suchbegriff »SAP HANA User Management« bzw. »User Types«.

Einen Benutzer sollten Sie immer dann als Restricted User anlegen, wenn er zwar Daten lesen können soll, aber nicht für Entwicklungsarbeiten vorgesehen ist. So würden Sie z. B. alle Reportinguser in Ihrer Datenbank als eingeschränkte User anlegen, ein Entwickler bekäme hingegen einen Standarduser.

Kein direkter Zugriff über JDBC oder ODBC

Legen Sie einen neuen eingeschränkten Benutzer an, kann dieser per Default nur über HTTP/HTTPS auf die Datenbank zugreifen. Für Anwendungen, welche sich per ODBC oder JDBC mit der Datenbank verbinden, stellt dies ein Problem dar. Dieses können Sie umgehen, indem Sie dem Benutzer mithilfe des Statements ALTER USER <user_name> ENABLE CLIENT CONNECT volle SQL-Rechte zuweisen und damit den Zugriff über ODBC und JDBC ermöglichen. Zusätzlich müssen Sie ihm aber noch eine der Rollen RESTRICTED_USER_ODBC_ACCESS oder RESTRICTED_USER_JDBC_ACCESS zuweisen.

2-1: Entwicklungsuser anlegen

Legen Sie einen neuen User für die späteren Entwicklungen an. Wählen Sie dazu aus dem Kontextmenü NEW • USER oder navigieren Sie im Baum im Kontextmenü des Ordners USERS zur Option NEW USER. Als Usernamen vergeben Sie z. B. »USER_DEV_HANA«. Weisen Sie dem User außerdem die Rolle »sap.hana.ide.roles::Developer« zu, um ihm Zugriff auf die Web IDE zu gewähren.

2.1.2 Standardberechtigungen

Die Verwaltung der einzelnen Privilegien und Rollen finden Sie ebenfalls in der Benutzerverwaltung, aufgeteilt in mehrere Reiter für Rollen und entsprechend den existierenden Privilegientypen (Abbildung 2.3).

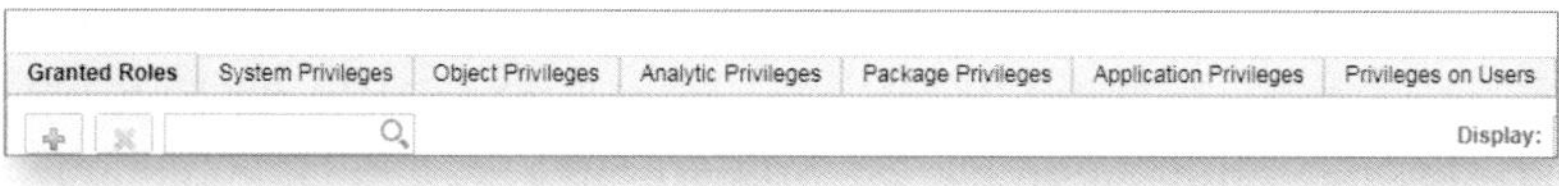

Abbildung 2.3: Auswahlreiter für die verschiedenen Privilegientypen in der Web IDE

Systemprivilegien

Systemprivilegien werden hauptsächlich für administrative Zwecke verwendet. Darunter fallen Aktivitäten wie das Erstellen und Löschen von Schemata, die Verwaltung von Benutzern und Rollen, das Erstellen von Back-ups, Monitoring, Tracing usw. Weiterhin werden Systemprivilegien für die Autorisierung grundsätzlicher Repository-Operationen benötigt, wie etwa das Im- und Exportieren von Inhalten oder die Verwaltung von Delivery Units (DU).

Prominente Systemprivilegien sind:

- **ROLE ADMIN**
  sowohl Erzeugen/Löschen als auch Zuweisen/Entziehen von Rollen,
- **USER ADMIN**
  Anlegen, Ändern und Löschen von Usern,
- **DATA ADMIN**
  Ausführen von DDL-Statements.

Zusätzliche Information zu Systemprivilegien

Eine Auflistung der verfügbaren Systemprivilegien und deren Beschreibung finden Sie im SAP HANA Security Guide unter dem Suchbegriff »System Privileges (Reference)«.

Zusätzlich zu den allgemeinen gibt es die Repository-Systemprivilegien. Diese werden für die Arbeit mit dem Repository und dessen Verwaltung benötigt. Dazu zählen z. B. die Privilegien REPO.EXPORT und REPO.IMPORT, benötigt für den Export von DUs, den Import von Transportarchiven oder die für die Arbeit mit SAP HANA Change Recording notwendigen Privilegien REPO.CONFIGURE, REPO.MODIFY_CHANGE, REPO.MODIFY_OWN_CONTRIBUTION und REPO.MODIFY_FOREIGN _CONTRIBUTION (siehe nachfolgender Kasten). Haben Sie den Reiter SYSTEM PRIVILEGES selektiert, können Sie dem Benutzer über den Button ➕ im Dialog ein weiteres Privileg zuweisen. Entfernen können Sie ein in der Liste selektiertes Privileg über den Button ✖. Diese Vorgehensweise ist für alle Reiter gleich. In manchen Reitern finden Sie außerdem auf der rechten Seite eine Detailanzeige für das aktuell selektierte Privileg. Abhängig vom Privilegtyp können Sie hier bestimmte Einstellungen vornehmen. Für Systemprivilegien können Sie aber lediglich bestimmen, ob der Benutzer das Privileg in Eigenverantwortung an weitere Benutzer vergeben darf oder nicht (Option GRANTABLE TO OTHERS (USERS AND ROLES)). Normalerweise sollten Sie diese Option nicht aktivieren, da sie in den meisten Fällen nur für Privilegien benötigt wird, die dem **_SYS_REPO-**

Benutzer zugeordnet sind. Dagegen sprechen außerdem die beiden folgenden Gründe:

1. **Zentrale Vergabe von Privilegien**:
   In einer optimal administrierten Datenbank wollen wir natürlich auch die Vergabe der Privilegien an unsere Datenbankuser so zentral und kontrolliert wie möglich halten. Es gibt also nur genau einen Benutzer, der für die Vergabe bestimmter Privilegien verantwortlich ist. Durch das Setzen der Option GRANTABLE TO OTHERS geben wir die Kontrolle über die Privilegienvergabe weitestgehend ab und können nicht überprüfen, wann welchem User ein Privileg zugeordnet wird.

2. **Entzug vergebener Privilegien bei Userlöschung**:
   Das Löschen eines Datenbankusers hat immer auch zur Folge, dass abhängige Objekte ebenfalls gelöscht werden (kaskadierendes Löschen). Die Liste der abhängigen Objekte umfasst dabei nicht nur die von diesem User erstellten Datenbankobjekte wie Tabellen, Views, Prozeduren oder Privilegien, sondern auch die von ihm vergebenen System-, Objekt-, Applikations-, Paket- oder analytischen Privilegien!

SAP HANA Change Recording fordert weitere Privilegien

Wenn Sie die Funktionalität »SAP HANA Change Recording« nutzen, benötigt Ihr Datenbankbenutzer zusätzlich folgenden Privilegien, um einmal angelegte Repository-Objekte ändern zu können:

- **REPO.MODIFY_CHANGE**,
- **REPO.MODIFY_OWN_CONTRIBUTION**.

Bei der Modellierung in HANA führt dies oft zu Verwirrung, da man die Privilegien nicht für das **Anlegen** eines Repository-Objekts braucht. Sobald man aber **Änderungen** an seinen selbst erstellten Objekten vornehmen will, sind die genannten Privilegien erforderlich.

Systemprivilegien sollten möglichst restriktiv und exakt nach Aufgabenbereich des Benutzers vergeben werden.

2-2: Systemprivilegien zuweisen

Weisen Sie dem Entwicklungsuser die für die spätere Arbeit notwendigen Systemprivilegien USER ADMIN, DATA ADMIN, STRUCTUREDPRIVILEGE ADMIN, TRACE ADMIN und INIFILE ADMIN zu. Falls SAP HANA Change Recording in Ihrem System aktiv ist, weisen Sie die dafür notwendigen Systemprivilegien REPO.MODIFY _CHANGE und REPO.MODIFY_OWN_CONTRIBUTION ebenfalls zu.

Objektprivilegien

Objektprivilegien sind SQL-Privilegien und steuern den Zugriff sowie die Modifizierung von Datenbankobjekten wie z. B. Tabellen oder Datenbanksichten. Für jeden SQL-Statement-Typ (SELECT, UPDATE, CALL, usw.) gibt es ein korrespondierendes Objektprivileg, siehe Abbildung 2.4.

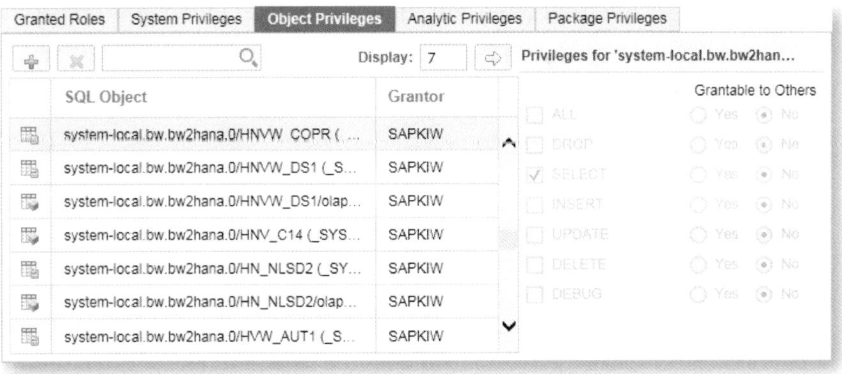

Abbildung 2.4: Selektiertes Datenbankobjekt, hier eine Calculation View, mit ausgewähltem SELECT-Objektprivileg

Um auf ein Datenbankobjekt zugreifen zu können, benötigt ein Benutzer die Berechtigung mit dem entsprechenden Datenbankprivileg entweder auf dem Datenbankobjekt selbst, oder aber auf dem Schema, in welchem das Datenbankobjekt abgelegt ist.

Vorsicht beim Löschen von Datenbankbenutzern

Nach dem Anlegen eines Datenbankobjekts kann nur der Ersteller selbst oder der Besitzer des Schemas Objektprivilegien auf dieses Datenbankobjekt an andere Benutzer vergeben. Außerdem bedeutet dies, dass, wenn einer der beiden gelöscht wird, auch alle von diesem Benutzer angelegten und in diesem Schema existierenden Objekte gelöscht werden.

Objektprivilegien sind, anders als die später in Abschnitt 2.2 erläuterten analytischen Privilegien, eine notwendige Voraussetzung, damit ein Datenbankuser auf ein Objekt zugreifen kann.

Objektprivilegien im SAP HANA Security Guide

Weitere Informationen zu Objektprivilegien, eine Auflistung aller vorhandenen Objektprivilegien sowie Informationen zur Berechtigungsprüfung auf Objekten mit (verschachtelten) Abhängigkeiten finden Sie im SAP HANA Security Guide unter dem Suchbegriff »Object Privileges (References)«.

Paketprivilegien

Paketprivilegien erlauben einem Benutzer, Änderungen an Objekten innerhalb eines Pakets und an dem Paket selbst durchzuführen. Entsprechend wird unterschieden zwischen Privilegien zum Anlegen und Löschen eines Pakets (Privileg **REPO.MAINTAIN_NATIVE_PACKAGES**) und zum Editieren und Aktivieren von Objekten innerhalb eines Pakets (**REPO.EDIT_NATIVE_OBJECTS**, **REPO.ACTIVATE_NATIVE_OBJECTS**) (siehe Abbildung 2.5).

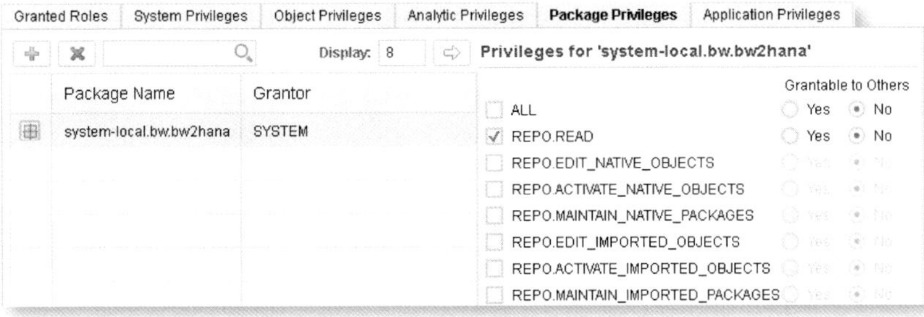

Abbildung 2.5: Selektiertes Paketprivileg REPO.READ für das Paket bw2hana eines Datenbankbenutzers

Da bei Paketen zwischen nativen und importierten/transportierten Paketen unterschieden wird, gibt es für beide Paketarten auch jeweils eigene Privilegien nach dem Muster REPO.<Aktion>_<Paketart> _<Paket/Objekt>, wie in Abbildung 2.5 zu erkennen ist. Pakete finden Sie im Bereich EDITOR der Web IDE. Diese werden in HANA für die Strukturierung von Entwicklungsprojekten im HANA Repository genutzt, analog zu den bekannten Entwicklungspaketen/-klassen in SAP NetWeaver ABAP.

Pakete in SAP HANA

Pakete werden in HANA in strukturierte und nicht-strukturierte Pakete unterschieden. Nicht-strukturierte Pakete können sowohl Unterpakete als auch Repository-Objekte, strukturierte Pakete lediglich Unterpakete enthalten.

Zusätzlich zu dieser Unterscheidung werden per default die folgenden vier Pakete ausgeliefert:

- **sap**: Transportierbares Paket für von SAP entwickelten Content. Aus Kompatibilitäts- und Upgradegründen sollten Sie dieses Paket **nie** für eigene Entwicklungen nutzen. Legen Sie sich für Ihre Entwicklungen zusätzlich immer eigene Pakete an!

- **system-local**: Nicht-transportierbares, strukturiertes System-lokales Paket, analog zum $TMP-Entwicklungspaket in SAP Netweaver ABAP. Dieses Paket bzw. dessen Unterpaket **bw2hana** wird uns in Kapitel 3 noch weiter beschäftigen.
- **system-local.generated**: Ebenfalls wie das Paket »system-local«, allerdings werden hier nur automatisch generierte und nicht manuell von Usern erzeugte Datenbankobjekte abgelegt.
- **system-local.private**: Ebenfalls wie das Paket »system-local«, allerdings werden hier nur speziell einem User zugeordnete Objekte abgelegt.

Keine Berechtigung auf einzelne Paketobjekte

Welche Objekte ein Anwender innerhalb eines Pakets anlegen kann, kann nicht durch Berechtigungen kontrolliert werden. Es ist z. B. nicht möglich, das Anlegen von Calculation Views zu erlauben, das von Repository-Rollen aber zu unterbinden. Dies muss also organisatorisch, etwa durch unterschiedliche Pakete und eine Kontrolle nach dem Vieraugenprinzip, gelöst werden.

Zusätzliche Informationen zu Paketprivilegien

Weitere Informationen zu den Paketprivilegien, dem technischen Ablauf der Berechtigungsprüfung bei Zugriff auf ein Paket oder einem darin enthaltenen Objekt sowie eine Erklärung zur Unterscheidung zwischen nativen und importierten Paketen finden Sie im SAP HANA Security Guide unter dem Suchbegriff »Package Privileges«.

Applikationsprivilegien

Applikationsprivilegien werden im Umfeld von SAP HANA XS für die Zugriffssteuerung auf XS-Applikationen genutzt. Da diese Art Privilegien für uns im Rahmen von Standard- und Datenberechtigungen in HANA nicht weiter interessant sind, belassen wir es bei diesem kurzen Hinweis.

Applikationsprivilegien im SAP HANA Security Guide

Weitere Informationen zur Definition und Verwendung von Applikationsprivilegien finden Sie im SAP HANA Security Guide unter dem Suchbegriff »Applikation Privileges«.

2.1.3 Rollen

Rollen dienen wie auch im BW als Container für ein Set an Privilegien. Die Definition einer Rolle ähnelt der Zuweisung von Privilegien an einen Benutzer. Eine Rolle kann verschiedene Arten von Privilegien enthalten und entweder einem Benutzer zugeordnet oder wiederum in einer weiteren Rolle inkludiert werden (Sammelrollen). Im regulären Betrieb sollten Privilegien, egal welchen Typs, immer über Rollen an die entsprechenden Datenbankbenutzer verteilt werden. Man unterscheidet zwischen *Repository- und Katalog-Rollen*. Ein User, der für das Verwalten von Katalogrollen zuständig ist, benötigt das Systemprivileg ROLE ADMIN. Repository-Rollen werden zur Design-Time angelegt und sind der empfohlene Weg bei der Verwendung von Rollen, da sie im Hinblick auf die folgenden Aspekte vergleichsweise flexibler gehalten sind, wie Tabelle 2.1 zeigt.

Funktion	Katalog-Rolle	Repository-Rolle
Transportierbarkeit	nicht transportierbar	transportierbar
Versionsmanagement	nicht verfügbar	verfügbar
Beziehung zum erzeugenden Datenbankbenutzer	vorhanden Die Löschung des Benutzers hat die Löschung aller von ihm generierten Rollen zur Folge.	nicht vorhanden Alle Rollen gehören dem technischen Datenbankbenutzer _SYS_REPO.
Zuweisen/Widerrufen	kann nur vom erzeugenden Datenbankbenutzer mit entsprechenden Rechten erfolgen	kann von jedem Datenbankbenutzer durchgeführt werden, der das Objektprivileg EXECUTE auf die Prozedur GRANT_ACTIVATED_ROLE besitzt

Tabelle 2.1: Gegenüberstellung von Katalog- und Repository-Rolle

Gegenüberstellung der beiden Rollentypen

Eine ausführliche Gegenüberstellung von Katalog- und Repository-Rollen finden Sie im SAP HANA Security Guide unter dem Suchbegriff »Catalog Roles and Repository Roles Compared«.

Auch für Rollen empfehlen wir die Anlage als Repository-Objekte. Sollen gar keine Katalogrollen erstellt werden, so muss das Systemprivileg ROLE ADMIN nicht vergeben werden. Für die Anlage von Repository-Rollen benötigt der Entwickler lediglich das Paketprivileg.

Anlegen und Verwalten von Katalog-Rollen

Katalog-Rollen werden wie gewohnt in der Web IDE im Bereich SECURITY • ROLLEN angelegt. Der Rolleneditor ist analog zum Usereditor gehalten: Genau wie dort finden Sie die Reiter für die unterschiedlichen Privilegien auch im Rolleneditor (Abbildung 2.6). Alternativ können Sie eine Repository-Rolle ebenso im Bereich EDITOR oder als Katalog-Rolle in der SQL-Konsole per DDL-Statement `CREATE ROLE <Unsere Rolle>` anlegen.

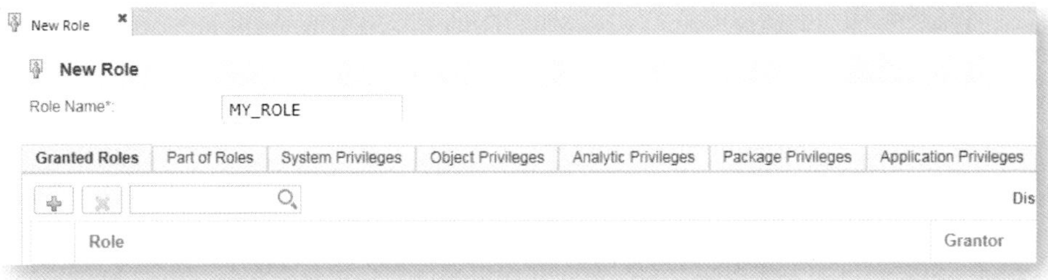

Abbildung 2.6: Administrationsoberfläche (Rolleneditor) zur Anlage und Verwaltung von Rollen in der Web IDE

Zusätzlich zur Rollenpflege mithilfe der Modellierungsoberfläche haben wir die Möglichkeit, Privilegien per SQL-Befehl an die jeweilige Rolle zu vergeben (DCL-Befehl `GRANT`) oder zu entfernen (DCL-Befehl `REVOKE`). Katalog-Rollen sind, im Gegensatz zu Repository-Rollen, sofort nach dem Anlegen per DDL-Befehl oder nach dem Speichern über die Modellierungsoberfläche aktiv und können direkt verwendet werden.

Anlegen und Verwalten von Repository-Rollen

Repository-Rollen legen wir im Bereich EDITOR in einem Paket an. Über das Kontextmenü des Pakets gelangen wir über <PAKET> • NEW ROLE und nach Eingabe eines Rollennames in den Rolleneditor. Ein Benutzer, der für die Entwicklung von Rollen zuständig ist, benötigt für das Paket, in welchem die Entwicklung stattfindet, die entsprechenden Paketprivilegien (siehe Abschnitt 2.1.3 »Paketprivilegien«). Hierbei sollten Sie beachten, dass die Rollen, welche der Benutzer für diese Entwicklung selber benötigt, nicht in demselbem Paket wie die zu entwickelnden Rollen abgelegt sind. Ansonsten hätte der Benutzer aufgrund der vergebenen Paketprivilegien die Möglichkeit, die ihm selbst zugeordneten und für seine Arbeit notwendigen Rollen zu editieren und sich womöglich Privilegien außerhalb seines Zuständigkeitsbereichs zuzuweisen.

Verknüpfung von Paket und Rolle

Durch den Bezug einer Repository-Rolle zu einem Paket kann derselbe Rollenname in unterschiedlichen Paketen verwendet werden. Dies gilt allgemein für alle Repository-Objekte, die mithilfe von Paketen strukturiert werden.

Im linken Baum finden wir nach Erzeugen einer neuen Rolle eine aktuelle Datei mit dem von uns vergebenen Rollennamen und der Endung ».hdbrole«. Der Rolleneditor für Repository-Rollen unterscheidet sich nicht von dem der Katalog-Rollen. Die Web IDE bietet aber für diesen Rollentyp zusätzlich zum Rolleneditor noch einen Texteditor an. Mit diesen können wir, wie in Abbildung 2.7 gezeigt, über eine ihm eigene Syntax unsere Rolle modellieren, falls wir den grafischen Rolleneditor nicht verwenden möchten. Per Default wird bei Doppelklick auf eine Repository-Rolle aber immer der klassische grafische Rolleneditor geöffnet.

myRole.hdbrole

```
role myPackage::myRole
{
    system privilege: BACKUP ADMIN, DATA ADMIN;

    catalog schema "_SYS_BIC": SELECT;

    catalog sql object "_SYS_BIC"."myProcedure": EXECUTE;
}
```

Abbildung 2.7: Texteditor für Repository-Rollen

Repository-Rollen lassen sich nicht per SQL erzeugen oder zuweisen.

Verwalten von Privilegien auf Repository-Objekten

Für aktive Repository-Objekte gibt es separate Datenbankprozeduren, die das Zuweisen und Entziehen von Privilegien auf den Repository-Objekten verwalten und auf die man mit dem entsprechenden SQL-Privileg EXECUTE berechtigt sein muss. Je nach Objekttyp gibt es unterschiedliche Prozeduren:

- für Rollen z. B. die Prozeduren GRANT_ACTIVATE_ROLE und REVOKE_ACTIVATED_ROLE,
- für analytische Privilegien die Prozeduren GRANT _ACTIVATED_ANALYTICAL_PRIVILEGE und REVOKE _ACTIVATED_ANALYTICAL_PRIVILEGE.

Eine Übersicht über alle verfügbaren Datenbankprozeduren pro Repository-Objekttyp finden Sie im SAP HANA Security Guide unter »Stored Procedures Used to Grant/Revoke Privileges on Activated Repository Objects«.

Der Weg über Datenbankprozeduren ist notwendig, da jedes Objekt, das Sie im Repository anlegen, automatisch dem User _SYS_REPO gehört. Damit besitzt auch nur dieser User Privilegien auf die Objekte im Repository, und nur er kann diese an andere User vergeben. Da man sich aber mit dem User _SYS_REPO nicht im HANA Studio oder der Web IDE anmelden kann, benötigen Sie für die Vergabe von Privilegien auf Repository-Objekten eine Kapselung über Prozeduren. Der Aufruf der entsprechenden Prozedur verwendet dann implizit wieder den User _SYS_REPO für die Privilegienvergabe.

Dieser Weg hat außerdem die folgenden Vorteile:

- Normalerweise benötigt ein User selbst genau die Privilegien auf einem Objekt, die er vergeben möchte. Mithilfe der Prozedur braucht der User lediglich das EXECUTE-Privileg auf der entsprechenden `GRANT`- oder `REVOKE`-Prozedur, nicht aber auf dem eigentlichen Repository-Objekt.
- Wird ein User gelöscht, werden automatisch auch alle von ihm erzeugten Objekte entfernt und vergebene Privilegien wieder entzogen. Mithilfe der Prozedur vergibt technisch gesehen immer der User _SYS_REPO die Privilegien, eine Userlöschung hat also keinen weitreichenden Privilegienentzug zur Folge.
- Nur der User, der das Privileg vergeben hat, kann es auch wieder entziehen. Durch die Abstraktion mithilfe von Prozeduren kann man die Verantwortung für die Vergabe und den Entzug von Privilegien auf verschiedene User verteilen (Stichwort »Segregation of Duties« oder »Funktionstrennung«).

Privilegien an verschiedene User vergeben

Beachten Sie, dass ein User, der Repository-Objekte sowohl ändern als auch aktivieren und die Privilegien auf diesen vergeben kann, also mit EXECUTE-Berechtigungen auf allen entsprechenden Datenbankprozeduren ausgestattet ist, Zugriff auf den gesamten Repository-Content in Ihrem HANA-System hat! Es empfiehlt sich also, für die einzelnen Aufgaben verschiedene User zu nutzen.

Wie alle Repository-Objekte müssen auch Repository-Rollen aktiviert werden; erst dadurch wird zum Design-Time-Objekt auch ein Runtime-Objekt angelegt. Erst mit der Aktivierung wird für diese Rolle ein Eintrag in der Tabelle ROLES (PUBLIC) erzeugt, und sie kann im System verwendet werden. Auch die Aktivierung einer Repository-Rolle erfolgt automatisch beim Speichern der Rolle, vorausgesetzt die gepflegte Rolle ist konsistent und der Benutzer besitzt das Paketprivileg REPO.ACTIVATE_NATIVE_OBJECTS auf dem Paket, in welchem die Rolle angelegt wurde. Eine Rolle bzw. Repository-Objekte im Allgemeinen können wir auch im Kontextmenü (im linken Baum) über den Eintrag <ROLLE> • ACTIVATE aktivieren. Besitzt der Modellierer der Rolle das Privileg zum Aktivieren von Repository-Objekten nicht, so wird beim Sichern oder versuchtem Aktivieren der Rolle in der Konsole ein entsprechender Fehler angezeigt: `Error while activating <privilege>.analyticprivilege.`

Standardrollen in SAP HANA

Mit der Installation von HANA werden automatisch einige Standardrollen als Katalog-Rollen angelegt, welche einen einfacheren Start in die Modellierung verschiedener Datenbankobjekte bzw. die Arbeit mit unterschiedlichen Bereichen ermöglichen sollen. Die drei wichtigsten Rollen wollen wir uns hier kurz anschauen:

- **PUBLIC**: wird per Default allen nicht eingeschränkten Benutzern zugewiesen. Diese Rolle enthält Privilegien für den lesenden Zugriff auf alle Systemviews.
- **MODELING**: enthält alle notwendigen Privilegien zur Modellierung von Views und analytischen Privilegien. Achtung: Das darin enthaltene analytische Privileg _SYS_BI_CP_ALL gewährt vollen Zugriff auf alle durch klassische analytische Privilegien geschützte Views. SQL-Privilegien sind hiervon jedoch nicht betroffen. In Abschnitt 2.2 und folgenden gehen wir darauf genauer ein.
- **MONITORING**: enthält alle zum Monitoring des Systems notwendigen Privilegien. Diese Rolle bedingt vollen Lesezugriff auf alle Systemmetadaten, den aktuellen Systemstatus sowie System- und Monitoringviews. Mit dieser Rolle können außerdem Statistiken ausgewertet werden.

Weitere Informationen zu Standardrollen in SAP HANA

Im SAP HANA Security Guide unter dem Suchbegriff »Roles« finden Sie eine komplette Übersicht über die (als Content) von SAP ausgelieferten Rollen in HANA.

Allgemein gilt, dass Sie diese Rollen (bis auf die Rolle PUBLIC, die, ausgenommen eingeschränkten Usern, jedem Datenbankuser automatisch zugewiesen wird) nur als Anleitung zur Modellierung Ihrer eigenen Rollen bzw. nur zu Beginn oder beim Aufsetzen Ihrer HANA-Installation verwenden sollten. Später, im laufenden Betrieb, sollten Sie immer auf eigene Rollen setzen. Der Inhalt dieser vorgefertigten Rollen kann sich jederzeit durch neue, von SAP ausgelieferte Versionen ändern. Außerdem enthalten sie weitaus mehr Privilegien, als Sie Ihren Usern i. d. R. zuweisen möchten.

Sammelrollen vs. Vererbung

Analog zum BW können Sie auch in HANA bei der Definition und Entwicklung Ihrer Rollenstrategie den im Abschnitt 1.1.3 (unter »Aufbau eines Rollenkonzepts«) aufgezeigten Strategien folgen. Abgesehen von den in HANA nicht vorhandenen Menürollen sollten Sie die Rollen ebenfalls in Berechtigungs- und Datenrollen aufteilen. Dabei können Sie auch in HANA Sammelrollen definieren. Das Prinzip der Vererbung, wie wir es aus dem ERP (vgl. Abschnitt 1.1.3) kennen, gibt es in HANA nicht.

2-3: Paket für Entwicklungen anlegen

Alle im Laufe dieses Buches von uns manuell angelegten Rollen, analytischen Privilegien und weiteren Repository-Objekte sollen in einem eigenen Paket ablegt werden. Das erzeugen wir, bevor wir mit dem ersten Beispiel beginnen, in der Web IDE im Bereich EDITOR.

Klicken Sie dazu auf den Menübutton und wählen Sie dann FILE • NEW • PACKAGE. Alternativ können Sie den Shortcut [STRG]+[Alt]+[Shift]+[N] verwenden. Tragen Sie, wie in Abbildung 1.26 gezeigt, als Paketnamen **ESPRESSO_TUTORIALS** ein. Optional können Sie noch eine Beschreibung, einen Verantwortlichen und die Originalsprache der im Paket enthaltenen Objekte angeben (siehe Abbildung 2.8).

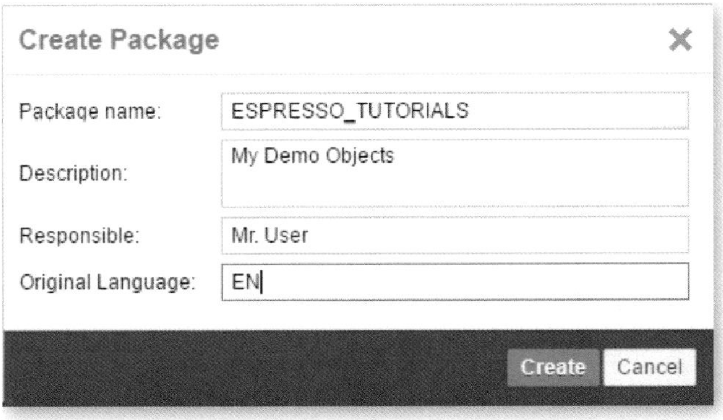

Abbildung 2.8: Paket in der Web IDE anlegen

2-4: Rolle für Zugriff auf SAP-HANA-View anlegen

Für die später folgenden Beispiele muss außerdem eine Repository-Rolle anlegt werden, die uns den Zugriff auf die verwendeten HANA-Views erlaubt. Navigieren Sie in der Web IDE zum Bereich EDITOR und wählen Sie das zuvor angelegte Paket aus. Dann legen Sie in diesem eine neue Rolle »REPORTING_USER« an. Folgende Zuweisungen sind für diese Rolle nun notwendig:

- Im Reiter OBJECT PRIVILEGES: das Privileg EXECUTE auf die Prozedur REPOSITORY_REST (SYS),
- im selben Reiter: das Privileg SELECT auf das Schema _SYS_BI,

- um auch mit Analysis Office auf den HANA-Views reporten zu können: sowohl das Privileg SELECT auf das BW-Systemschema und das Schema _SYS_RT,
- im Reiter GRANTED ROLES: die Rolle »sap.bc.ina.service.v2.userRole::INA_USER«.

Tipp: Wenn Sie die Objekte im Auswahldialog des Reiters OBJECT PRIVILEGES nicht finden, wechseln Sie von DESIGN-TIME ❶ zu RUN-TIME ❷ (Abbildung 2.9). Zusätzlich können Sie noch auf den Objekttyp einschränken ❸.

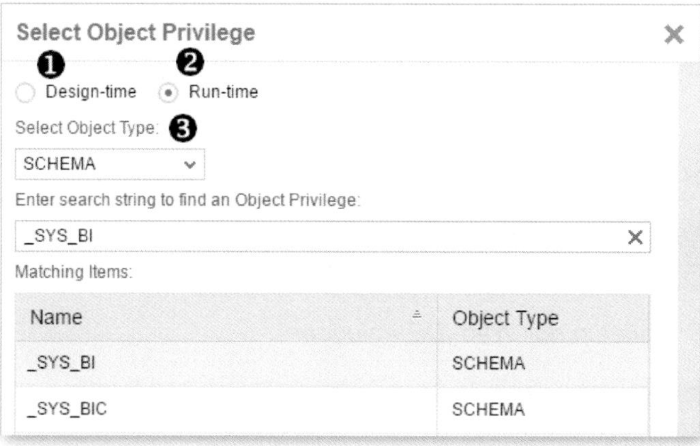

Abbildung 2.9: Auswahldialog für Objektprivilegien

Rolle sap.bc.ina.service.v2.userRole::INA_USER

Die Rolle »sap.bc.ina.service.v2.userRole::INA_USER« erlaubt dem Anwender den Zugriff auf den HTTP-Service. Ohne diese Rolle sind Zugriffe externer Anwendungen wie Analysis Office nicht möglich und brechen mit einem HTTP-Status-403-Fehler ab.

2.1.4 Fehlersuche bei (Standard-)Berechtigungen

Analog zu den im BW gegebenen Möglichkeiten der Fehleranalyse von und Suche in Standardberechtigungen (Abschnitt 1.1.4) bietet HANA durch Berechtigungstraces entsprechende Mittel. Unterschieden wird hierbei zwischen allgemeinen Berechtigungsproblemen im Kontext von Standardberechtigungen und solchen bei Zugriff auf eine HANA-View, also Problemen bei Datenberechtigungen bzw. analytischen Privilegien. Zu den allgemeinen Berechtigungsproblemen bei Standardberechtigungen zählen z. B. solche bei der Ausführung von DDL- oder DCL-Befehlen, wie etwa dem Erstellen oder Zuweisen einer Rolle, eines Privilegs oder des Zugriffs auf ein bestimmtes Paket. Die Ursachen für unzureichende Berechtigungen finden sich hier in fehlenden System- oder Objektprivilegien. Da wir uns bisher nur mit den Standardprivilegien in HANA beschäftigt haben und den Datenberechtigungen ein eigenes Unterkapitel widmen wollen, gehen wir zunächst nur auf die Analyse von Problemen mit Standardberechtigungen ein. Das Vorgehen dabei wollen wir an einem Beispiel mit unserem vorher erstellten Entwicklungsuser USER_DEV_HANA verdeutlichen. Zuvor müssen wir uns aber zumindest kurz mit dem Bereich Traces auseinandersetzen.

Aufzeichnung und Analyse von Berechtigungstraces

Ausgehend vom Eingangsbildschirm der Web IDE, können Sie per Klick auf Traces oder per Navigation aus einem anderen Bereich über den Button zur Übersicht des Bereichs Traces (Abbildung 2.10) navigieren.

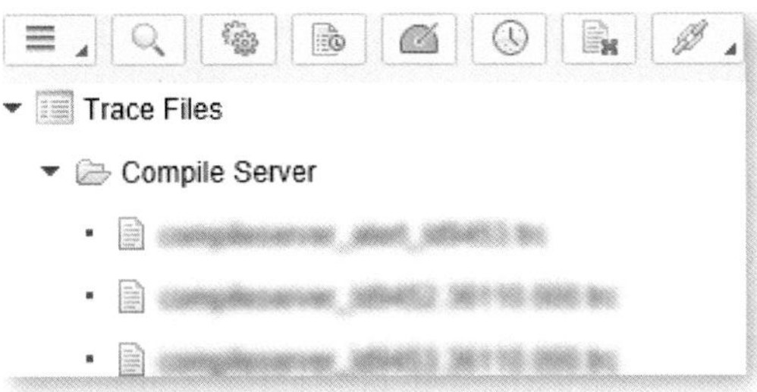

*Abbildung 2.10: Übersicht im Bereich **Traces***

In der Menübar finden wir neben den bereits bekannten Symbolen die vier Icons (CONFIGURATION), (EXPENSIVE STATEMENT TRACE), (PLAN TRACE) und (DELETE FILE TRACE). Im Baum unterhalb des Menüs finden Sie aufgeschlüsselt nach Art des Servers oder Trace-Typs die entsprechenden TRACE FILES. Bei der Analyse von Berechtigungsproblemen sind für uns die Dateien aus dem Ordner INDEX SERVER relevant. Wählen Sie aus der Menübar den Button CONFIGURATION, um die Übersicht zur Trace-Konfiguration zu öffnen. Mit den anderen Bereichen wollen wir uns an dieser Stelle nicht weiter aufhalten. Es öffnet sich eine Übersicht mit jeweils einem eigenen Bereich für die Konfiguration der einzelnen Trace-Typen (Abbildung 2.11).

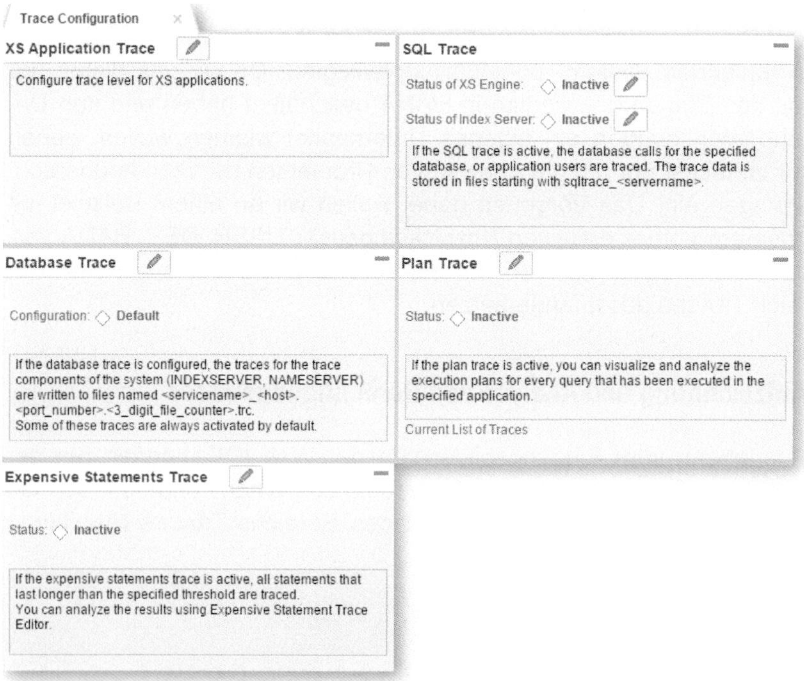

Abbildung 2.11: Übersicht verschiedener Trace Konfigurationen

Für jeden Bereich können Sie anhand der Symbole für den Status sofort erkennen, ob der jeweilige Trace **aktiv** () oder **inaktiv** () ist. Für das Aufzeichnen von Berechtigungsproblemen betrachten wir den Bereich DATABASE TRACE genauer. Mit einem Klick auf den Button EDIT CONFIGURATION (✎) öffnet sich ein Dialog, in dem wir für alle in diesem Bereich verfügbaren Trace-Komponenten das Trace-Level einstellen können (siehe Abbildung 2.12).

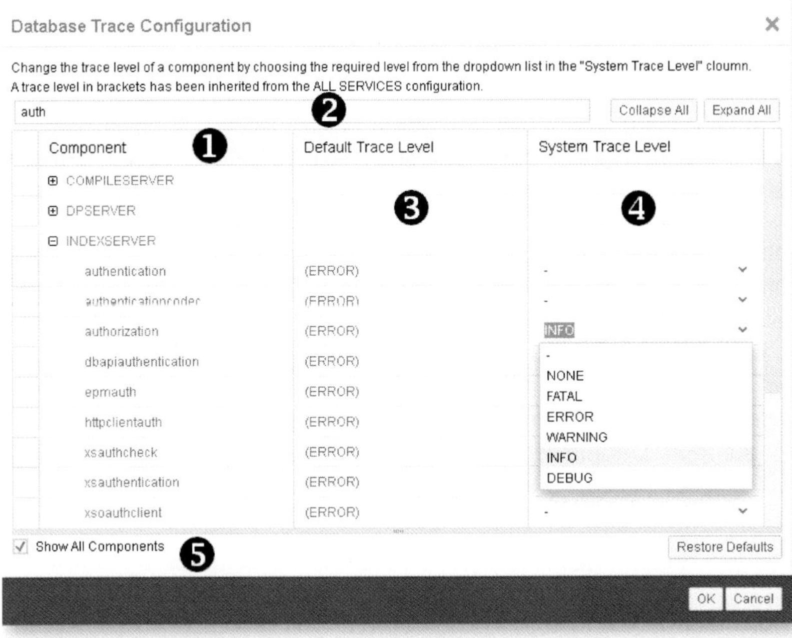

Abbildung 2.12: Konfiguration des Database Traces

Um Berechtigungsprobleme aufzeichnen zu können, müssen wir für die Komponente **authorization** im Ordner INDEXSERVER ❶ das SYSTEM TRACE LEVEL auf **INFO** stellen. Sie können die angezeigten Komponenten auch durch eine entsprechende Eingabe in das Feld ❷ einschränken. In der Spalte DEFAULT TRACE LEVEL ❸ sehen wir, ab welchem Trace Level standardmäßig Einträge im entsprechenden Trace File geschrieben werden, ohne dass wir den Database Trace explizit konfigurieren müssen (für **authorization** im Ordner INDEXSEVER das Level **ERROR**). In der Spalte SYSTEM TRACE LEVEL ❹ wählen wir den granulareren Wert **INFO** aus und übersteuern somit das Default Trace Level INDEXSEVER **ERROR**. Generell können wir bei der Auswahl des Trace Levels zwischen den sechs Stufen **NONE**, **FATAL**, **ERROR**, **WARNING**, **INFO** und **DEBUG** wählen, wobei der Detailgrad des erzeugten Trace Files von **NONE** nach **DEBUG** zunimmt. Der für eine Komponente eingestellte Defaultlevel lässt sich auch mit einem weniger detaillierten Wert übersteuern, um z. B. das erzeugte Log klein zu halten.

Außer Berechtigungen lassen sich an dieser Stelle noch viele weitere Traces konfigurieren. Sollte die gesuchte Komponente einmal nicht vorhanden sein, wird diese per Default eventuell nur nicht angezeigt. Klicken Sie dann auf den Kasten SHOW ALL COMPONENTS ❺, um alle verfügbaren Komponenten zu sehen.

Optional können wir uns mit einem Klick auf den Button NEXT noch einmal alle Änderungen anzeigen lassen, die wir auf der vorherigen Seite getätigt haben. Mit einem weiteren Klick auf FINISH werden diese sofort wirksam. Die Trace-Konfiguration sollten Sie direkt nach dem Aufzeichnen des Traces, also nachdem Sie den Fehlerfall reproduziert haben und die notwendigen Traces geschrieben wurden, wieder auf den Defaultwert zurücksetzen. So verhindern Sie unnötig große Trace Files, die wertvollen Speicherplatz in Ihrer HANA-Datenbank belegen.

Benutzer-spezifische Traces

Um die Größe des erzeugten Trace Files weiter zu reduzieren und nicht unnötig Speicherplatz zu verschwenden, empfiehlt es sich, User-spezifische Traces zu aktivieren. Diese Option steht leider nur im HANA Studio zur Verfügung. Sie finden sie in der Übersicht der Trace-Konfiguration unter der Sektion DATABASE TRACES im Abschnitt für User-spezifische Traces (USER-SPECIFIC TRACE). Der Dateiname eines User-spezifischen Trace Files entspricht folgendem Muster:

<Service Name>_<Host>.<Port Nummer>.<Kontext/Username>.trc

Aufgezeichnete Traces finden Sie im Baum auf der linken Seite im Ordner INDEXSERVER, wie bereits im Hinweis zu Abschnitt 2.1.3, »Standardrollen in SAP HANA«, erwähnt und in Abbildung 2.10 gezeigt. Der Name eines Trace Files folgt stets dem Muster <Service Name>_<Host>.<Port Nummer>.<3-stellige fortlaufende Nummer>.trc, wie das Beispiel in Abbildung 2.13 zeigt. Einen kontext- bzw. userspezifischen Teil gibt es hier nicht.

Abbildung 2.13: Beispiel Trace File im Baum

Außer Trace Files finden wir im Ordner INDEXSERVER noch andere Dateien. Für eine bessere Übersicht können wir über das Kontextmenü des entsprechenden Servertyps auch einen Filter setzen (INDEX SERVER • KONTEXTMENÜ • FILTERS). So können wir beispielsweise hier auf den Wert »trc« filtern, um nur die eigentlichen Trace Files angezeigt zu bekommen. Wie das Trace File aufgebaut ist, betrachten wir im folgenden Beispiel etwas genauer.

2-5: Trace konfigurieren und Fehler analysieren

Konfigurieren Sie den Database Trace. Setzen Sie im Indexserver für die Komponente **authorization** den Wert auf **INFO**. Melden Sie sich dann mit dem Entwicklungsuser USER_DEV_HANA in der Web IDE an. Führen Sie einen DML-Befehl aus, der zum Fehlerfall führt, z. B. versuchen Sie, die Rolle »PUBLIC« an den User »SYSTEM« zu vergeben: `GRANT PUBLIC TO SYSTEM`. Öffnen Sie danach das Trace File im Bereich TRACES.

Wenn wir den Database Trace wie zuvor beschrieben konfigurieren, um Berechtigungsprobleme identifizieren zu können, finden wir im Trace File Einträge wie in Abbildung 2.14 gezeigt.

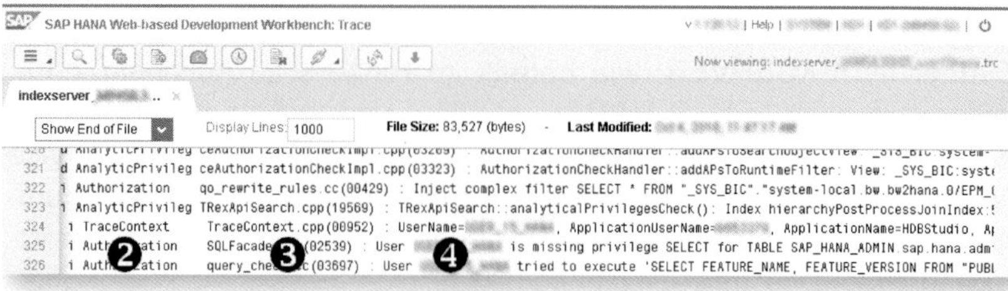

Abbildung 2.14: Inhalt eines Trace Files

Wenn wir uns den Dateiinhalt aus unserem Beispiel einmal genauer anschauen, stellen wir fest, dass die Einträge i. d. R. in Blöcken zu jeweils vier Zeilen auftreten. Jede Zeile enthält administrative Informationen. In der ersten Spalte (hier zwecks Lesbarkeit der Abbildung nicht sichtbar) ist das der Zeitpunkt, zu dem der Eintrag im Trace File geschrieben wurde. In der zweiten Spalte ❷ folgt der Bereich, welchem der Eintrag zuzuordnen ist, z. B. **Authorization** oder **TraceContext**. Danach finden wir Informationen über dessen Ursprung ❸, also die entsprechende Sourcecode-Datei inklusive Zeilenangabe. In der vierten Spalte ❹ folgt der eigentliche Inhalt, also z. B. das ausgeführte Query-Statement oder eine Fehlermeldung.

Anhand des nachfolgenden Auszugs aus einem Trace File wollen wir uns in Listing 2.1 einmal genau ansehen, wie so ein vierzeiliger Block aussieht, welche Informationen wir hier herauslesen können und wie uns das bei der Bestimmung der fehlenden Berechtigungen hilft. Die jeweiligen Spalten sind zur besseren Übersicht und Vergleichbarkeit mit Abbildung 2.14 mit den entsprechenden Callout-Ziffern markiert (wobei die Ziffer ❶ in Abbildung 2.14 aus Gründen der Lesbarkeit weggelassen wurde).

```
❶ [20592]{259728}[214/-1] 2016-10-04 10:22:58.804380 ❷
i TraceContext ❸ TraceContext.cpp(00952) : ❹ UserName=
USER_DEV_HANA, ApplicationUserName=[…],
ApplicationName=HDBStudio,
ApplicationSource=csns.navigator.operations.SAPSystemObje
ctUpdate.executeTryJDBC[..]
```

```
❶ [20592]{259728}[214/-1] 2016-10-04 10:22:58.804370 ❷
i Authorization ❸ SQLFacade.cpp(02528) : ❹ User
USER_DEV_HANA is missing privilege SELECT for TABLE
SAP_HANA_ADMIN.sap.hana.admin.ds::FEATURES

❶ [20592]{259728}[214/-1] 2016-10-04 10:22:58.804407 ❷
i Authorization ❸ query_check.cc(03697) : ❹ User
USER_DEV_HANA tried to execute 'SELECT FEATURE_NAME,
FEATURE_VERSION FROM
"PUBLIC"."sap.hana.admin.ds::FEATURES"'
```

Listing 2.1: Auszug aus einem Trace File

- Die erste Zeile enthält Informationen über den Kontext der Ausführung (hier gekürzt dargestellt). Zusätzlich zum Datenbankuser sehen wir den entsprechenden Applikationsbenutzer und allgemeine Informationen zur Applikation, von welcher ausgehend die Ausführung des Statements angestoßen wurde. Diese Informationen sind gerade dann besonders hilfreich, wenn die Applikation eine andere als das HANA Studio oder die Web IDE ist, beispielweise ein ABAP-Report oder ein Analysis-for-Office-Bericht. Hier können sich Applikations- und tatsächlich ausführende Datenbankuser unterscheiden. Bei der Konfiguration eines User-spezifischen Traces müssen wir also darauf achten, den entsprechenden Datenbankuser (im ABAP-Fall z. B. den technischen BW-User) anzugeben.
- Die zweite Zeile enthält die Fehlermeldung, die i. d. R. so auch am Client für den User sichtbar ist. Hier kann es vorkommen, dass anstatt des Benutzernamens eine kryptische ID angezeigt wird. Mit IDs können wir nicht direkt sagen, welche Objekte betroffen sind. Die User-ID ist normalerweise analog zum ausführenden Datenbankuser; falls es sich um eine Objekt-ID handelt, müssen wir diese aber noch aufschlüsseln. Abhilfe schafft hier eine Abfrage der Tabelle OBJECTS (PUBLIC), siehe nachfolgender Hinweiskasten.

- Die dritte Zeile eines Blocks enthält das ausgeführte Statement. In unserem Beispiel sehen wir, dass der Benutzer USER_DEV_HANA das Statement `SELECT FEATURE_NAME, FEATURE_VERSION FROM "PUBLIC"."sap.hana.admin.ds::FEATURES"` ausgeführt hat.

Verständliche Objektnamen statt IDs

Nicht immer finden wir im Trace File zu einer ID den entsprechenden Objekt- oder Usernamen. In diesem Fall wissen wir zunächst nichts mit der gegebenen ID anzufangen und müssen selbst in der Tabelle OBJECTS (PUBLIC) für Datenbankobjekte oder der Tabelle USERS (PUBLIC) für Datenbankuser nachschauen. Mithilfe der Statements in Listing 2.2 finden wir dann schnell heraus, um welche Objekte oder User es sich handelt.

```
SELECT * FROM "PUBLIC"."OBJECTS" WHERE "OBJECT_OID" =
'<Objekt ID>';
SELECT * FROM "PUBLIC"."USERS" WHERE "USER_ID" = '<User
ID>';
```

Listing 2.2: Abfrage der Views OBJECTS und USERS

Wir haben somit entweder direkt anhand des Trace Files oder durch einen Blick in die View OBJECTS (PUBLIC) festgestellt, dass eine Ursache für die gescheiterte Ausführung des DML Statements die fehlende Berechtigung für den Zugriff per SELECT auf die Tabelle SAP_HANA_ADMIN.sap.hana.admin.ds::FEATURES ist. Im besten Fall ist dies das einzige fehlende Privileg, und die Ausführung verläuft erfolgreich, nachdem wir es unserem User zugeordnet haben. Wir könnten jetzt sofort zur Benutzerverwaltung navigieren und unserem User das fehlende Privileg zuordnen. Das wäre technisch korrekt und würde das Problem lösen. Allerdings sollten aus Sicherheitsgründen generell Rollen als Zwischenebenen für die Zuordnung von Privilegien an User genutzt werden. Die nächste zu beantwortende Frage ist also, ob es schon eine Rolle gibt, die das identifizierte Privileg enthält und für unseren User zutreffend ist (also nicht zusätzlich andere Privilegien enthält, die wir dem User auf keinen Fall zuweisen möchten und damit eine Sicherheitslücke schaffen würden), oder ob wir selbst eine neue Rolle anlegen und dieser das Privileg zuweisen sollten. Um unser System auf bereits existierende Rollen zu prüfen, die das notwendige Privileg enthalten, befragen wir die View GRANTED_PRIVILEGES (PUBLIC). Mit der in Listing 2.3 dargestellten Abfrage erhalten wir alle Rollen, die das Privileg SELECT auf die Tabelle SAP_HANA_ADMIN.sap.hana.admin.ds::FEATURES enthalten.

```
SELECT
      *
FROM "PUBLIC"."GRANTED_PRIVILEGES"
WHERE "GRANTEE_TYPE" = 'ROLE'
AND "OBJECT_TYPE" = 'TABLE'
AND "OBJECT_NAME" = 'sap.hana.admin.ds::FEATURES'
AND "PRIVILEGE" = 'SELECT'
```

Listing 2.3: Abfrage der View GRANTED_PRIVILEGES (PUBLIC)

Für diesen speziellen Fall wird uns das Statement kein Ergebnis liefern. Es gibt also noch keine Rolle, die das gesuchte Privileg enthält. Befänden wir uns nun in einem echten Szenario und müssten unserem User Zugriff gewähren, würden wir eine neue Rolle anlegen, dieser das fehlende Privileg zuweisen und die Rolle wiederum an unseren Entwicklungsuser vergeben.

Weitere Möglichkeit für Privilegienprüfungen

Neben der Analyse klassischer Trace Files können wir auch mithilfe der Systemview EFFECTIVE_PRIVILEGES (PUBLIC) prüfen, ob ein Datenbankuser die notwendigen Objektprivilegien besitzt (vgl. Listing 2.4). Diese View analysiert alle Objektprivilegien, die dem User entweder direkt oder indirekt über Rollen zugeordnet sind. Kennen wir das Datenbankobjekt, welches für den nicht erlaubten Zugriff verantwortlich ist, können wir eine Abfrage auf diese View für eine einfachere Analyse entsprechend einschränken (Spalte OBJECT_NAME, s. u.). Andernfalls lassen wir uns einfach alle Privilegien anzeigen, die einem User zugeordnet sind.

```
SELECT * FROM "PUBLIC"."EFFECTIVE_PRIVILEGES" WHERE
"USER_NAME" = '<Unser Datenbankuser>' AND "OBJECT_NAME" =
'<Objektname>'
```

Listing 2.4: Abfrage der View EFFECTIVE_PRIVILEGES

Um Daten von der View abfragen zu können, müssen wir in unserer Anfrage mindestens eine Einschränkung auf dem Feld USER_NAME angeben, eine Einschränkung auf OBJECT_NAME ist nicht zwingend. Das würde uns aber ein umfangreiches Resultat liefern und wäre für eine Analyse nicht hilfreich. Wollen wir also z. B. prüfen, ob ein User das notwendige SELECT-Privileg auf eine View hat, führen wir eine Query für den Datenbankuser und entsprechenden Viewnamen als Objektnamen aus (beachten Sie, dass der Objektname generell immer aus dem Paketpfad + dem eigentlichen Objektnamen besteht).

Bedeutung und Inhalt von (System-)View-Feldern

Vielleicht stellen Sie sich zwischendurch die Frage, was genau mit dem Inhalt eines bestimmten Feldes einer Systemview gemeint ist. Nehmen wir z. B. an, wir kennen die Bedeutung des Feldes IS_VALID der Systemview EFFECTIVE_PRIVILEGES nicht. Abhilfe schafft hier oft eine Abfrage der Tabelle VIEW_COLUMNS (für Tabellen die Tabelle TABLE_COLUMNS). Eine Abfrage wie die in Listing 2.5 gezeigte liefert uns eine Übersicht über alle Felder der View inklusive Beschreibung sowie eine Übersicht über die Eigenschaften der einzelnen Felder wie Datentyp, Länge, Position, NULL-Verhalten etc. Im Fall von IS_VALID finden wir hier z. B. folgende Beschreibung: »Privilege is valid or it became invalid because of implicit revoking: 'TRUE'/'FALSE'«.

```
SELECT * FROM "PUBLIC"."VIEW_COLUMNS" WHERE "VIEW_NAME" =
'EFFECTIVE_PRIVILEGES'
```

Listing 2.5: Abfrage der Spaltendefinitionen der View EFFECTIVE_PRIVILEGES

2.2 Datenberechtigungen in SAP HANA

Ebenso wie im BW besteht auch in analytischen HANA-Modellen die Notwendigkeit, Daten zu schützen und Anwendern nur die berechtigten Werte im Bericht anzuzeigen.

2.2.1 Einführung in die analytischen Privilegien

In HANA werden Datenberechtigungen durch sogenannte *analytische Privilegien* abgebildet. Diese werden analog zu Analyseberechtigungen im BW eingesetzt, um verschiedenen Datenbankbenutzern Zugriff auf unterschiedliche Datenbereiche derselben HANA-View zu gewähren, arbeiten also zeilenbasiert. Sie ermöglichen einem Benutzer im Unterschied zu SQL- bzw. Objektprivilegien also nicht den eigentlichen Zugriff auf ein Datenbankobjekt, sondern können ergänzend zu den obligatorischen Objektprivilegien vergeben werden, um die verfügbaren Daten weiter einzuschränken.

Kein Alles-oder-nichts-Prinzip in SAP HANA

In Abschnitt 1.2.1 haben Sie das Alles-oder-nichts-Konzept des BW kennengelernt – und auch, dass immer eine explizite Berechtigungsprüfung gegen die Selektion durchgeführt wird. In HANA ist das Verhalten ein anderes. Statt einer expliziten Prüfung wird die Abfrage implizit anhand der Berechtigungen eingeschränkt, indem technisch die WHERE CLAUSE erweitert wird.

Das bedeutet, dass die in der View vorhandenen Daten entsprechend der durch analytische Privilegien definierten Filter ausgedünnt werden. Vorausgesetzt, dass wir formal berechtigt sind, aus einem View Daten zu lesen, erhalten wir also immer ein Ergebnis, egal welche Werte oder Merkmale wir in der Query anfragen. Ist ein Wert dabei, den wir aufgrund der definierten Filter nicht sehen dürfen, wird dieser einfach aus dem Ergebnis entfernt. Dass dieses Verhalten nicht immer unproblematisch ist, haben Sie ebenfalls in Abschnitt 1.2.1 gesehen. Außerdem ergibt sich aus diesem Umstand eine unterschiedliche Behandlung multidimensionaler Szenarien in BW und HANA (siehe Abschnitt 2.2.6).

In Abbildung 2.3 konnten wir bereits den Reiter ANALYTIC PRIVILEGES zur Vergabe analytischer Privilegien an Datenbankuser analog zu den Reitern SYSTEM PRIVILEGES, OBJECT PRIVILEGES usw. sehen. Hier können wir wie gewohnt analytische Privilegien über einen Dialog auswählen, dem User zuweisen oder bereits zugewiesene Privilegien wieder entfernen (Abbildung 2.15).

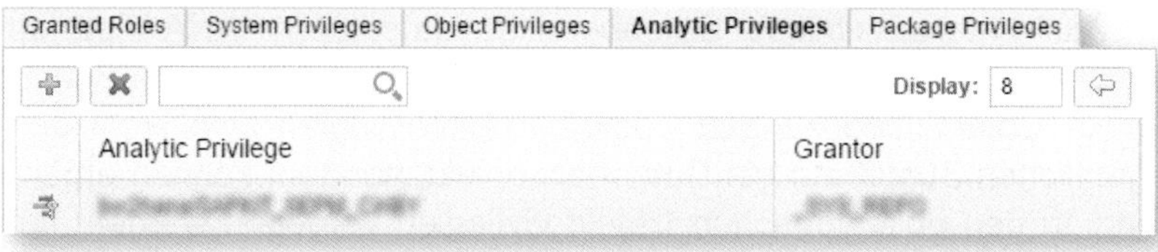

Abbildung 2.15: Vergabe analytischer Privilegien

Bei der Modellierung einer HANA-View können Sie, im Unterschied zur Modellierung im BW, explizit entscheiden, ob Datenberechtigungen auf einem Modell geprüft werden sollen. Um mit der Modellierung unseres ersten analytischen Privilegs beginnen zu können, müssen wir zunächst eine HANA-View erzeugen, die wir sodann schützen wollen. Doch bevor wir uns im Weiteren etwas genauer mit der Modellierung analytischer Privilegien befassen, wollen wir uns noch einmal kurz klarmachen, welche Objekte und Privilegien konkret beachtet werden müssen, um einen User-Zugriff auf eine View zu gewähren:

- **Objektprivileg SELECT auf zugrunde liegende Tabellen:** Ihr User muss auf alle in einer View oder deren Unterviews enthaltenen Tabellen das Objektprivileg SELECT besitzen; auch hier unterscheidet sich HANA vom BW. Alternativ wird gern das SELECT-Privileg für das gesamte Systemschema vergeben. Wenn möglich, und falls Sie den Mehraufwand für die Einzelvergabe von Objektprivilegien auf konkrete Tabellen vertreten können, sollten Sie ein generelles SELECT-Privileg auf das Systemschema aber vermeiden.
- **Objektprivileg SELECT auf die Top-Level-View:** Auf die direkt zu konsumierende View müssen alle User das Objektprivileg SELECT besitzen. SELECT-Privilegien auf die in dieser View enthaltenen Views sind nicht notwendig (analog zum BW)!
- **Analytisches Privileg (optional):** Zusätzlich kann der Entwickler festlegen, ob beim Zugriff auf eine View auch analytische Privilegien geprüft werden sollen. Neu erstellte Views werden per Default mit analytischem Privilegcheck angelegt; diese Einstellung lässt sich aber während der Modellierung anpassen.

Prüfung analytischer Privilegien auch auf Subviews

Im Gegensatz zur SELECT-Berechtigung sowie zum BW, wo der Anwender auch für die Datenberechtigungen lediglich auf der obersten Ebene berechtigt sein muss, wird in HANA nicht nur gegen die Top View, sondern gegen jede View geprüft, für die die entsprechende Prüfung aktiviert wurde. Das ist insbesondere für BW-generierte Modelle (siehe Kapitel 3) von Bedeutung, die stets mit aktiver Prüfung angelegt werden.

SELECT-Privileg auf Schema _SYS_BIC und SAP-HANA-Live-Views

Besonders vorsichtig sollten Sie mit der Vergabe des Objektprivilegs SELECT auf das Schema _SYS_BIC sein, wenn Sie mit Content aus dem SAP-HANA-Live-Umfeld arbeiten. Die meisten in diesem Kontext verfügbaren Content Views sind per Default nicht durch analytische Privilegien geschützt. Da alle Views im Schema _SYS_BIC liegen, gewähren Sie jedem User, dem Sie das SELECT-Privileg gewähren, automatisch Zugriff auf alle nicht durch analytische Privilegien geschützte Views!

Arten von Privilegien

Bis heute gibt es eine Unterscheidung in klassische und SQL-basierte analytische Privilegien, die in erster Linie historisch bedingt ist. Mit *HANA 2* kommt allerdings Bewegung in diese Systematik.

Unterstützung von SQL-basierten analytischen Privilegien in SAP HANA 2

HANA 2 unterstützt nur SQL-basierte analytische Privilegien. Bereits existierende klassische analytische Privilegien müssen eventuell manuell migriert werden. In HANA 2 werden analytische Privilegien zudem Schema-spezifisch angelegt, da HANA 2 Container-basiert agiert (*SAP HANA Deployment Infrastructure, kurz HDI*).

Beide Arten der analytischen Privilegien können sowohl als Repository-Objekt über einen grafischen Editor in der Web IDE oder im HANA Studio als auch mithilfe eines entsprechenden DML-Befehls `CREATE STRUCTURED PRIVILEGE` als reines Katalogobjekt angelegt werden. Ebenso wie Rollen sollten auch analytische Privilegien (und alle anderen Datenbankobjekte wie Prozeduren etc.) immer als Repository-

Objekte modelliert werden. Die Objekte lassen sich dann zwar nicht direkt per SQL-Code in der SQL-Konsole anlegen, sind dafür aber vollständig in die Modellierungsumgebung und das SAP HANA Change Recording integriert.

Da die SQL-basierten analytischen Privilegien zukünftig die primäre Wahl für die Sicherung des Datenzugriffs in HANA sind und sein sollten, werden wir uns in diesem Buch auf die Modellierung dieser Privilegien fokussieren. Aber keine Sorge: Die Modellierung klassischer analytischer Privilegien unterscheidet sich nicht sonderlich davon. Sie müssen bei der Neuanlage eines analytischen Privilegs lediglich einen anderen Typ wählen. Der Editor zur Modellierung ist dann für beide Privilegtypen gleich. Die Generierung analytischer Privilegien aus BW heraus (siehe Kapitel 3) erzeugt grundsätzlich SQL-basierte Privilegien.

Auswertung analytischer Privilegien zur Querylaufzeit

Die Ausführung einer Query auf einer durch analytische Privilegien geschützten HANA View gliedert sich in zwei Schritte:

1. **Berechtigungsprüfung:** Bevor das Queryergebnis berechnet werden kann, wird geprüft, ob der ausführende Benutzer anhand der ihm zugeordneten analytischen Privilegien die notwendigen Berechtigungen besitzt. Die Auswertung folgt dabei den folgenden Regeln, wie auch in Abbildung 2.16 gezeigt.
   - Ist dem Benutzer kein analytisches Privileg für das angefragte Informationsmodell zugeordnet, werden der Zugriff verwehrt und eine entsprechende Fehlermeldung ausgegeben.
   - Sind dem Benutzer ein oder mehrere analytische Privilegien zugeordnet, so ist der Zugriff gestattet, wenn mindestens eines der Privilegien den Zugriff erlaubt. Die Privilegien sind dabei *disjunkt* bzw. logisch ODER-verknüpft. Dazu finden Sie weitere Informationen im Abschnitt 2.2.6.

Auswertung analytischer Privilegien

zB Das analytische Privileg AP_1 erlaubt den Zugriff auf View IM_1. Privileg AP_2 erlaubt den Zugriff auf alle Views (Einstellung APPLICABLE TO ALL INFORMATION MODELS, nur für klassische analytische Privilegien verfügbar). Ein Benutzer, dem beide Privilegien AP_1 und AP_2 zugeordnet sind, darf somit auf alle Views zugreifen.

- Für jedes Privileg, das dem Benutzer Zugriff gestattet, müssen alle in diesem Privileg definierten Restriktionen erfüllt sein. Die einzelnen Restriktionen sind dabei *konjunktiv* bzw. logisch UND-verknüpft.

Prüfung definierter Restriktionen

zB Das analytische Privileg AP_1 enthält zwei Restriktionen auf die Attribute COUNTRY und CUSTOMER der zugrunde liegenden View IM_1. Beide Restriktionen müssen erfüllt sein, damit dem Benutzer Zugriff gewährt wird.

- Eine Restriktion trifft dann zu, wenn mindestens ein Filterwert der Restriktion erfüllt ist. Die einzelnen Filterwerte innerhalb einer Restriktion sind dabei disjunkt bzw. logisch ODER-verknüpft.

Einzelsatzfilterung anhand definierter Filterwerte

zB Für das Attribut CUSTOMER sind die Filterwerte EQUAL »001« und BETWEEN (»010«, »012«) definiert. Der Benutzer darf daher alle Daten für die Kunden 001, 010, 011 und 012 sehen.

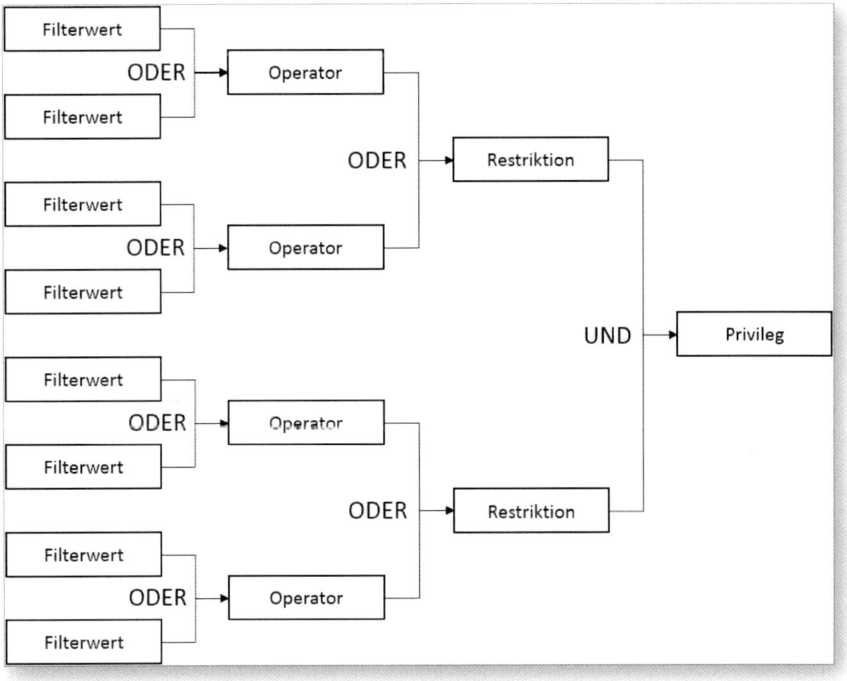

Abbildung 2.16: Verknüpfung von Privileg, Restriktion, Operator und Filterwert

2. **Hierarchische Auswertung:** Im Fall von gestackten, also mehrfach verschachtelten Views werden analytische Privilegien immer auf dem Level ausgewertet, auf dem sie definiert wurden. Analytische Privilegien werden demnach nicht aggregiert und einmal auf der Top-Level-View angewendet, sondern die Daten werden auf dem Level n bereits entsprechend der dort definierten analytischen Privilegien gefiltert. Views in Level »n + 1« haben also keine Möglichkeit, auf ungefilterte Daten aus Level »n« zuzugreifen. Das entspricht einer logischen UND-Verknüpfung mehrerer Privilegien auf unterschiedlichen Views in einem gestackten Modell.

Zugriffskontrolle auf SAP-HANA-Views

Möchten Sie den Zugriff auf eine bestimmte View lediglich einem konkreten Benutzerkreis zugänglich machen, die in diesem Modell enthaltenen Daten aber nicht filtern, sondern diesen Benutzern uneingeschränkt zur Verfügung stellen? Dazu definieren Sie ein analytisches Privileg, jedoch ohne die Angabe von Restriktionen. So können nur diejenigen Benutzer auf die View zugreifen, denen das analytische Privileg zugeordnet ist. Durch die fehlenden Restriktionen stehen die Daten ungefiltert zur Verfügung. Dieses Vorgehen kann sinnvoll sein, wenn Sie das Objektprivileg auf Schema-Ebene vergeben, also jedem User den Zugriff auf alle in einem Schema enthaltenen Views geben. Um dann den berechtigten Personenkreis weiter einschränken zu können, nutzen Sie ein analytisches Privileg ohne Filter.

Zugriffskontrolle ohne analytische Privilegien

Möchten Sie sich den Aufwand der Definition analytischer Privilegien sparen, den Zugriff auf eine View aber dennoch nur einem eingeschränkten Benutzerkreis zur Verfügung stellen und die benötigten Objektprivilegien auf Objekt- und nicht auf Schema-Ebene erteilen, so können Sie dies, indem Sie das Objektprivileg SELECT auf die entsprechende HANA-View nur an die berechtigten Benutzer vergeben.

Analytisches Privileg _SYS_BI_CP_ALL analog zu 0BI_ALL

Wenn Sie Ihre Views gegen unbefugten Zugriff schützen wollen, alle berechtigten Benutzer jedoch uneingeschränkt auf die Daten zugreifen dürfen sollen, so lässt sich dies noch immer am besten und mit geringem Aufwand mit klassischen analytischen Privilegien lösen. Eine mit dem Privilegientyp **Analytic Privileges** geschützte View hat nämlich den Vorteil, dass alle Benutzer, denen das analytische Privileg _SYS_BI_CP_ALL zugeordnet ist, ohne Einschränkungen auf diese Sicht zugreifen dürfen. Dieses Privileg verhält sich somit analog zu 0BI_ALL im BW, mit der Einschränkung, dass es nur Auswirkungen auf den Zugriff solcher Views hat, die mit dem oben genannten Privilegientyp geschützt sind.

Nutzung verschiedener Privilegientypen in einem System

Grundsätzlich ist die Nutzung verschiedener Privilegientypen für unterschiedliche Views in ein und demselben System möglich und auch nicht verboten. Sie können View A also durch klassische analytische Privilegien schützen, für View B verwenden Sie hingegen SQL-analytische Privilegien. Wir empfehlen allerdings, sich vor Beginn der View-Modellierung auf einen der beiden Typen zu einigen, da es die Pflege der Privilegien vereinfacht und eventuellen Missverständnissen oder Problemen bei der Fehleranalyse (Stichwort _SYS_BI_CP_ALL und unbeabsichtigte Vergabe von Vollzugriffen) vorbeugt.

2.2.2 Anlegen von analytischen Privilegien

HANA-View für Beispiele erstellen

Bevor wir mit dem Anlegen von analytischen Privilegien starten können, benötigen wir ein Datenmodell, auf das wir die Privilegien anwenden können. Der Einfachheit halber lassen wir uns für die folgenden Beispiele vom BW-System ein solches Modell erstellen, indem wir für unseren CompositeProvider YEPM_CP_SO aus Kapitel 1 eine von extern zugängliche HANA-View erstellen lassen. Dazu setzen wir in den Modeling-Tools den Haken bei der Eigenschaft EXTERNAL SAP HANA VIEW (siehe ❶ in Abbildung 2.17). Eine Einführung in die Modeling-Tools inklusive einer detaillierten Erklärung dieser Funktion finden Sie in Kapitel 4 des Bonusmaterials.

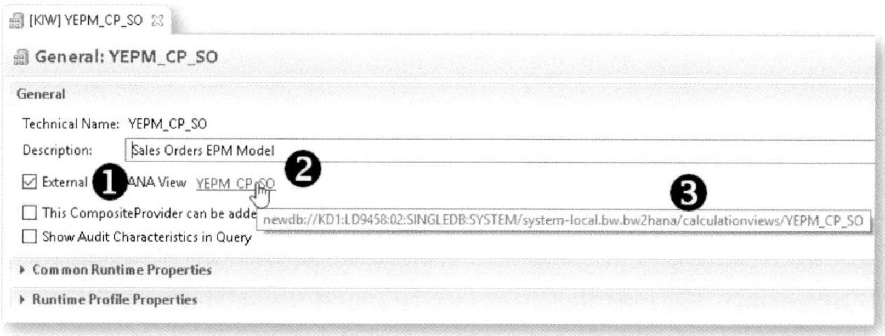

Abbildung 2.17: Eigenschaft »External SAP HANA View«

Nach erfolgreicher Aktivierung erscheint hinter der Eigenschaft EXTERNAL SAP HANA VIEW ein Link (hier **YEPM_CP_SO**, ❷), über den wir die generierte View direkt im HANA Studio öffnen können. Lassen wir den Mauszeiger etwas länger über dem Link stehen, so erscheint im Tooltip der Pfad ❸, unter dem wir die View auch in der Web IDE im Bereich EDITOR finden.

2-6: Externe SAP-HANA-View generieren

Generieren Sie für den CompositeProvider YEPM_CP_SO die externe HANA-View.

Die generierte View können wir im Editor in der Web IDE überprüfen (Abbildung 2.18).

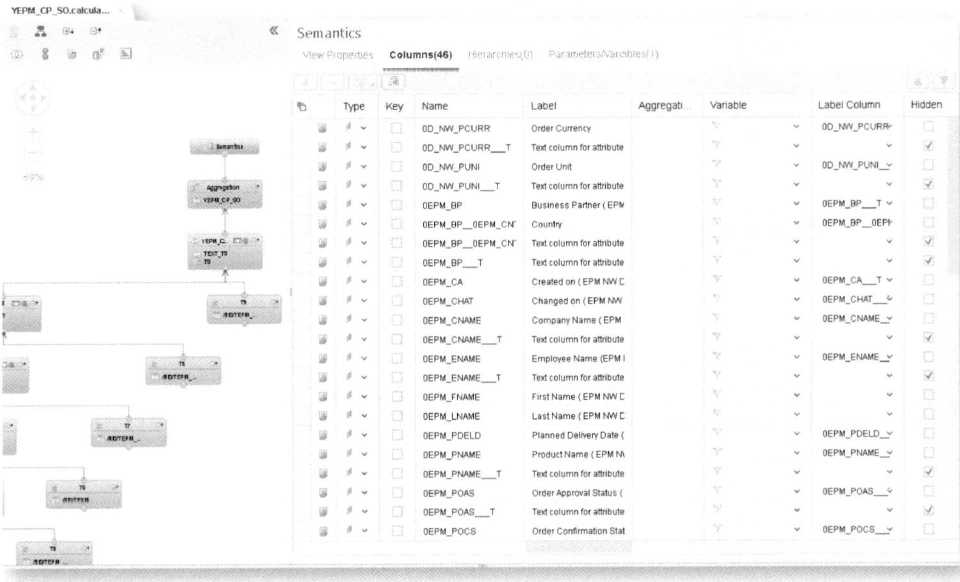

Abbildung 2.18: Die generierte HANA-View in der Web DIE

2-7: Prüfen Sie die Einstellung APPLY PRIVILEGES

Stellen Sie sicher, dass die Einstellung APPLY PRIVILEGES für die generierte View den Wert »SQL Analytic Privileges« enthält. Legen Sie außerdem eine Rolle YEPM_CP_SO an, und weisen Sie dieser das notwendige SELECT-Privileg für die generierte View zu. Abschließend weisen Sie diese Rolle einem neuen Test-User USER _01_HANA zu, den Sie analog zum Entwicklungsuser aus der Übung 2-1 anlegen, jedoch ohne die dort genannten Rollen und Privilegien. Legen Sie diesen Benutzer als »eingeschränkten« Benutzer an.

Technische Voraussetzungen

Für die Anlage und Verwaltung eines analytischen Privilegs als Repository-Objekt benötigt Ihr Datenbankbenutzer die folgenden Systemprivilegien auf dem für die Anlage der Privilegien bestimmten Paket:

- REPO.EDIT_NATIVE_OBJECTS
- REPO.ACTIVATE_NATIVE_OBJECTS

Diese Privilegien weisen Sie dem Benutzer in der Benutzerpflege im Reiter PACKAGE PRIVILEGES zu, wie in Abbildung 2.19 gezeigt.

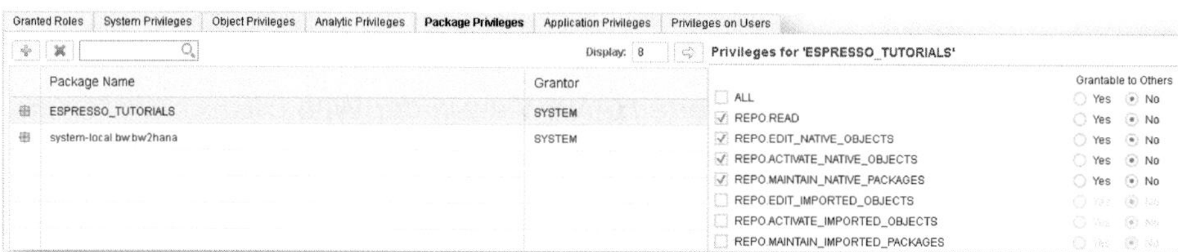

Abbildung 2.19: Paketprivilegien für die Arbeit mit analytischen Privilegien

Um einem anderen Datenbankbenutzer ein analytisches Privileg zuweisen oder entziehen zu können, benötigt Ihr Datenbankbenutzer das Privileg EXECUTE auf die folgenden Prozeduren:

- GRANT_ACTIVATED_ANALYTICAL_PRIVILEGE,
- REVOKE_ACTIVATED_ANALYTICAL_PRIVILEGE.

_SYS_REPO als Objektbesitzer

Denken Sie im Fall von Repository-Objekten immer daran, dass nicht Ihr Datenbankbenutzer, sondern der technische Benutzer _SYS_REPO der Besitzer der Objekte ist!

Anlage von Katalogprivilegien

Möchten Sie ein analytisches Privileg lediglich als Katalogobjekt per SQL-Statement erzeugen, benötigt Ihr Datenbankbenutzer die folgenden Systemprivilegien:

- CREATE STRUCTURED PRIVILEGE,
- STRUCTUREDPRIVILEGE ADMIN.

In diesem Fall benötigt ihr Datenbankbenutzer keine weiteren Rechte zur Vergabe der Privilegien. Eigens erzeugte Katalogobjekte gehören immer dem erzeugenden Datenbankbenutzer. Denken Sie aber daran, dass die Privilegien allen Benutzern entzogen und gelöscht werden, sollten Sie ihren Datenbankbenutzer löschen!

Modellieren eines Analytischen Privilegs

Ein analytisches Privileg können wir in der Web IDE, Bereich EDITOR, über das Kontextmenü eines Pakets mit dem Werkzeug »Katalog« als Repository-Objekt anlegen. Dazu wählen wir aus dem linken Baum per Rechtsklick das Paket aus, in dem wir das analytische Privileg ablegen möchten. Aus dem Kontextmenü wählen wir dann NEU • ANALYTISCHES PRIVILEG. Daraufhin öffnet sich, wie in Abbildung

2.20 gezeigt, ein Dialogfenster zur Pflege weiterer notwendiger Informationen wie PRIVILEGNAME und Beschreibung (LABEL). Außerdem bestimmen wir hier bereits den Privilegtyp **Classical** oder **SQL**. Für alle Privilegien, die wir im Folgenden anlegen werden, wählen wir immer den Typ **SQL**.

Abbildung 2.20: Neuanlage eines analytischen Privilegs

Nach der Eingabe des Privilegnamens und einer Beschreibung gelangen wir mit einem Klick auf CREATE zur Modellierungsoberfläche (Abbildung 2.21). Unser analytisches Privileg wird sofort im Baum im entsprechenden Paket angezeigt, erkennbar an der Endung »*.analyticprivilege«.

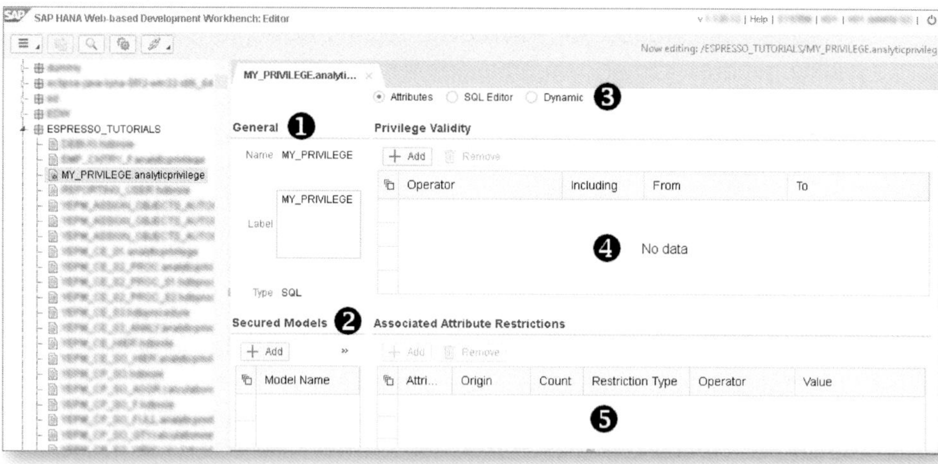

Abbildung 2.21: Modellierungsoberfläche für analytische Privilegien

Der Editor für analytische Privilegien ist in mehrere Bereiche aufgeteilt.

1. Die Sektion GENERAL (❶) enthält Informationen allgemeiner Art wie den Namen, die Beschreibung und den Typ des analytischen Privilegs.

2. In der Sektion SECURED MODELS (❷) können wir die Views angeben, die durch das angelegte analytische Privileg geschützt werden sollen. Über die Buttons ADD und REMOVE können Sie weitere Views hinzufügen oder wieder entfernen. Diese Sektion ist also analog zur Dimension **0TCTIPROV** bei der Pflege von Analyseberechtigungen im BW. Jedoch haben wir in HANA nicht die Möglichkeit, Wildcards bei der Angabe der zu schützenden Views zu vergeben. Außerdem können wir, wie im BW üblich, einen Filter für ein spezifisches Attribut einmal definieren und gleichzeitig auf mehrere InfoProvider anwenden. Zwar müssen wir bei der Definition eines Filterwertes eines analytischen Privilegs in HANA immer zuerst die View und dann das Attribut auswählen, für welches wir einen Filter definieren. Dies dient aber nur zur Bereitstellung einer [F4]-Hilfe für die Auswahl von Filterwerten.

Ein Privileg für alle zu schützenden Views

Im Unterschied zu SQL-basierten analytischen Privilegien bietet sich Ihnen bei der Modellierung klassischer Privilegien im Bereich SECURED MODELS ❷ zusätzlich die Einstellung APPLY TO ALL INFORMATION MODELS. Ist diese gesetzt, ist das Privileg automatisch für alle Views gültig, die durch klassische analytische Privilegien geschützt werden. Hier sollten Sie aber wieder möglichst restriktiv vorgehen, da es Ihnen leicht passieren kann, mehr Zugang zu gewähren, als Sie eigentlich möchten.

3. Von besonderer Bedeutung sind die Optionen in Sektion ❸. Hier legen wir fest, wie wir den Filter unseres Privilegs definieren wollen. Dabei haben wir die Wahl zwischen den drei Optionen **Attribute**, **SQL Editor** und **Dynamic**. Die gewählte Option hat Einfluss

sowohl auf die Art des Privilegs als auch auf die Definition des Filters für unser analytisches Privileg. Außerdem ändert sich je nach gewählter Option die Anzeige im Bereich ❹. Mehr zur Unterscheidung erfahren Sie in Abschnitt 2.2.4 (»Variablen-Ansatz«).

Wählen wir als Option **Attribute**, so erzeugen wir ein statisches Privileg, dessen Filter ebenfalls statisch definiert ist. Damit entspricht dieses Modell der manuellen Anlage von Analyseberechtigungen im BW (siehe Abschnitt 1.2.4, »
Manuelles Erstellen«). Bei der Wahl dieser Option sehen wir im Bereich die beiden Sektionen PRIVILEGE VALIDITY ❹ und ASSOCIATED ATTRIBUTE RESTRICTIONS ❺ (Abbildung 2.22).

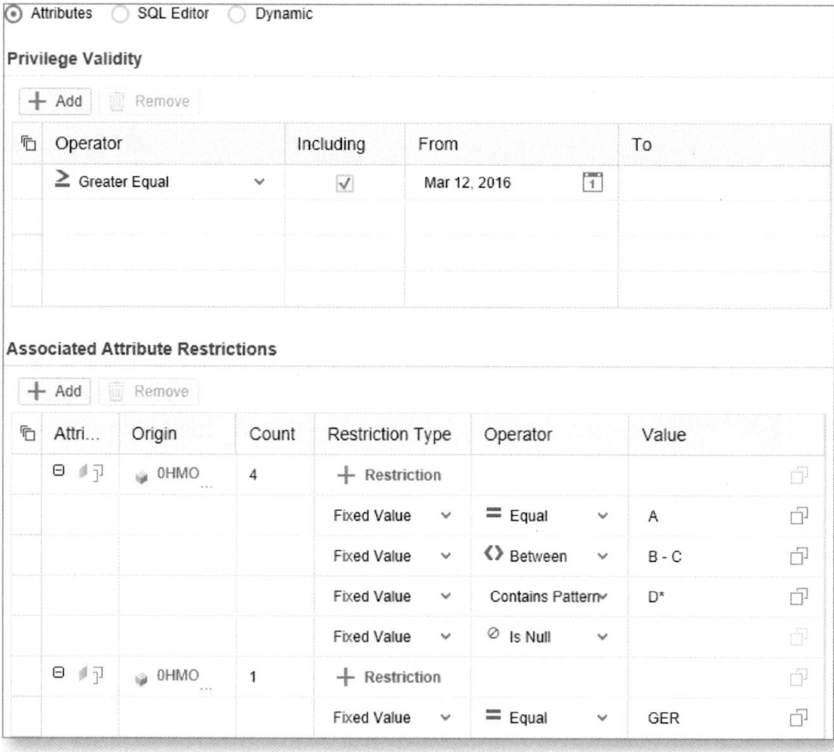

Abbildung 2.22: Formbasierte Filterdefinition

4. In der Sektion PRIVILEGE VALIDITY legen wir die Gültigkeitsdauer des Privilegs fest. Auch hier finden Sie die Buttons ADD und REMOVE, über die Sie weitere Einträge in der Gültigkeitstabelle hinzufügen oder entfernen können. Folgende Operatoren stehen zur Auswahl:

   - **Between** – gültig im gewählten Intervall. Dabei ist sowohl der im Feld FROM als auch der im Feld TO angegebene Wert inklusive,
   - **Equal** – gültig für den im Feld FROM gewählten Tag,
   - **Greater Equal** – gültig ab dem im Feld FROM gewählten Tag,
   - **Greater Than** – gültig ab dem ersten nach dem im Feld FROM gewählten Tag,
   - **Less Equal** – gültig bis zum im Feld FROM gewählten Tag,
   - **Less Than** – gültig bis zum letzten vor dem im Feld FROM gewählten Tag.

Über das Abwählen der Einstellung INCLUDING können wir für einen Eintrag ganz gezielt die entsprechende Gültigkeit negieren. Dies ist ein wichtiger Unterschied zum BW, da wir dort keine negierten Filterbedingungen bei der Modellierung von Analyseberechtigungen vergeben können!

Uneingeschränkte Gültigkeitsdauer

Soll das analytische Privileg uneingeschränkt gültig sein, so lassen Sie die Sektion PRIVILEGE VALIDITY einfach leer. Dies entspricht bei der Pflege der Analyseberechtigungen im BW dem Feld **0TCTVALID**. Dies ist in beiden Welten auch die Default-Einstellung.

In der Sektion ASSOCIATED ATTRIBUTES RESTRICTIONS definieren wir die Attribute der gewählten View, welche als Einschränkungskriterien bei der Datenabfrage herangezogen werden sollen.

Privileg ohne Filterwerte

Die Pflege von Filterwerten ist nicht zwingend notwendig. Wenn Sie z. B. dem Benutzer Vollzugriff gewähren wollen, können Sie den Bereich Associated Attributes Restrictions auch einfach leer lassen. Es wird dann bei der Aktivierung des Privilegs ein technischer Dummy-Filter (WHERE 1 = 1) generiert.

Achtung: Dieser Filter kann ggf. zu Problemen bei gestackten Szenarien führen. Wollen Sie auf Nummer Sicher gehen, so prägen Sie mindestens ein Merkmal explizit mit Vollzugriff aus. Dies kann auch ein Dummy-Merkmal sein, das Sie der zu schützenden View über ein kalkuliertes Attribut mit dem festen Formel-Wert »1« (Rückgabewert des Feldes ist 1) hinzufügen und dann im Privileg mit dem Wert »1« berechtigen. Im Abschnitt 3.3.2 (»Feld SQL AP mit Subselect«) gehen wir noch genauer darauf ein.

Neben der Spalte Attribute, die den Namen eines Attributs aus der gewählten View enthält, gibt es die Spalte Origin mit dem Namen der zugehören View. Dieses Feld besitzt lediglich informatorischen Charakter; wichtig ist allein der Feldname. Sprich: Wollen wir mit einem Privileg mehrere Views auf demselben Feld berechtigen, so müssen wir im Privileg dieses Feld auch nur einmal einschränken. Im Feld Origin steht dann zwar der Name der View, aus deren Feldvorrat wir das Feld per Wertehlife gewählt haben. Der bei der Aktivierung des Privilegs generierte Filter enthält aber nie den Viewnamen. Die im Filter verwendeten Felder sind daher nicht an eine bestimmte View gebunden.

Neben der Spalte Origin sehen wir einen Zähler (Count), der die Anzahl der definierten Restriktionen anzeigt. Restriktionen können wir über Einträge in den drei weiteren Spalten Restriction Type, Operator und Value definieren. Haben wir ein neues Attribut hinzugefügt, können wir darauf per Klick auf + Restriction eine weitere Einschränkung bzw. einen Filter definieren. In der neu erstellten Zeile können wir den Operator und Filterwert festlegen.

Als Restriktionstyp steht lediglich **Fixed Value** zur Auswahl. Als Operatoren sind analog zu den Operatoren in der Sektion PRIVILEGE VALIDITY außerdem die folgenden Operatoren verfügbar:

- **(NOT) CONTAINS PATTERN**: Im Filterwert können Maskenzeichen verwendet werden, die als Platzhalter für eine Zeichenkette (%) oder ein einzelnes Zeichen (_) stehen. Im Gegensatz dazu darf der zu vergleichende Text im Fall von **NOT CONTAINS PATTERN** den genannten Filterwert **nicht** enthalten.
- **IS (NOT) NULL**: Der Wert ist NULL bzw. nicht NULL.
- **NOT EQUAL**: Analog zum Operator **EQUAL**, jedoch invertiert.

Die [F4]-Hilfe in der Spalte VALUE zeigt uns eine Liste aller in der entsprechenden View für das gewählte Attribut vorhandenen Einzelwerte an. Hier haben wir leider keine Möglichkeit, einen Filtereintrag explizit als exkludiert zu markieren, indem wir wie zuvor bei der Definition der Gültigkeit des Privilegs die Einstellung INCLUDING deaktivieren. Lediglich für die Operatoren **EQUAL** und **CONTAINS PATTERN** können wir über die Wahl des entsprechenden **NOT**-Operators einen Ausschluss der definierten Filterwerte erzwingen.

Weitere Restriktionstypen für klassische Privilegien

Für klassische Privilegien können wir zusätzlich zwischen den Typen »Catalog Procedure« oder »Repository Procedure« wählen. Durch das Hinterlegen einer Prozedur können wir auch klassische in dynamische Privilegien umwandeln und die eigentlichen Filterwerte erst zur Laufzeit liefern. Jedoch müssen wir darauf achten, dass wir je nach gewähltem Operator die Schnittstelle der hinterlegten Prozedur korrekt definieren. Für alle skalaren Operatoren wie Equal, Less/Greater Than, Less/Greater Equal müssen wir eine Prozedur mit skalarem Rückgabewert definieren. Für IN-Listen definieren wir eine einspaltige Tabelle und für Between-Operatoren eine Prozedur mit genau zwei skalaren Output-Parametern.

Ist das Privileg gesichert und aktiv, können wir uns die Laufzeitdefinition des Privilegs in der Systemview STRUCTURED_PRIVILEGES (PUBLIC) ansehen. Eine Abfrage dieser View liefert uns, wie in Abbildung 2.23 zu sehen ist, Informationen zu den durch das Privileg geschützten Views ❶, der Art des Filters (**Attribute**, **SQL** oder **Dynamic**) und dem definierten Filter ❷. Verwenden wir die Option **Dynamic**, finden wir in ❷ den Namen der Stored Procedure. Bei Verwendung der Optionen **Attribute** oder **SQL** finden wir dort entweder den auf Basis der vergebenen Restriktionen generierten oder den selbst geschriebenen Filterstring. Im Privileg aus dieser Abbildung wurden keine Restriktionen definiert, daher wurde als Filterstring der Wert »1 = 1« hinterlegt.

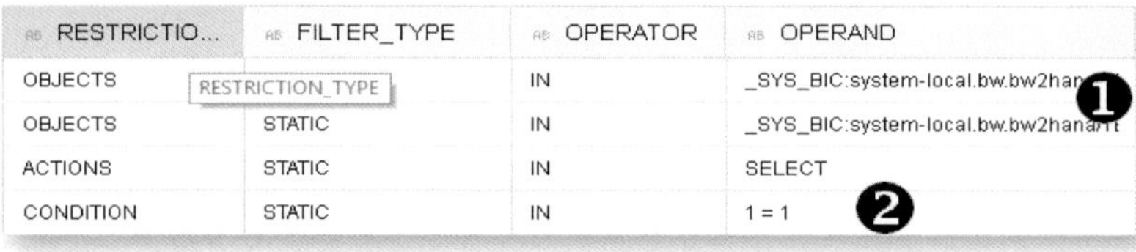

RESTRICTIO...	FILTER_TYPE	OPERATOR	OPERAND
OBJECTS	RESTRICTION_TYPE	IN	_SYS_BIC:system-local.bw.bw2ha ❶
OBJECTS	STATIC	IN	_SYS_BIC:system-local.bw.bw2hana
ACTIONS	STATIC	IN	SELECT
CONDITION	STATIC	IN	1 = 1 ❷

Abbildung 2.23: Laufzeitinformationen eines analytischen Privileges in der Systemview STRUCTURED_PRIVILEGES

In Kapitel 4 des Bonusmaterials, am Ende des Beispiels »Eine Prozedur zum Generieren von analytischen Privilegien« (Schritt 12), finden Sie eine detaillierte Erklärung der Systemview STRUCTURED_PRIVILEGES. Auf die weiteren Optionen **SQL Editor** und **Dynamic** gehen wir erst in Abschnitt 2.2.4 genauer ein, da sie für den nächsten Abschnitt nicht relevant sind.

2.2.3 Privilegiendefinition entsprechend der Berechtigungsart

In Abschnitt 2.2.2 haben wir uns bereits ausführlich mit dem Aufbau des Editors zur Erstellung und Verwaltung analytischer Privilegien beschäftigt und kennen nun dessen verschiedene Bereiche und Einstellungen. Analog zum BW-Teil dieses Buches, wollen wir uns jetzt anschauen, wie wir die einzelnen in Abschnitt 2.2.1 genannten Arten analytischer Privilegien erzeugen können. Für eine bessere Vergleichbarkeit mit der Erstellung von Datenberechtigungen im BW haben wir die folgenden Abschnitte dem ersten Teil des Buches entsprechend strukturiert.

Flache Berechtigungen

Genau wie im BW, stellt in HANA eine flache Ausprägung die einfachste Form eines analytischen Privilegs dar.

2-8: Eine flache Berechtigung anlegen

Analog zum ersten Teil des Buches sollen Sie nun ein analytisches Privileg YEPM_PC anlegen, welches dem Test-User USER_01_HANA Zugriff auf die von uns generierte HANA-View des CompositeProviders YEPM_CP_SO gewährt und einen Filter auf dem Merkmal 0EPM_PRCAT für den Wert »PCs« definiert. Legen Sie außerdem eine Rolle YEPM_DATA_PCS an, die das analytische Privileg enthält, und weisen Sie die Rolle dem Test-User zu. Führen Sie dann die Query YEPM_CP_SO_Q001 aus. Das Ergebnis sehen Sie in Abbildung 2.24: Die gefilterten Daten enthalten wie erwartet lediglich Informationen zu den Verkäufen der Produktkategorie »PCs«.

Product Category (EPM Demo)	Country	Gross Order Amount (EPM Demo)	Net Order Amount (EPM Demo)	Order Quantity (EPM Demo)
		EUR	EUR	EA
PCs	Brazil	2.512.232,80		880,00
	Canada	2.512.232,80		880,00
	Germany	10.048.931,20	9.596,00	3.524,00
	Spain	2.517.942,42		882,00
	France	2.517.942,42		882,00
	Great Britain	2.512.232,80		880,00
	United States	2.512.232,80		880,00
	Result	**25.133.747**	**9.596**	**8.808**
Total Result		**25.133.747**	**9.596**	**8.808**

Abbildung 2.24: Ausführung der Query YEPM_CP_SO_Q001

2-9: Ein analytisches Privileg für den Vollzugriff auf die View YEPM_CP_SO anlegen

Für die weiteren Übungen benötigen Sie teilweise Vollzugriff auf die View YEPM_CP_SO. Dafür legen Sie in Ihrem Entwicklungspaket ein neues analytisches Privileg von Typ **SQL** mit dem Namen YEPM_CP_SO_FULL analog zum zuvor angelegten Privileg YEPM_PC an, vergeben aber keine Restriktion in der Sektion Associated Attribute Restrictions (entspricht Vollzugriff [oder »*« im BW] auf die View), sondern führen lediglich die View YEPM_CP_SO in der Sektion Secured Models auf. Zusätzlich erzeugen Sie eine neue Rolle YEPM_CP_SO_FULL und weisen dieser die Rolle YEPM_CP_SO für den SELECT-Zugriff auf die View und das analytische Privileg YEPM_CP_SO_FULL zu.

Hierarchieberechtigungen

Die UI-getriebene Modellierung von nativen Hierarchieberechtigungen in HANA wird ab der Version SPS 11 im HANA Studio unterstützt. In HANA 1.0 gibt es auf Basis der Web IDE leider keine Modellierungsmöglichkeiten für Hierarchieprivilegien. Die UI-unterstützte Modellierung von Hierarchieberechtigungen mithilfe der Web IDE steht uns erst mit HANA 2 zur Verfügung. Daher greifen wir für dieses Szenario ausnahmsweise auf das HANA Studio zurück.

Als Basis für ein analytisches Privileg mit Hierarchieberechtigungen benötigen wir eine View, die mindestens eine Hierarchie enthält. Die Modellierung der View inklusive Hierarchien ersparen wir uns, indem wir, basierend auf dem CompositeProvider YEPM_CP_SO, eine neue Query anlegen, für welche wir eine externe HANA-View mit Hierarchien generieren lassen.

Modellierung von Hierarchie-Views in SAP HANA

Für die Modellierung von Hierarchieberechtigungen in analytischen Privilegien in HANA benötigen wir als Grundlage eine View, welche mindestens eine Hierarchie enthält. Auf die Modellierung dieser Views und Hierarchien möchten wir an dieser Stelle nicht näher eingehen, sondern empfehlen Ihnen einen Blick in den SAP HANA Modeling Guide unter den Suchbegriffen »Create Hierarchie Levels« und »Create Parent-Child Hierarchies«.

2-10: Query mit externer HANA-View inklusive Hierarchien anlegen

Legen Sie eine neue Query als Kopie der Query YEPM_CP_SO_Q001 an. Auf dem Reiter GENERAL setzen Sie einen Haken bei der Einstellung EXTERNAL SAP HANA-VIEW. Auf dem Reiter FILTER entfernen Sie in der Sektion FILTER: DEFAULT VALUES alle Eingaben. Auf dem Reiter SHEET DEFINITION fügen Sie in der Sektion COLUMNS alle verfügbaren Kennzahlen hinzu. In der Sektion ROWS wählen Sie die beiden Merkmale 0EPM_BP__0EPM_CNTRY und 0EPM_PRCAT aus. Sichern Sie die Query.

Die Modellierung analytischer Privilegien mit Hierarchien ist analog zur Modellierung analytischer Privilegien, wie Sie sie bereits kennengelernt haben. Nachdem wir ein neues Privileg angelegt und die zu schützende View im Bereich SECURED MODELS eingetragen haben (in Abbildung 2.25 nicht zu sehen), definieren wir wie gewohnt und je nach gewähltem Typ (ATTRIBUTES, SQL EDITOR oder DYNAMIC) die Filterbedingungen. Haben wir den Typ ATTRIBUTES gewählt, definieren wir in der Sektion ASSOCIATED ATTRIBUTES RESTRICTIONS (Abbildung 2.25, ❶) die Attribute, auf denen ein (Hierarchie-)Filter angelegt werden soll.

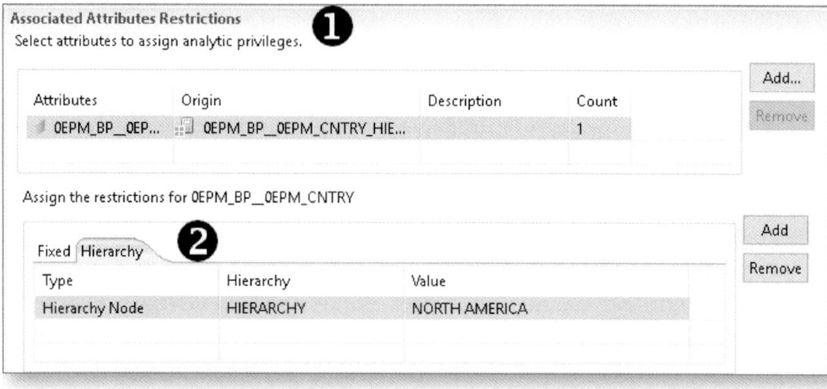

Abbildung 2.25: Hierarchiefilter im analytischen Privileg

Im Bereich ❷ können wir entweder fixe Werte (FIXED) oder einen Hierarchiefilter (HIERARCHY) hinterlegen, wenn die zu schützende View Hierarchien enthält. Analog zur Definition von fixen Filterwerten, fügen wir über den Button ADD einen neuen Filter hinzu. Der Typ (TYPE) hat dabei immer den Wert **Hierarchy Node**. Im Feld HIERARCHY wählen wir eine in der View enthaltene Hierarchie aus. Im Feld VALUE können wir per Hand oder mithilfe der [F4]-Hilfe einen Knoten der Hierarchie wählen. Natürlich können wir auch fixe Werte und Filter auf Hierarchien kombinieren.

Hierarchiefilter können wir auch mit den Typen SQL EDITOR und DYNAMIC definieren. In Abbildung 2.26 sehen Sie ein Beispiel anhand des Typs SQL EDITOR.

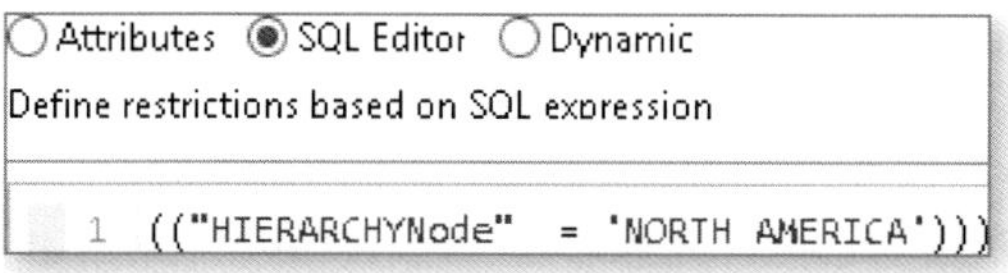

Abbildung 2.26: Hierachiefilter mit Typ SQL Editor

In beiden Abbildungen haben wir als Filter den Hierarchieknoten **NORTH AMERICA** gewählt. Die Verwendung einer SQL-Script-Prozedur wäre ebenso möglich. Dabei müssen wir aber darauf achten, dass der generierte Filterstring sich an die in Abbildung 2.26 gezeigte Syntax hält, bei Filtern auf Hierarchieknoten also als Spaltenname **HIERARCHYNode** zurückliefert, damit es bei der Auswertung des analytischen Privilegs zur Query-Laufzeit nicht zu SQL-Fehlern oder Abbrüchen kommt. Auch die Prozedur bietet uns die Möglichkeit, fixe Filterwerte und Hierarchiefilter zu kombinieren.

2-11: Analytisches Privileg mit Hierarchiefilter anlegen

Legen Sie in Ihrem Entwicklungspaket ein neues analytisches Privileg YEPM_CP_SO_HIER an. Fügen Sie die generierte View der zuvor neu angelegten Query hinzu, und definieren Sie einen Hierarchiefilter. Legen Sie eine neue Rolle YEPM_DATA_HIER an. Weisen Sie dieser die Rollen REPORTING_USER und YEPM_CP_SO_F sowie das neu erzeugte analytische Privileg zu. Weisen Sie die Rolle einem neu angelegten Test-User USER_02_HANA zu, und führen Sie danach die Query aus.

Berechtigungen auf Kennzahlen

Die Möglichkeit, in einem analytischen Privileg die für einen User sichtbaren Kennzahlen analog zum BW mithilfe des Spezialmerkmals 0TCAKYFNM einzuschränken, gibt es in HANA nicht. Analytische Privilegien können lediglich der Filterung von Daten einer View dienen, nicht aber der Anpassung der Ausgabestruktur des Ergebnisses, etwa über das Entfernen von Spalten. Allerdings können wir uns mit einem gestackten Reportingszenario behelfen, indem wir eine neue View als Projektion auf der bereits verwendeten View YEPM_CP_SO erstellen, welche nur die Kennzahlen enthält, die wir unserem User zur Verfügung stellen möchten.

2-12: Kennzahlberechtigung anlegen

Sie sehen: Ganz ohne die Modellierung einer eigenen View kommen wir also doch nicht aus. Analog zu Berechtigungen auf Kennzahlen im Abschnitt 1.2.3 und Übung 1-7, betrachten Sie in dieser Übungsaufgabe, wie es sich auswirkt, wenn Sie den User nur für die Kennzahl 0EPM_PQTY berechtigen. Dazu legen Sie im Entwicklungspaket eine neue Calculation View vom Typ **STANDARD** und die DATA CATEGORY **CUBE** an. Anschließend fügen Sie die generierte externe View des CompositeProviders 0EPM_CP_SO als DataSource hinzu, pflegen das Mapping und entfernen alle Kennzahlen außer 0EPM_PQTY. Der Wert der Option APPLY PRIVILEGES muss auf **<blank>** (die Filterung der Daten erfolgt auf dem Level der externen generierten View) geändert werden. Dann erstellen Sie eine neue Rolle YEPM_DATA_QUANTITY, weisen dieser das Objektprivileg SELECT auf die View und diese Rolle wiederum dem User USER_03_HANA zu. Zum Schluss führen Sie eine Query auf der View aus (siehe Beispiel in Abbildung 2.27). Im Ergebnis sehen Sie, dass nur die Daten für die von Ihnen ausgewählte Kennzahl 0EPM_PQTY angezeigt werden.

0EPM_PRCAT	0EPM_BP__0EPM_CNTRY___T	0EPM_PQTY
Computer System Accessories	Austria	880,00
	Result	**880**
Total Result		**880**

Abbildung 2.27: Workaround für Kennzahlfilter

Aggregationsberechtigungen

Aggregationsberechtigungen, wie wir sie aus dem BW kennen, gibt es in HANA nicht. Wir haben keine Möglichkeit, ein analytisches Privileg mit der Option zu definieren, für ein bestimmtes Attribut einer View festzulegen, dass dessen Werte nur aggregiert, nicht aber pro Einzelwert angezeigt werden dürfen. Beim Versuch, eine Aggregationsberechtigung nach HANA zu übertragen, müssen wir unterscheiden zwischen einer reinen Aggregationsberechtigung und einer Kombination aus Einschränkungen durch konkrete Filterwerte oder Patterns in Kombination mit einer Aggregationsberechtigung auf demselben Merkmal. Der erste Anwendungsfall stellt sich für uns als einfach zu lösendes Problem dar. Eine reine Aggregationsbeschränkung können wir in HANA analog zu Berechtigungen auf Kennzahlen abbilden, indem wir die entsprechenden Attribute **nicht** in die Top-Level-View aufnehmen.

2-13: Aggregationsberechtigung anlegen

Legen Sie analog zum vorherigen Beispiel eine neue Calculation View YEPM_CP_SO_AGGR und eine Rolle YEPM_CP_SO_AGGREGATION an. Entfernen Sie in der View die Attribute 0EPM_BP__0EPM _CNTRY und 0EPM_BP__0EPM_CNTRY___T. Weisen Sie die Rolle und die Rolle YEPM_CP_SO_FULL dem neu angelegten User USER_04_HANA zu. Führen Sie danach eine Query auf der View aus (siehe Beispiel in Abbildung 2.28). Im Unterschied zur Aggregationsberechtigung, wie wir sie aus dem BW kennen, werden Ihnen die Merkmale, welche Sie zuvor aus der View entfernt haben, natürlich nicht mehr angezeigt. Die Daten für die Produktkategorie sind aber über alle Länder aggregiert.

0EPM_PRCAT	0EPM_GAMT	0EPM_NAMT	0EPM_PQTY
Computer System Accessories	264.997,78	121,90	48.444
Total Result	264.998	122	48.444

Abbildung 2.28: Workaround für Aggregationsfilter

Die allgemein übliche Anwendung der Aggregationsberechtigung, wie sie im Abschnitt 1.2.3 beschrieben wird, können wir in HANA leider nicht in einer Calculation View abbilden. Wir haben keine Möglichkeit, zur Auswertungszeit des Privilegs zu erkennen, ob die Abfrage das Merkmal enthält, also entsprechend der definierten Aggregationsberechtigung gefiltert werden soll. Der einzige Workaround bestünde in der Modellierung zweier getrennter Views. Die erste View würde dabei für die aggregierten Werte aller Länder genutzt, die zweite für die Anzeige der Daten der spezifischen Berechtigungsausprägungen.

2.2.4 Varianten bei der Anlage analytischer Privilegien

In HANA haben wir nach wie vor verschiedene Möglichkeiten, analytische Privilegien zu erzeugen.

Manuelles Erstellen

Genau wie im BW, können wir auch in HANA analytische Privilegien manuell erstellen. Dies entspricht unserem Vorgehen in Abschnitt 2.2.2 und der Option »Attributes« bei der Anlage der Privilegien mit denselben Vor- und Nachteilen. Wir profitieren wiederum von der Einfachheit des technischen Prozesses und können leicht nachvollziehen, wie die Privilegien aufgebaut sind. Allerdings wäre der Aufwand für diesen Weg des Anlegens und Verwaltens bei sehr vielen Privilegien doch erheblich.

Variablen-Ansatz

Bei der Erstellung eines analytischen Privilegs können wir außer der Option **Attributes** auch die Optionen **SQL Editor** oder **Dynamic** wählen. Diese bieten uns die Möglichkeit, ähnlich wie im BW, ein Privileg mit einer Art Customer-Exit anzulegen. Im Gegensatz zu den bereits bekannten statischen Privilegien erzeugen wir damit ein *dynamisches Privileg*, das die zugelassenen Filterwerte dynamisch zur Laufzeit ausliest. Natürlich müssen diese Werte auch in HANA an einer bestimmten Stelle fest hinterlegt sein, um ein einfaches Szenario – bestehend aus einer Rolle und einem analytischen Privileg – erstellen zu können, das zur Laufzeit die Berechtigungswerte User-abhängig aus einer definierten Quelle liest.

Die Option **SQL Editor** (siehe Abbildung 2.29) eignet sich v. a. für einfache Szenarien, bei denen die jeweiligen Berechtigungsausprägungen für die zur Designzeit des analytischen Privilegs festgelegten View-Attribute zur Laufzeit dynamisch nachgelesen werden. Die konkreten Filterwerte können wir aber entweder fest im Code definieren oder erst zur Laufzeit durch entsprechende SELECT-Statements bestimmen.

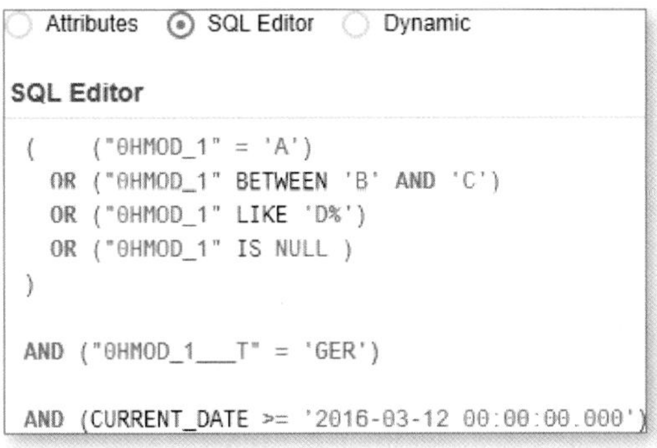

Abbildung 2.29: Filterdefinition im SQL Editor

Da diese Option auf SQL-Code basiert, steht uns hier die gesamte Mächtigkeit von SQL zur Verfügung. Außerdem können wir den Filter userspezifisch definieren, da wir im SQL-Code auch Variablen wie SESSION_USER verwenden können. Diese Variable enthält immer den aktuell angemeldeten Anwender. Die Gültigkeit des Privilegs können wir über die Variable CURRENT_DATE definieren, die sich allerdings nicht auf ein Feld in der geschützten View bezieht; die View muss also kein entsprechendes Feld enthalten. Damit modellieren wir ein analytisches Privileg, welches man mit BW-Termini als »Analyseberechtigung mit Userexit« bezeichnen würde (vgl. Abschnitt 1.2.4), siehe Abbildung 2.30.

○ Attributes ⦿ SQL Editor ○ Dynamic

SQL Editor

```
    ("0HMOD_1" IN (SELECT "VALUE" FROM "TABLE" WHERE
                        "PROVIDER" = '0HMOD'
                    AND "PATTERN"  = 'IN'
                    AND "USER"     = SESSION_USER))

OR  ("HMOD_1" LIKE (SELECT SINGLE "VALUE" FROM "TABLE WHERE
                        "PROVIDER" = '0HMOD'
                    AND "PATTERN"  = 'CP'
                    AND "USER"     = 'SESSION_USER))

OR  ("HMOD_1" BETWEEN   (SELECT SINGLE "VALUE" FROM "TABLE" WHERE
                            "PROVIDER" = 'HMOD'
                        AND "PATTERN"  = 'BT'
                        AND "POSIT"    = 1
                        AND "USER"     = SESSION_USER)
                    AND (SELECT SINGLE "VALUE" FROM "TABLE" WHERE
                            "PROVIDER" = 'HMOD'
                        AND "PATTERN"  = 'BT'
                        AND "POSIT"    = 2
                        AND "USER"     = SESSION_USER))

OR ("HMOD_1" IS NULL)
```

Abbildung 2.30: User-Exit-ähnliches analytisches Privileg

Wählen Sie ein Schema ungleich dem Systemschema ...

... bei der Anlage der Tabelle, so müssen Sie das Privileg SELECT auf dieses Schema (oder das Privileg SELECT auf die Tabelle selbst) noch allen Anwendern zuweisen, deren Privilegien aus der Tabelle gefüllt werden sollen. Ansonsten erhalten die Benutzer einen Berechtigungsfehler.

Für komplexere Logiken empfiehlt sich die Option **Dynamic** (siehe Abschnitt 2.2.2), bei der wir nicht nur die Ausprägungen zur Laufzeit bestimmen, sondern auch die Attribute der View, welche für die Filterung der Daten herangezogen werden sollen. Das bietet uns sämtliche Freiheiten bei der Erzeugung des Filters, da wir hier eine beliebige Datenbankprozedur hinterlegen können. Entsprechend des gewählten Typs (**Repository Procedure** oder **Catalog Procedure**) können wir eine vorhandene Prozedur wählen (Abbildung 2.31).

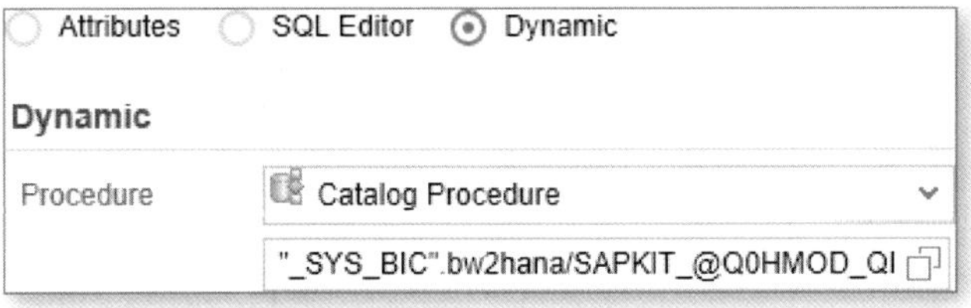

Abbildung 2.31: Auswahl einer Datenbankprozedur als Filterkriterium

Option »Dynamic« im Kontext von MDC-Szenarien

Aktuell bieten Multitenant-Database-Container-Szenarien auf der Remote-Seite **keine** Unterstützung für die Ausführung von Stored Procedures. Dies bedeutet, dass sich hier keine analytischen Privlegien ausführen lassen, die mit der Option **Dynamic** angelegt wurden. Auf diese Problematik gehen wir nochmal genauer im Abschnitt 3.3.2 – »Feld SQL AP mit Subselect« ein.

Innerhalb der Prozedur können wir uneingeschränkt alle Möglichkeiten nutzen, die uns SQL Script bietet; z. B. eine Fallunterscheidung per `IF-ELSE-THEN`-Statement in die Berechnung des Filters einbauen. Lediglich die Schnittstelle der Prozedur ist fest definiert. Diese darf keine Input-Parameter besitzen und muss einen skalaren Output-Parameter vom Typ NVARCHAR zur Verfügung stellen, über den der Filterstring an das Privileg übergeben werden kann.

Dynamische Filter über Systemgrenzen hinaus erzeugen

Mithilfe einer dynamisch spezifizierten Filterbedingung bei Nutzung einer Repository- oder Katalogprozedur können wir die Restriktionskriterien auch über die Grenzen unseres HANA-Systems hinweg bestimmen, ohne dass wir uns in die Web IDE oder HANA Studio einloggen und das analytische Privileg oder die genutzte Prozedur anpassen müssen. Wir können z. B. ein BW-eigenes DataStore-Objekt nutzen, welches die Restriktionskriterien pro Benutzer für bestimmte Attribute enthält. Das DataStore-Objekt kann über die Standard-BW-Prozesse beladen werden, was es uns erlaubt, die Restriktionskriterien basierend auf Verkaufsdaten Ihrer Quellsysteme festzulegen.

Tabelle 2.2 stellt die drei Arten analytischer Privilegien noch einmal nach Eigenschaften aufgeschlüsselt gegenüber:

	Attribute	SQL Editor	Dynamic
Typ	statisch	statisch	dynamisch
Filterart	statisch	dynamisch	dynamisch
Gültigkeit	ja	nein	nein
Userspezifisch	nein	ja	ja
Auswertung	Designzeit	Laufzeit	Laufzeit
Prüfung	Designzeit	Design-/ Laufzeit	Laufzeit
Modellierung	formbasiert (Editor)	SQL Code (Editor)	Prozedur
Fehlermeldung »not authorized«	ja	nein	ja

Tabelle 2.2: Gegenüberstellung verschiedener Privilegienoptionen

Besondere Beachtung sollten wir dem Eintrag »Fehlermeldung« schenken. Es ist wichtig zu verstehen, dass die Option »SQL Editor« keine Fehlermeldung an der Oberfläche erzeugt, sondern dadurch lediglich ein leeres Ergebnis dargestellt wird. Der Benutzer weiß also nicht, ob er nicht berechtigt ist oder die im Modell enthaltenen Daten nicht dem definierten Filter entsprechen. Anders verhalten sich die Optionen »Attribute« und »Dynamic«, die eine konkrete Fehlermeldung auf der Oberfläche oder in der Konsole hinterlassen.

Überprüfen Sie die Signatur der Repositoryprozedur!

Weder über die F4-Hilfe noch während der Aktivierung des analytischen Privilegs wird geprüft, ob die Definition der Prozedur hinsichtlich der IMPORTING- und EXPORTING-Parameter zur Definition des analytischen Privilegs korrekt ist. Sie müssen daher selbst sicherstellen, dass die verwendete Prozedur ein Ergebnis passend zum gewählten Operator liefert. Andernfalls können Sie nicht auf die entsprechende View zugreifen. Die Queryausführung bricht mit der in Abbildung 2.32 gezeigten Fehlermeldung ab. Abschnitt 2.2.7 gibt einen Überblick über Möglichkeiten zur Fehleranalyse.

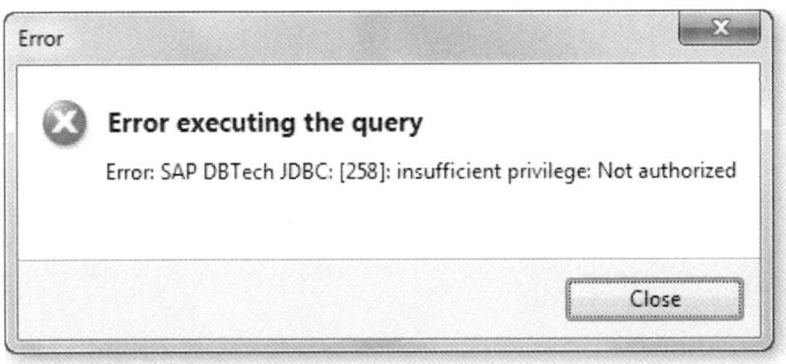

Abbildung 2.32: Nicht autorisierter Zugriff auf eine HANA-View

Laufzeit dynamischer Privilegien

Nutzen Sie eine Repository- oder Katalogprozedur innerhalb eines analytischen Privilegs, so wird bei jedem Zugriff auf die Daten die Prozedur des zugrunde liegenden Informationsmodells ausgewertet. Das bedeutet, dass sich die Laufzeit der Query entsprechend um die Laufzeit der Prozedur verlängert! Verwenden Sie in Ihrem Szenario außerdem gestackte Views mit Berechtigungsprüfungen durch dynamische analytische Privilegien, so achten Sie darauf, dass Sie im Idealfall die Berechtigungsprüfung nur auf der obersten View durchführen. Somit müssen Sie die verwendete Prozedur nur einmal auswerten. Ansonsten verlängert jede Berechtigungsprüfung auf tieferen Ebenen in Ihrem gestackten Modell die Gesamtquerylaufzeit.

Be Analytisches Privileg mit der Option »SQL« anlegen

Für den Benutzer USER_05_HANA erzeugen wir ein SQL-Privileg mit Berechtigung auf die Produktkategorie »Servers«. Dazu legen wir zunächst eine Datenbanktabelle per SQL an.

```
CREATE COLUMN TABLE
"<Systemschema>"."AUTHORIZATION_VALUES" (
    "USERNAME" NVARCHAR(255) DEFAULT '' NOT NULL,
    "ATTRIBUTE" NVARCHAR(255) DEFAULT '' NOT NULL,
    "LOW" NVARCHAR(255) DEFAULT '' NOT NULL,

    PRIMARY KEY INVERTED VALUE (
        "USERNAME",
        "ATTRIBUTE",
        "LOW"));
```

Listing 2.6: Anlegen der Mappingtabelle

Die Tabelle füllen wir ebenfalls per SQL mit Berechtigungswerten.

```
INSERT INTO "<Systemschema>"."AUTHORIZATION_VALUES"
VALUES ('USER_05_HANA', 'OEPM_PRCAT', 'Keyboards');
INSERT INTO "<Systemschema>"."AUTHORIZATION_VALUES"
VALUES ('USER_06_HANA', 'OEPM_PRCAT', 'Servers');
```

Listing 2.7: Füllen der Mappingtabelle

Dann legen wir das eigentliche SQL-analytische Privileg an und hinterlegen im SQL-Editor den in Listing 2.8 gezeigten SQL-Code:

```
"OEPM_PRCAT" IN (SELECT
        "LOW"
    FROM "<Systemschema>"."AUTHORIZATION_VALUES"
    WHERE "USERNAME" = SESSION_USER
    AND "ATTRIBUTE" = 'OEPM_PRCAT')
```

Listing 2.8: SELECT Statement für die Option »SQL-Editor«

Haben wir die Berechtigung korrekt angelegt, so erhalten wir das gewünschte Ergebnis wie in Abbildung 2.33.

		Gross Order Amount (EPM Demo)	Net Order Amount (EPM Demo)	Order Quantity (EPM Demo)
Product Category (EPM Demo)	**Country**	EUR	EUR	EA
Keyboards	Argentinia	60.737,60		1.760,00
	Canada	91.106,40		2.640,00
	Germany	212.581,60	174,00	6.166,00
	Espana	91.313,46		2.646,00
	France	30.437,82		882,00
	United States	121.475,20	58,00	3.522,00
	Result	**607.652**	**232**	**17.616**
Total Result		**607.652**	**232**	**17.616**

Abbildung 2.33: Ausführung der Query YEPM_CP_SO_001 für den Anwender USER_05_HANA

2-14: Analytisches Privileg mit der Option »Dynamic« anlegen

Erstellen Sie dasselbe Beispiel nun mithilfe einer Datenbankprozedur YEPM_CE_02_PROC.

Auslesen des angewendeten Filters bei Queryausführung

Der während einer Queryausführung effektiv angewendete Filterstring lässt sich nicht immer so leicht nachvollziehen; gerade dann nicht, wenn es sich um analytische Privilegien mit Subselects (Option »SQL Editor«) oder Prozeduren (Option »Dynamic«) handelt. Abhilfe schafft hier ein Blick in die View EFFECTIVE_STRUCTURED_PRIVILEGES (PUBLIC), welche uns neben der Information, ob ein User für den Zugriff auf eine View berechtigt ist, die Möglichkeit bietet, den Filter pro analytischem Privileg und den daraus effektiv angewendeten Filter auszulesen (siehe Listing 2.9). Diese View werden wir uns noch genauer in Abschnitt 2.2.7 anschauen.

```
(("0EPM_BP__0EPM_CNTRY" = 'US') AND ("0EPM_PRCAT" LIKE
'M%' OR ("0EPM_PRCAT" >= 'Scanners' AND "0EPM_PRCAT" <=
'Speakers')))
```

Listing 2.9: Effektiver Filter zur Ausführung der Query YEPM_CP_SO_001 für Anwender USER_07_HANA, erhalten von der View EFFECTIVE_STRUCTURED_PRIVILEGES

Weitere Beispiele für die Optionen »SQL Editor« und »Dynamic«

zB

Im Kapitel 4 des Bonusmaterials finden Sie weitere, komplexere Beispiele für die Optionen »SQL Editor« und »Dynamic«, z. B. für multidimensionale analytische Privilegien.

Analog zum BW lassen sich die folgenden Vor- und Nachteile bei der Nutzung dynamischer Berechtigungswerte finden.

Vorteile:

- übersichtliche Anzahl von Rollen und analytischen Privilegien,
- Update der berechtigten Werte erfolgt über Update der definierten Quelle, d. h., die erzeugten Rollen und Privilegien müssen nicht aktualisiert werden,
- kein Transport der Änderungen notwendig, die neuen Berechtigungswerte sind sofort aktiv.

Nachteile:

- erhöhter Entwicklungsaufwand pro analytischem Privileg,
- effektiv berechtigte Werte je nach Komplexität der analytischen Privilegien schwer nachvollziehbar.

Automatisierte Generierung analytischer Privilegien

In HANA steht uns kein Tool zur Verfügung, welches uns analog zum BW anhand eines Template-DataStore-Objekts wie 0TCA_DS01 automatisiert analytische Privilegien generiert. Im Kapitel 4 des Bonusmaterials zu diesem Buch können Sie sich aber ansehen, wie sich eine entsprechende SQL-Prozedur schreiben lässt.

Verwendung der SAP-BW-DSO-Tabellen

Anstatt der HANA-nativen Tabelle PRIVILEGE_ CREATION können wir auch die aktiven Tabellen der entsprechenden DataStore-Objekte im BW wie 0TCA_DS01 wiederverwenden, um die analytischen Privilegien in HANA zu generieren. Dadurch haben wir z. B. die Möglichkeit, die im BW bekannten Ladeprozesse für das Laden der Metadaten der zu generierenden Privilegien in die DataStore-Objekte zu nutzen und zusätzlich Quellsysteme an das BW anzuschließen, aus denen wir die Daten laden können (vgl. Abschnitt 1.2.4 – »Automatisierte Generierung analytischer Privilegien«).

2.2.5 Zuweisung analytischer Privilegien

Direkte Zuweisung

In Abschnitt 2.1 haben Sie gelernt, dass es sowohl in der Rollen- als auch in der Benutzerpflege die Möglichkeit gibt, System-, Objekt- oder analytische Privilegien direkt an Benutzer zu vergeben. Wie wir aber wissen, sollten Privilegien nie direkt an Anwender vergeben werden, sondern immer in Rollen gekapselt sein. Für Tests oder andere Szenarien, bei denen man temporär auf die saubere Trennung verzichten kann, ist die Option der direkten Zuweisung aber durchaus valide.

Zuweisung über Rollen

Auch in HANA bildet die Zuweisung von Privilegien über Rollen das Standardverfahren ab. Neben einer besseren Übersicht und einfacheren Wartung lassen sich bestimmte Aufgabenarten wie Modellierung, Reporting oder Administration der Datenbank deutlich abgrenzen und die Anwenderkreise leicht und schnell erweitern oder einschränken.

Einem reinen Entwicklungsuser würden wir z. B. nur die Rolle **XS_Developer** zuweisen (Abbildung 2.34).

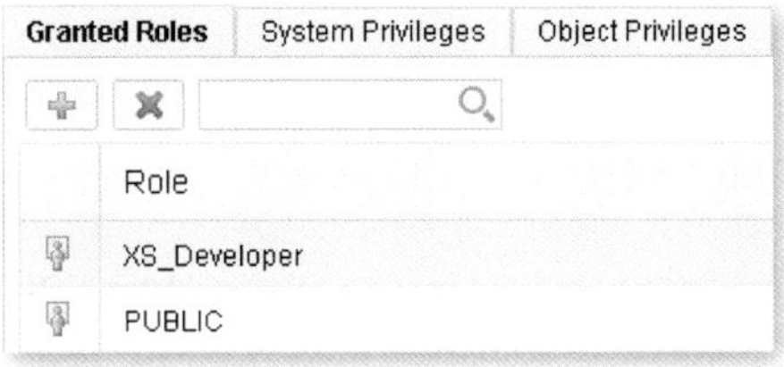

Abbildung 2.34: Zuweisung der Rolle XS_Developer an User

Die Rolle selbst wiederum enthält alle für die Arbeit als Entwickler notwendigen Privilegien (Abbildung 2.35).

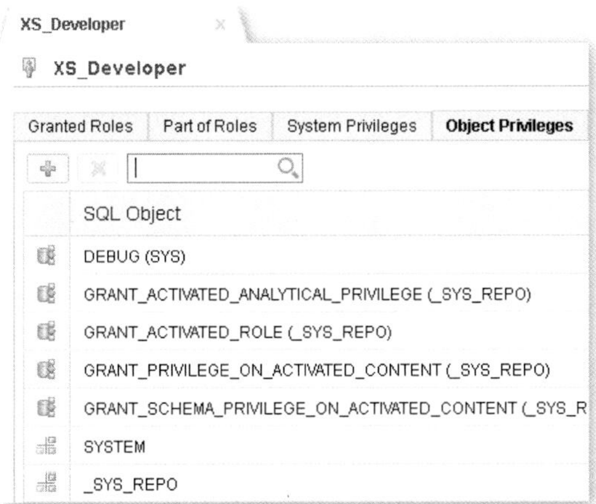

Abbildung 2.35: Privilegien der Rolle XS_Developer

Zur Erinnerung: Wie Sie in Abschnitt 2.1.3 (»Anlegen und Verwalten von Repository-Rollen«) bereits gelesen haben, benötigen wir für die Vergabe dieser Repository-Rollen die entsprechenden EXECUTE-Privilegien auf die GRANT-Prozeduren.

Automatisierte Zuweisung

Ein Tool, welches uns die Möglichkeit bietet, analog zum BW anhand des Template-DSOs 0TCA_DS04 existierende Privilegien automatisiert zu vergeben, gibt es in HANA nicht. Eine Datenbankprozedur, die ähnliches leistet, zeigen wir in Kapitel 4 des Bonusmaterials zum Buch.

2.2.6 Multidimensionale Analytische Privilegien

Wie in Abschnitt 2.2.1 erläutert, nutzt HANA keine explizite Berechtigungsprüfung auf analytische Privilegien, sondern filtert die Abfrage zusätzlich durch Anwendung einer entsprechenden WHERE-Klausel. Das bedeutet, dass alle in Abschnitt 1.2.6 beschriebenen Szenarien in HANA ohne Einschränkungen laufen, ohne dass Workarounds notwendig wären. Im Unterschied zu BW werden dem Anwender immer alle berechtigten Daten in einer gemeinsamen Ergebnisliste angezeigt. In unserer Übung 1-12 würde der Anwender USER_11 also die Daten für »Server« und »Nordamerika« in einer gemeinsamen Berichtsliste sehen, im BW müsste er sich immer für eine Sicht entscheiden.

Berechtigungsfehler in SAP HANA und SAP BW

Erinnern wir uns: Berechtigungsfehler in HANA haben stets technische Gründe und treten nie aufgrund falsch gewählter Selektionen oder falsch gesetzter Filter auf. Ein Anwender bekommt immer ein Ergebnis, unabhängig davon, ob die Selektion außerhalb der definierten Datenberechtigungen liegt (das Ergebnis ist dann natürlich leer), sich die Selektion mit den definierten Berechtigungen überschneidet (Teilergebnis) oder diese innerhalb der Berechtigungen liegt. Einen Berechtigungsfehler erhält der Anwender in HANA nur dann, wenn ihm Objekt- oder analytische Privilegien für den Zugriff auf die entsprechende View fehlen.

Im Vergleich dazu können im BW Berechtigungsfehler u. a. dann auftreten, wenn ein Anwender mit einer Selektion in eine Query einsteigt, die nicht von den definierten Berechtigungsobjekten abgedeckt wird. Dieses Wissen hilft uns, das unterschiedliche Verhalten von BW und HANA hinsichtlich der Berechtigungsfehler besser zu verstehen.

Tipp: Im Bonusmaterial zum Buch (Kapitel 4) finden Sie ein Beispiel für die Modellierung multidimensionaler analytischer Privilegien.

2.2.7 Fehlersuche bei Datenberechtigungen

Jeder Datenbankadministrator wird früher oder später mit der Frage konfrontiert, wieso ein Anwender keinen Zugriff auf eine HANA-View hat. Während analytische Privilegien im Rahmen einer aktivierten Prüfung auf eine HANA-View ausgewertet werden, können eine Reihe verschiedener Fehler auftreten, die dem Benutzer den Zugriff auf die Daten verwehren. Deren Ursachen sind nicht immer direkt aus der angezeigten Fehlermeldung ableitbar. Fehlermeldungen wie `SAP DBTech JDBC: [258]: insufficient privilege` oder `SAP DBTech JDBC: [258]: invalid filter condition` gehören wohl zu den prominentesten Beispielen. Dem Zugriffsfehlerteufel lässt sich aber mit ein paar Kniffen schnell beikommen. Zusätzlich zu den in Abschnitt 2.1.4 beschriebenen Möglichkeiten zur Fehleranalyse bei Standardberechtigungen bietet HANA einige detaillierte Traces zur Analyse der Prüfung von Datenberechtigungen. Die drei prominentesten Fehlerquellen und wie wir diese analysieren können, schauen wir uns in den folgenden Abschnitten genauer an.

Inkonsistente Objektprivilegien

Wie man Zugriffsprobleme hinsichtlich fehlender Objektprivilegien auf eine konkrete View analysiert (z. B. das SELECT-Privileg), haben Sie bereits in Abschnitt 2.1.4 gelernt. Der Vollständigkeit halber soll dieser Punkt hier noch einmal erwähnt werden, da dies für uns der Einstiegspunkt bei der Fehleranalyse ist. Bei Zugriffsproblemen sollten Sie also immer zuerst prüfen, ob der betroffene Datenbankuser überhaupt die notwendigen Objektprivilegien besitzt. Dies können wir, zumindest im Entwicklungssystem, ganz einfach kontrollieren, indem wir die Prüfung durch analytische Privilegien temporär deaktivieren (vgl. Abschnitt 2.2.2, Einstellung APPLY PRIVILEGES). Wenn Sie nach dem Deaktivieren dieser Prüfung mit Ihrem Datenbankuser ohne Fehler auf die View zugreifen können, ist hinsichtlich der Objektprivilegien alles korrekt gepflegt und Sie können sich der Analyse der analytischen Privilegien zuwenden. Vergessen Sie aber nicht, die Prüfung nach dem Test wieder zu aktivieren!

Inkonsistente analytische Privilegien

Haben wir sichergestellt, dass die Objektprivilegien korrekt gepflegt und vergeben sind, widmen wir uns der Untersuchung der analytischen Privilegien. Hier können wir auf zwei Probleme treffen: Entweder die analytischen Privilegien fehlen komplett bzw. sind dem Datenbankuser nicht zugeordnet, oder sie sind inkonsistent hinsichtlich des von ihnen erzeugten Filters. In beiden Fällen ist unser erster Einstiegspunkt die Systemview EFFECTIVE_STRUCTURED _PRIVILEGES (PUBLIC). Diese liefert uns für ein bekanntes Rootobjekt (unsere View), dessen Schema und einen HANA-User eine Auflistung aller im angegeben Rootobjekt enthaltenen Views sowie deren Status bzgl. der analytischen Privilegien. Wir erfahren, welchen Filter jedes existierende analytische Privileg definiert und erhalten Informationen über den effektiven Filter pro verwendete View (eventuell werden zur Laufzeit mehrere analytische Privilegien kombiniert) sowie, ob eine View durch analytische Privilegien geschützt ist. Listing 2.10 zeigt exemplarisch den Zugriff auf die uns bereits bekannte View des CompositeProviders **YEMP_CP_SO_AGGR** für den Zugriff auf die aggregierten Daten der Länder aus unserem Beispiel »Modellieren einer SAP-HANA-View« im Abschnitt 2.2.3 (»Berechtigungen auf Kennzahlen«). Als Rootobjekt bzw. Top-Level-View geben wir die Aggregationsview an. Das Schema ist in diesem Fall _SYS_BIC.

```
SELECT
    *
FROM "PUBLIC"."EFFECTIVE_STRUCTURED_PRIVILEGES"
WHERE ROOT_OBJECT_NAME =
'ESPRESSO_TUTORIALS/YEPM_CP_SO_AGGR'
AND ROOT_USER_NAME = '_SYS_BIC'
AND USER_NAME = 'USER_01_HANA';
```

Listing 2.10: Zugriff auf EFFECTIVE_STRUCTURED_PRIVILEGES

Das (gekürzte) Ergebnis dieser Abfrage sehen Sie in Abbildung 2.36.

OBJECT_NAME ❶	STRUCTURED_PRIVILEGE_STA ❷	STRUCTURED_PRIVILEGE_NA ❸	STRUCTURED_PRIVILEGE_FI ❹	EFFECTIVE_FILTER ❺
ESPRESSO_TUTORIALS/YEPM_CP_SO_AGGR	UNCHECKED			
0BW:BIA:YEPM_CP_SO	UNCHECKED			
system-local.bw.bw2hana/YEPM_CP_SO	APPLIED	ESPRESSO_TUTORIALS/YEPM_PC	("0EPM_PRCAT" = 'PCs')	(("0EPM_PRCAT" = 'PCs'))

Abbildung 2.36: Ergebnis der Abfrage von EFFECTIVE_STRUCTURED_PRIVILEGES (PUBLIC)

Im Ergebnis der Abfrage finden wir die Namen (siehe Spalte OBJECT_NAME ❶) aller Views, die neben dem angegebenen Rootobjekt im angefragten Modell enthalten sind. Wir erkennen, dass bei dem Zugriff auf die Top-Level-View **YEPM_CP_SO_AGGR** außerdem die automatisch generierte View **YEPM_CP_SO** des CompositeProviders plus der BW Column View des CompositeProviders (Grundlage für die automatisch generierte externe HANA-View) angefragt werden. Dasselbe Objekt kann mehrmals vorkommen, wenn mehr als ein analytisches Privileg für dieselbe View existiert. Ob für das jeweilige Objekt die Prüfung durch analytische Privilegien aktiviert ist und ob der angegebene Anwender Zugriff auf die View hat, zeigt uns die Spalte STRUCTURED_PRIVILEGE_STATUS ❷: Der Wert **UNCHECKED** signalisiert uns eine View ohne aktivierte Prüfung durch analytische Privilegien. Die Werte **APPLIED** und **NOT_AUTHORIZED** bedeuten, dass die View durch analytische Privilegien geschützt ist.

- **APPLIED** bedeutet außerdem, dass der angegebene Anwender auf die View zugreifen kann, ihm also direkt oder über Rollen entsprechende analytische Privilegien zugeordnet sind, die den Zugriff auf die View autorisieren. Der Zugriff kann aber immer noch scheitern, wenn der Filter nicht korrekt definiert ist!
- **NOT_AUTHORIZED** sagt entweder aus, dass dem Anwender ein Privileg zugeordnet ist, welches einen invaliden Filter erzeugt, oder dass dem Anwender keine entsprechenden analytischen Privilegien zugeordnet sind. Die Ursache für den ersten Fall kann z. B. ein analytisches Privileg mit der Option **Procedure** sein, wobei die hinterlegte Prozedur einen Filter erzeugt, der Spalten bzw. Attribute referenziert, die nicht in der View existieren. Der Zugriff auf diese View bricht dann

mit der Fehlermeldung `SAP DBTech JDBC: [258]: insufficient privilege ab`. Hieran erkennen wir allerdings noch nicht, dass der Zugriff aufgrund eines invaliden Filters scheitert. Erst ein Blick in das Trace-File hilft uns weiter und teilt uns mit, dass der Fehler aufgrund einer invaliden/ungeeigneten Definition des analytischen Privilegs auftritt: »`due to error: Invalid SQL AP definition`«. Das hat zur Folge, dass der Anwender kein gültiges analytisches Privileg besitzt: »`is not authorized to access _SYS_BIC.system-local.bw.bw2hana/YEPM_CP_SO because he is missing any structured privileges applicable to that object`«.

Wie sich das Tracing so konfigurieren lässt, dass Sie damit die Prozessierung der analytischen Privilegien überprüfen können, sehen Sie im nachfolgenden Abschnitt.

Anhand der Spalte STRUCTURED_PRIVILEGE_NAME ❸ erkennen wir das konkrete analytische Privileg. Die Spalte STRUCTURED_PRIVILEGE_FILTER ❹ zeigt uns den zu diesem Privileg gehörenden Filter. Haben wir bei der Modellierung des analytischen Privilegs eine der Optionen **SQL Editor** oder **Dynamic** ausgewählt, werden der hinterlegte SQL-Code bzw. die Prozedur durchlaufen, und das Ergebnis, also der generierte Filter, wird hier angezeigt. Die letzte Spalte EFFECTIVE_FILTER ❺ enthält den Filter, wie er beim Zugriff auf die entsprechende View (Feld OBJECT_NAME der View EFFECTIVE_STRUCTURED_PRIVILEGES, die wir in diesem Zugriff aber nicht angefragt haben) angewendet wird. Sind dem Anwender mehrere analytische Privilegien zugewiesen, finden wir hier den bereits »abgemischten« Filter (vgl. exemplarisch Abbildung 2.37).

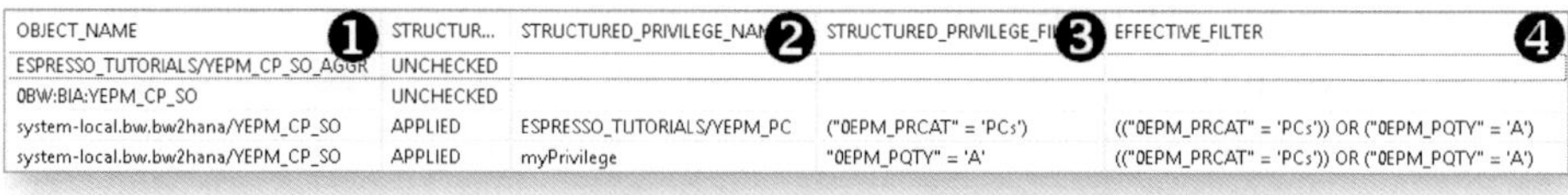

OBJECT_NAME ❶	STRUCTUR...	STRUCTURED_PRIVILEGE_NAM ❷	STRUCTURED_PRIVILEGE_FI ❸	EFFECTIVE_FILTER ❹
ESPRESSO_TUTORIALS/YEPM_CP_SO_AGGR	UNCHECKED			
0BW:BIA:YEPM_CP_SO	UNCHECKED			
system-local.bw.bw2hana/YEPM_CP_SO	APPLIED	ESPRESSO_TUTORIALS/YEPM_PC	("0EPM_PRCAT" = 'PCs')	(("0EPM_PRCAT" = 'PCs')) OR ("0EPM_PQTY" = 'A')
system-local.bw.bw2hana/YEPM_CP_SO	APPLIED	myPrivilege	"0EPM_PQTY" = 'A'	(("0EPM_PRCAT" = 'PCs')) OR ("0EPM_PQTY" = 'A')

Abbildung 2.37: Ergebnis mit mehreren analytischen Privilegien

Wir sehen, dass dem Anwender zwei analytische Privilegien zugeordnet sind ❷, die beide Zugriff auf die View **YEPM_CP_SO** gewähren

❶. Das zweite analytische Privileg **myPrivilege** generiert den in ❸ dargestellten Filter. Greift der Anwender auf die View zu, werden die Filter beider Privilegien kombiniert und, wie in ❹ dargestellt, angewandt. Für das in Abbildung 2.37 gezeigte Beispiel gehen wir einzig aufgrund der Informationen, die wir von der Systemview EFFECTIVE_STRUCTURED_PRIVILEGES (PUBLIC) erhalten, davon aus, dass der Zugriff auf die entsprechende View erfolgreich sein müsste, die Definition der Privilegien also konsistent ist und ein Filter generiert werden kann. Greifen wir aber jetzt auf die View zu, bricht der Zugriff mit der folgenden Fehlermeldung ab: `SAP DBTech JDBC: [339]: invalid number: [339] invalid number: not a valid number string 'A' at function __constructor__()`. Der erzeugte Filter kann also zur Laufzeit nicht für den Zugriff auf die View verwendet werden. An der Fehlermeldung erkennen wir, dass beim versuchten Zugriff der Wert »A« ein Problem verursacht hat. Mit einem Blick in die Systemview EFFECTIVE_STRUCTURED _PRIVILEGES (PUBLIC) stellen wir fest, dass der Wert »A« vom analytischen Privileg **myPrivilege** erzeugt wird. Um den Fehler zu beheben, können wir jetzt das Privileg anpassen, indem wir entweder die Art und Weise korrigieren, wie der Filter generiert wird, sodass der Wert »A« nicht mehr zurückgegeben wird, oder das Privileg löschen, wenn es nicht benötigt wird.

Aufzeichnung und Analyse von Berechtigungstraces für analytische Privilegien

Aus Abschnitt 2.1.4 kennen wir bereits die Möglichkeiten zum Aufzeichnen von Berechtigungsproblemen mit Objektprivilegien, wie z. B. ein fehlendes SELECT-Privileg für den Zugriff auf eine Tabelle oder View. Analog dazu lassen sich Probleme bei Zugriffen auf Views im Kontext von Datenberechtigungen oder analytischen Privilegien aufzeichnen und analysieren. Dazu navigieren wir zur Sektion TRACES und öffnen den Konfigurationsbildschirm für den Database Trace oder benutzerspezifischen Trace, den Sie bereits aus Abbildung 2.12 kennen. Im Ordner INDEXSERVER suchen wir diesmal nicht die Komponente **authorization**, sondern **analyticprivilegehandler**. Damit ein Eintrag im Trace File geschrieben wird, müssen wir das SYSTEM TRACE LEVEL für diese Komponente auf **DEBUG** setzen (vgl. Abbildung 2.38).

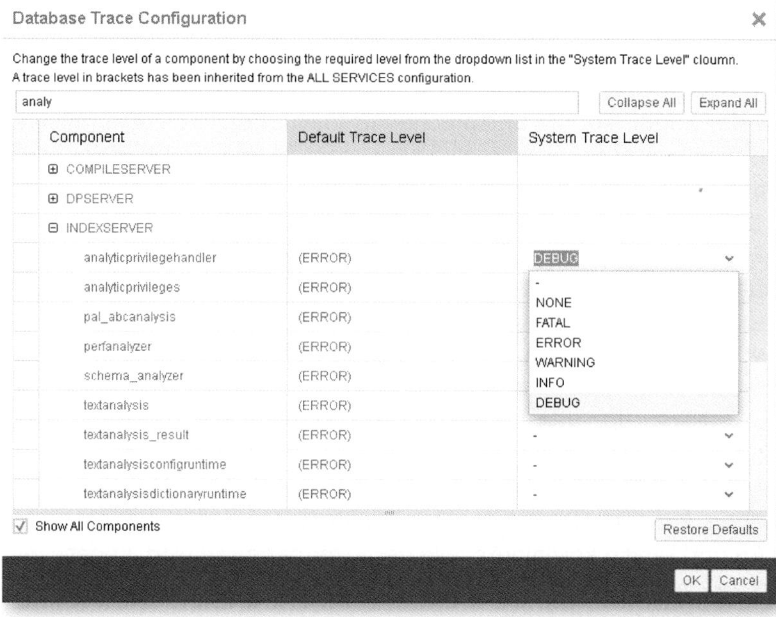

Abbildung 2.38: Konfiguration des Database Traces für analytische Privilegien

Trace konfigurieren und Fehler analysieren

zB

Wir konfigurieren einen Database Trace. Dazu setzen wir im Indexserver für die Komponente **analyticprivilegehandler** den Wert auf **DEBUG**. Sodann legen wir einen neuen Test-User an und weisen diesem die Rolle ESPRESSO_TUTORIALS::YEPM_CP_SO zu. Anschließend greifen wir mit dem neu angelegten User auf die generierte View des CompositeProviders YEPM_ CP_SO zu, indem wir z. B. ein generiertes SQL-Statement ausführen. Der Zugriff bricht mit einem Berechtigungsfehler ab. Wir deaktivieren den Trace und öffnen das neu erzeugte Trace File.

In der Übersicht der erzeugten Trace Files sollten wir nun eine entsprechende Trace-Datei finden. In dieser können wir z. B. nach unserem Benutzer suchen und sollten auf die in Listing 2.11 gezeigten Einträge stoßen. Die erzeugte Fehlermeldung variiert dabei je nach Fehlerart. Für eine bessere Übersicht sind die den Spalten in Abbildung 2.37 entsprechenden Abschnitte wieder mit Ziffern markiert.

```
❶ [20341]{221116}[176/-1] 2016-10-04 11:47:14.415954 ❷
i TraceContext ❸ TraceContext.cpp(00952) : ❹
UserName=USER_16_HANA, ApplicationUserName=D053379,
ApplicationName=HDBStudio,
ApplicationSource=csns.sql.editor.SQLExecuteFormEditor$2$
1.run(SQLExecuteFormEditor.java:911);, Client=000,
StatementHash=5703422645115138d92813447ad982f0

❶ [20341]{221116}[176/-1] 2016-10-04 11:47:14.415941 ❷
i Authorization ❸ qo_rewrite_rules.cc(00346) : ❹ User
USER_16_HANA is not authorized to access _SYS_BIC.system-
local.bw.bw2hana/YEPM_CP_SO because he is missing any
structured privileges applicable to that object
```

Listing 2.11: Auszug aus Trace File für analytische Privilegien

- Die erste Zeile enthält wie gewohnt Informationen zum Kontext der Anfrage.
- Die zweite Zeile liefert uns mehr Informationen über den Grund des fehlgeschlagenen Zugriffs. In diesem Beispiel fehlt unserem Benutzer gänzlich ein analytisches Privileg, welches den Zugriff auf die generierte View des CompositeProviders **YEPM_CP_SO** berechtigen könnte.

Debugging von SQL-Script-Prozeduren

Wenn Sie eine SQL-Script-Prozedur schreiben, kann es sehr hilfreich sein, wenn Sie diese zu Analysezwecken debuggen können. Wie das in der Web IDE geht, wollen wir uns in diesem Abschnitt genauer anschauen. Zu Beginn müssen wir auf dem Server den Debugger anschalten. Das können wir zum einen direkt über die SQL-Konsole mit dem im Listing 2.12 gezeigten Befehl erreichen.

```
ALTER SYSTEM ALTER configuration
('xsengine.ini','SYSTEM') SET
('debugger','enabled')='true' WITH reconfigure;
```

Listing 2.12: Einschalten des Debuggers im xsengine.ini file

Alternativ können wir im HANA Studio in der Administrationskonsole im Reiter CONFIGURATION über XSENGINE.INI • DEBUGGER den Parameter **enabled=true** setzen (vgl. Abbildung 2.39). In der Web IDE ist dies leider nicht möglich, hier können wir nur das in Listing 2.12 genannte SQL-Statement nutzen.

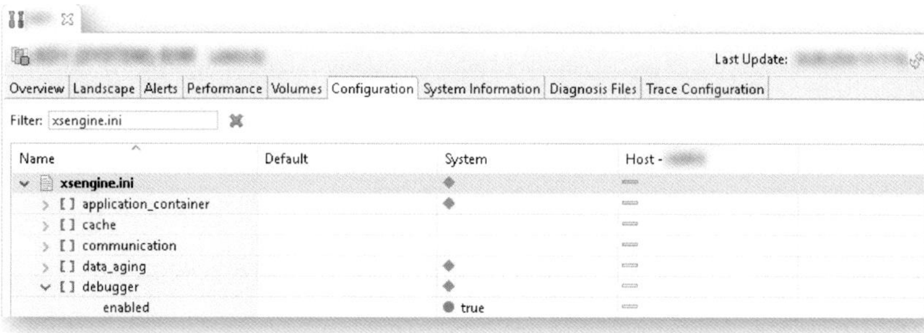

Abbildung 2.39: Einschalten des Debuggers im HANA Studio

Falls die Sektion DEBUGGER nicht existiert, legen wir diese neu an und erzeugen den Parameter **enabled** mit dem Wert **true**.

Änderungen an Systemparametern ...

... erfordern das Systemprivileg INIFILE ADMIN. Dieses haben wir unserem Entwicklungsuser USER_DEV_HANA noch nicht zugewiesen, was wir nachholen müssen, bevor wir den Debugger einschalten können.

Als Nächstes müssen wir dem User, der die SQL–Script-Prozedur debuggen soll, die Rolle **sap.hana.xs.debugger::Debugger** zuweisen, wie zu Beginn von Kapitel 2 beschrieben. Je nachdem, ob wir eine Repository- oder Katalog-Prozedur debuggen möchten, öffnen wir den Bereich EDITOR oder CATALOG in der Web IDE und rufen den Debug Browser über MENÜ • SQL DEBUGGER • DEBUG BROWSER oder den Shortcut [STRG] + [ALT] + [G] auf, wie in Abbildung 2.40 gezeigt.

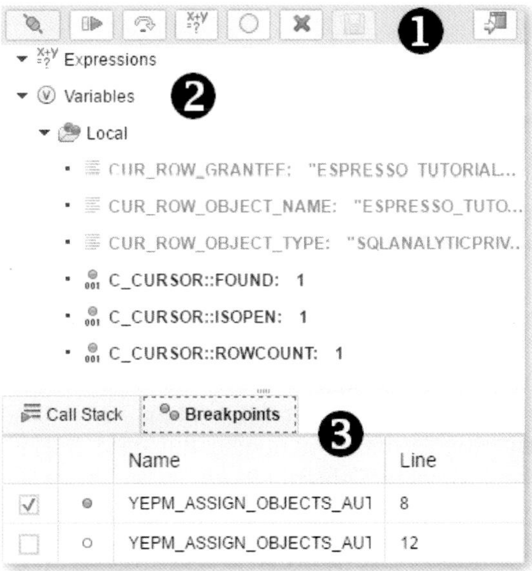

Abbildung 2.40: Ansicht des Debug Browsers

Der Debug Browser besteht aus drei Bereichen:

❶ Die Menübar enthält Funktionen zum

- Verbinden des Debuggers mit dem Editor (TOGGLE CONNECTION),
- Durchlaufen der Prozedur bis zum nächsten aktiven Breakpoint (RESUME) und
- Ausführen der aktuellen Zeile (STEP OVER).
- Der Button (TOGGLE EXPRESSION EDITOR) erlaubt uns, Ausdrücke oder Formeln anzugeben,

- der Button (Deactivate All Breakpoints) deaktiviert alle gesetzten Breakpoints, und
- der Button (Remove All Breakpoints) löscht alle Breakpoints.
- Der Button (Save Table Variable) sichert den Inhalt einer Variablen (Tabelle) aus dem Bereich ❷, und
- der Button schließt den Debug Browser.

❷ Dieser Bereich enthält alle lokalen und globalen Variablen sowie definierten Ausdrücke. Hier können wir uns z. B. über das Kontextmenü einer Variablen deren Inhalt anzeigen lassen oder einen Ausdruck hinzufügen.

❸ Das untere Feld bietet uns eine Übersicht über die aktiven und inaktiven Breakpoints (Reiter Breakpoints) und ermöglicht das Hin- und Herspringen zwischen den unterschiedlichen Leveln im Callstack (Reiter Call Stack).

Bevor wir die Prozedur öffnen und Breakpoints setzen können, müssen wir den Debugger mit dem Editor mithilfe des Buttons verbinden. Unterlassen wir dies oder ist das Debugging auf dem Server nicht angeschaltet, erhalten wir eine Fehlermeldung in der Konsole (vgl. Abbildung 2.41).

Abbildung 2.41: Debugging falsch konfiguriert

Jetzt öffnen wir die zu analysierende Prozedur und setzen einen oder mehrere Breakpoints. Einen erfolgreich gesetzten Breakpoint erkennen wir an einer rot umfassten Zeilennummer. Mit einem Klick auf den Button in der Menübar des Editors können wir uns den Befehl zum Ausführen der Prozedur generieren lassen (vgl. Listing 1.22).

```
CALL
"USER_DEV_HANA"."ESPRESSO_TUTORIALS::YEPM_ASSIGN_OBJECTS_
AUTOMATED"()
```

Listing 2.13: Befehl zum Ausführen einer SQL-Script-Prozedur

Sobald wir die Ausführung starten, stoppt der Debugger am ersten aktiven Breakpoint und zeigt im Bereich ❷ des Debug Browsers eine Übersicht aller Variablen inklusive Inhalten. Mit Klick auf führen wir die Prozedur bis zum nächsten aktiven Breakpoint aus oder gehen alternativ mit dem Button in Einzelschritten weiter.

Objektprivileg DEBUG

Um eine bestimmte Prozedur debuggen zu können, benötigen wir das Objektprivileg DEBUG für diese Prozedur. Besitzt unser User dieses Privileg nicht, können wir keine Breakpoints setzen. Versuchen wir, einen Breakpoint zu setzen, wird die folgende Fehlermeldung in der Konsole angezeigt: `(SQL Debugger) Could not set breakpoint. You cannot set breakpoints because you are not authorized to debug this procedure.`

Debugging von SQL-Script-basierten Calculation Views

Analog zum Debugging von SQL-Script-Prozeduren verhält sich auch das Debugging von SQl-Script-basierten Calculation Views. Wollen wir so eine Calculation View debuggen, gehen wir wie im vorherigen Abschnitt beschrieben vor. Die Breakpoints setzen wir dabei direkt im SQL-Script-Code der Calculation View. Danach können wir den Code der SQL-Script-View genauso ausführen und debuggen, wie Sie es zuvor für reine SQL-Script-Prozeduren kennengelernt haben.

3 Berechtigungen in SAP BW on HANA und BW/4HANA

Nachdem wir uns in den ersten beiden Kapiteln mit Berechtigungen getrennt nach SAP BW und SAP HANA befasst haben, kommen wir zu dem für die meisten Leser wohl spannendsten Teil: dem Zusammenspiel beider Technologien in einem BW on HANA- oder BW/4HANA-System mit hybriden Szenarien: Architekturen, in denen sowohl BW- als auch HANA-native Modelle verwendet werden.

Berechtigungen in BW/4HANA

Generell behalten alle in Kapitel 1 (»Berechtigungen in SAP BW«) vorgestellten Konzepte auch mit BW on HANA und BW/4HANA ihre Gültigkeit. In diesem Teil des Buches geht es vielmehr um die Frage, wie sich beim Zusammenspiel von BW und HANA Berechtigungen so definieren lassen, dass ein einheitliches Konzept für beide Welten gilt und der Aufwand für die Verwaltung möglichst gering ausfällt.

Im Folgenden untersuchen wir drei Varianten hybrider Szenarien:

1. werden wir zeigen, wie sich HANA-native Daten mit BW-Mitteln auswerten lassen und
2. den umgekehrten Fall betrachten, also, wie BW-Daten mit HANA-Mitteln genutzt werden können. Für die Berechtigungen soll jeweils das auswertende System zuständig sein, um eine doppelte Pflege zu vermeiden.
3. Zu guter Letzt sehen wir uns an, welche Möglichkeiten bestehen, Analyseberechtigungen und analytische Privilegien synchron zu

halten, wenn beide Systeme gleichberechtigt genutzt werden, also keines der beiden das führende ist (siehe Abbildung 3.1).

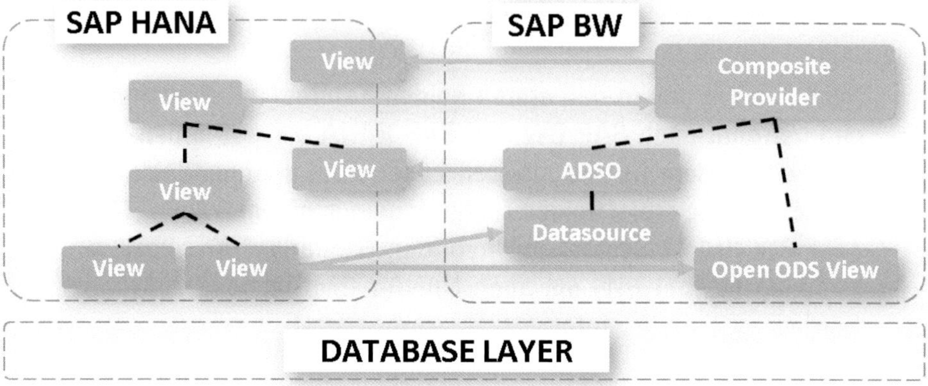

Abbildung 3.1: Schematische Darstellung hybrider Szenarien

Umstieg auf BW/4HANA

Als Teil des Umstiegs auf ein BW/4HANA System, das keine alten Datenflüsse und -provider mehr erlaubt, lässt sich ein BW on HANA 7.5 SP04-System (oder höher) per Add-on (siehe SAP Note 2246699 »SAP BW/4HANA Starter Add-On«) in den sogenannten *Kompatibilitätsmodus* versetzen (Report RS_B4HANA _CONVERSION_CONTROL). Hier lassen sich über einen Schalter die klassischen BW-Objekte wie DSO und InfoCube aus der Modellierung ausblenden und somit nicht weiter nutzen. Voraussetzung für das Setzen des Schalters ist die Migration aller alten Objekte auf die entsprechenden neuen Provider-Typen. Berechtigt wird der Schalter über das Berechtigungsobjekt S_RS_B4H.

3.1 Gegenüberstellung SAP-BW- und SAP-HANA-Berechtigungen

Bevor wir uns mit den kombinierten Szenarien im Detail beschäftigen, fassen wir an dieser Stelle noch einmal kurz die wichtigsten Unterschiede zwischen BW- und HANA-Datenberechtigungen zusammen.

3.1.1 Berechtigungsprüfung

Während im BW Query und Berechtigung zwei unabhängige Objekte sind und eine explizite Prüfung der Berechtigungen gegen die Selektion der Anfrage stattfindet, die entweder positiv oder negativ ausfällt (Alles-oder-nichts Prinzip), werden in HANA die Restriktionen des analytischen Privilegs direkt in die WHERE-Klausel der Abfrage eingebunden und schränken damit die abgerufenen Daten automatisch ein. Eine explizite Berechtigungsprüfung findet nicht statt, der Anwender erhält grundsätzlich ein Ergebnis – im Zweifel eben eine leere Menge.

3.1.2 Berechtigungsrelevante Objekte/Felder

Im BW werden die schützenswerten Objekte zentral festgelegt und dann explizit für jedes Modell berechtigt, in dem sie verwendet werden. Für HANA-Modelle wird dagegen lediglich festgelegt, ob ein Schutz, bzw. genauer, eine Einschränkung anzuwenden ist. Die einzuschränkenden Objekte werden in jedem Privileg individuell festgelegt, sodass verschiedene User auf demselben Modell auch auf unterschiedlichen Feldern eingeschränkt sein können.

3.1.3 Beteiligte Provider und Sichten

Während im BW die Analyseberechtigungen beim Zugriff auf ein Datenmodell zwingend geprüft werden, lässt sich dies in HANA für jedes Modell individuell festlegen. Im BW findet die Prüfung immer nur auf der obersten Schicht statt, also dem InfoProvider, auf dem die Abfrage aufsetzt. Für in diesem Provider ggf. enthaltene weitere Provider benötigt der Anwender keine explizite Berechtigung. In einem HANA-nativen Szenario wird dagegen jede im Datenmodell beteiligte View geprüft, für die die Prüfung eingeschaltet wurde, auch wenn sie sich auf einer tieferen Ebene befindet.

3.1.4 Varianten von Berechtigungen

HANA kennt zwar flache und Hierarchieberechtigungen, ebenso wie statische und dynamische Berechtigungen – ein Standardkonzept für berechtigte Kennzahlen oder Aggregationsberechtigungen existiert jedoch nicht. Auch für Szenarien analog zur Generierung von Berechtigungen im BW muss man sich im HANA-nativen Fall mit eigener Programmierung behelfen.

3.1.5 Multidimensionale Berechtigungen

Aufgrund der Übersetzung von Berechtigungen in SQL-Ausdrücke mit WHERE-Bedingung bereiten multidimensionale Berechtigungen in HANA keine Probleme, während sie auf BW-Seite schnell größere Anstrengungen erfordern. Letztlich liegt die Ursache dafür nicht bei den Berechtigungen selbst, sondern ist der Wirkungsweise von Selektions- und Filtervorgängen auf InfoObjekten im OLAP-Prozessor geschuldet. Als Konsequenz daraus erhält der Anwender in HANA, im Gegensatz zum BW, stets alle berechtigten Werte in einer Ergebnismenge angezeigt, ohne dass eine zusätzliche manuelle Selektion notwendig ist.

3.1.6 Verwendung von Namensräumen in Berechtigungen

Während im SAP BW sowohl bei Standard- als auch bei Analyseberechtigungen mit Namensräumen gearbeitet werden kann, müssen in HANA alle Modelle einzeln berechtigt werden. Lediglich bei den alten XML-analytischen-Privilegien konnte man eine Berechtigung auf alle

Modelle anwenden; bei den entsprechenden SQL-Privilegien gibt es diese Option nicht. Im Fall von Objektprivilegien können Objekte einzeln berechtigt werden oder das ganze Schema.

Deployment-Schema für Objekte festlegen

Während man bei Design-Time-Tabellen per DDL und bei Design-Time-Prozeduren auch per UI festlegen kann, in welchem Schema die Laufzeitobjekte angelegt werden, landen alle Information Views standardmäßig in _SYS_BIC. Allerdings lässt sich für jedes Entwicklungspaket per SQL festlegen, in welchem Schema die zugehörigen Column Views angelegt werden. Auf diese Weise lassen sich unterschiedliche Gruppen von Modellen separieren und die Views ggf. per Schema-Berechtigung verwalten. Das zugehörige Statement sieht wie folgt aus:

```
insert into "_SYS_BI"."M_PACKAGE_DEPLOYMENT_SCHEMA"
values('<PACKAGE>','<Ziel Schema>');
```

3.2 HANA-native Modelle in BW integrieren und berechtigen

Zur virtuellen Integration von HANA-Modellen in BW gibt es zwei grundlegende Varianten, die je nach Anwendungsfall genutzt werden können (Abbildung 3.2):

1. die Open ODS View oder
2. der CompositeProvider.

Beiden Varianten gemein ist, dass durch das Einbinden in eine virtuelle BW-Schicht die komplette Zugriffssteuerung BW-seitig abgebildet wird, während das BW mit HANA über einen technischen Systemuser kommuniziert. Das bedeutet, dass der Endanwender keinen eigenen User auf der Datenbank benötigt und damit auch keine HANA-Berechtigungen. Obwohl BW also keine Persistenz der Daten vorhält, übernimmt es die komplette Zugriffssteuerung auf das HANA-Modell.

Sobald HANA-Daten ins BW geladen oder repliziert und dort in einem ADSO persistiert werden (physische Integration), befinden wir uns ohnehin in einem reinen BW-Szenario.

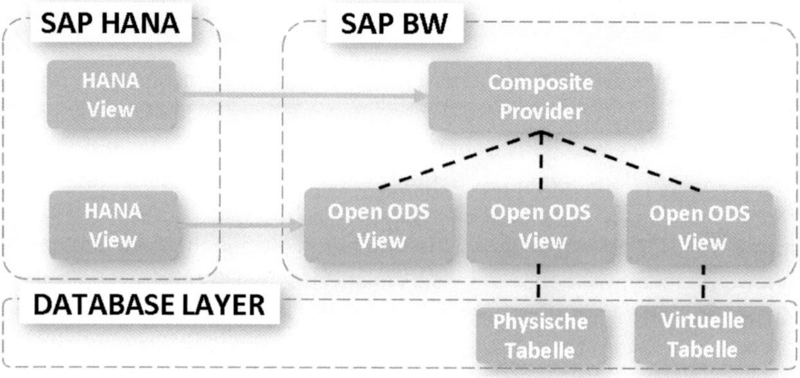

Abbildung 3.2: Virtuelle Integration von HANA-Modellen in BW

3.2.1 Technische Vorbereitungen

Einrichten der SU01

Der Reiter DMBS ist nicht per Default in der Benutzerpflege **SU01** verfügbar. Zugriff erhalten wir erst, wenn wir in HANA einen dezidierten User angelegt haben, der für die Kommunikation mit der Datenbank bzw. die Verwaltung der Datenbankuser verwendet werden kann. Außerdem müssen wir diesen User der Benutzerpflege »bekannt machen«.

DBMS User Management

Weitere Informationen finden Sie auf dem SAP Help Portal unter dem Suchbegriff »DBMS-Benutzerverwaltung für SAP HANA konfigurieren«.

Der Datenbankuser muss die folgenden Systemprivilegien besitzen:

- USER ADMIN,
- ROLE ADMIN,
- CATALOG READ.

Zusätzlich müssen wir dem User noch das Objektprivileg EXECUTE auf folgende Prozeduren zuweisen:

- GRANT_ACTIVATED_ROLE,
- REVOKE_ACTIVATED_ROLE.

Anschließend legen wir in der Transaktion **DBCO** mit dem erzeugten User eine neue (Datenbank-)Verbindung zur HANA-Datenbank an. Diese Verbindung müssen wir schließlich in der Transaktion **SM30** in der Tabelle USR_DBMS_SYSTEM hinterlegen. Öffnen wir jetzt die Benutzerpflege, ist der DBMS-Reiter verfügbar, wie in Abbildung 3.3 gezeigt.

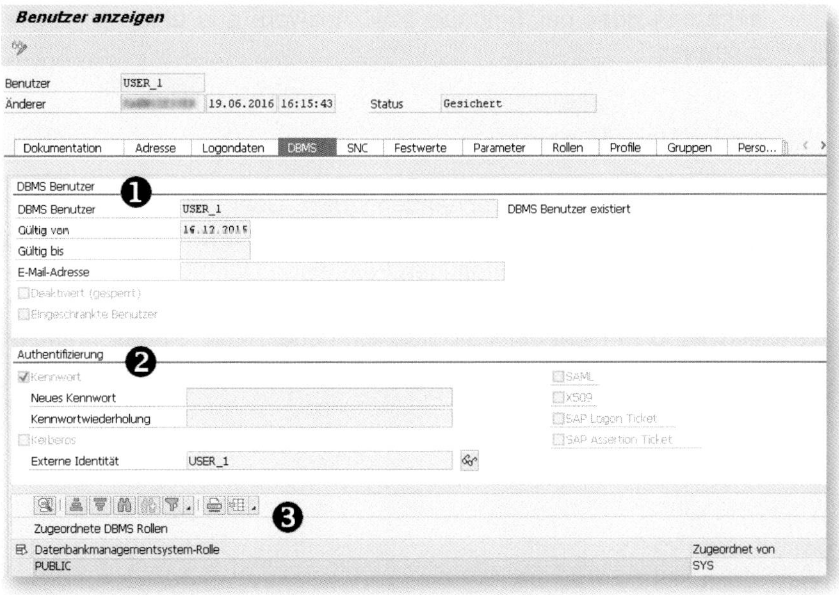

Abbildung 3.3: Reiter DBMS in der Benutzerpflege

Der Reiter DBMS bietet uns eine ähnliche Übersicht über den DBMS-User, wie wir sie auch aus dem HANA Studio kennen. Der Bildschirm ist in drei Bereiche aufgeteilt:

❶ In der Sektion DBMS BENUTZER sehen wir den Namen des Benutzers (DBMS BENUTZER), dessen Gültigkeit (GÜLTIG VON und GÜLTIG BIS) und weitere Informationen wie die E-MAIL-ADRESSE. Befinden wir uns im Ändern-Modus, können wir diese Variablen ändern. Die Checkboxen DEAKTIVIERT (GESPERRT) und EINGESCHRÄNKTER BENUTZER sind hier lediglich Anzeigeinformationen.

❷ In der Sektion AUTHENTIFIZIERUNG können wir die Art der Anmeldung an der Datenbank festlegen und weitere benötigte Informationen wie Kennwörter hinterlegen. Entsprechend den Optionen in HANA sind hier die Einstellungen KENNWORT, KERBEROS, SAML usw. wählbar, die sich im Ändern-Modus ebenfalls bearbeiten lassen.

❸ Diese Sektion zeigt uns alle dem DBMS-User ZUGEORDNETE ROLLEN in der Datenbank an. Im Ändern-Modus können wir Rollen entfernen oder per Eingabe bzw. Auswahl aus einer [F4]-Hilfe zuordnen.

Manuelles User-Mapping

Einen dem BW-User entsprechenden DBMS-User können wir einfach manuell hinterlegen, indem wir auf dem Reiter DBMS in der Sektion DBMS BENUTZER im gleichnamigen Feld einen Datenbankuser hinterlegen. Beim Speichern der Änderung wird geprüft, ob der Benutzer existiert. Ist dies nicht der Fall, wird ein neuer, nicht eingeschränkter Datenbankuser angelegt. Als Passwort wird das des entsprechenden BW-Users verwendet.

3-1: Pflegen der DBMS-User für BW-User

Hinterlegen Sie für die Anwender USER_1 bis USER _6, USER_8 und USER_9 jeweils einen DBMS-User in der Benutzerpflege. Dazu öffnen Sie die Benutzerpflege (Transaktion **SU01**) und editieren nacheinander die einzelnen User. Für jeden User wechseln Sie zum Reiter DBMS und tragen in das Feld DBMS BENUTZER der Einfachheit halber denselben Usernamen ein, also für den BW-Anwender USER_1 den DBMS-Anwender USER_1 usw. In der Sektion AUTHENTIFIZIERUNG wählen Sie für jeden DBMS-User die Option KENNWORT und vergeben ein Initialpasswort, welches Sie bei der ersten Anmeldung an der Datenbank mit diesen Usern ändern müssen.

Automatisiertes User Mapping

In unserem Szenario ist es kein Problem, für eine Handvoll Anwender das Mapping zu DBMS-Usern manuell zu pflegen. Für Szenarien, in denen wir es mit Hunderten oder sogar Tausenden Usern zu tun haben, ist eine automatisierte Massenverarbeitung jedoch hilfreich. Dafür können wir auf den Report **RSUSR_DBMS_USERS** zurückgreifen (siehe Abbildung 3.4).

Mit einem Klick auf das Informationssymbol ❶ können wir auf die interne Dokumentation zum Report zugreifen. Dieser ist bereits sehr gut dokumentiert, weshalb wir hier nur kurz auf die Funktionen des Reports eingehen.

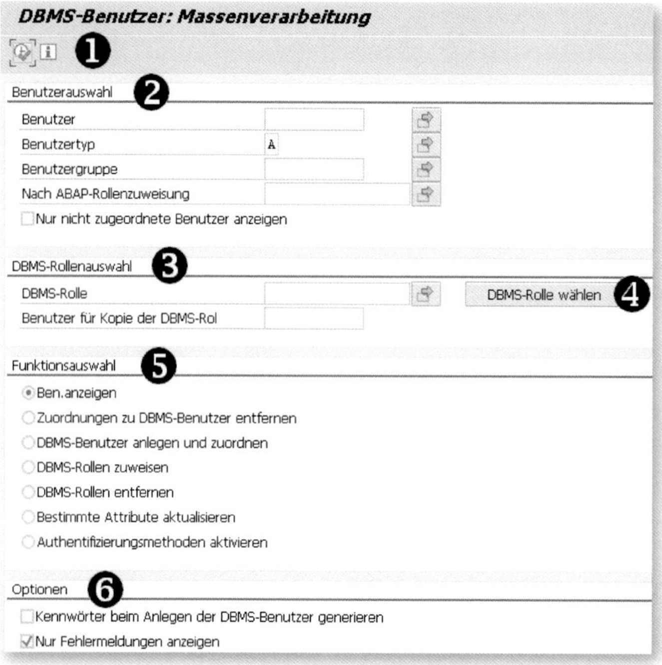

Abbildung 3.4: Report RSUSR_DBMS_USERS

In der Sektion BENUTZERAUSWAHL ❷ können wir anhand verschiedener Kriterien die ABAP/BW-User auswählen, für die wir eine der unter FUNKTIONSAUSWAHL ❺ ausgewählten Optionen ausführen wollen. Zuweisungen von DBMS-Rollen lassen sich in der Sektion DBMS-ROLLENAUSWAHL ❸ bzw. über den Button DBMS-ROLLE ❹ vornehmen, die Festlegung, ob für neu anzulegende DBMS-User initiale Passwörter generiert werden sollen, in der Sektion OPTIONEN ❻.

3.2.2 Feldbasierte Modellierung

Seit BW 7.4 erlaubt das BW die sogenannte *feldbasierte Modellierung*, bei der Merkmale und Kennzahlen als reine Felder unter Angabe des Datentyps definiert werden können, ohne dass zugehörige BW InfoObjekte angelegt werden müssen. Dieses Vorgehen verkürzt die Entwicklungszeit von BW-Modellen ungemein, insbesondere, wenn der Großteil der Merkmale keine weiteren Informationen wie Texte, Attribute oder Hierarchien enthält. Durch das optionale Zuweisen eines InfoObjekts zu einem Feld (Abbildung 3.5) können aber sofort alle gewünschten Informationen im Datenmodell zur Verfügung gestellt werden. Die feldbasierte Modellierung steht sowohl für physische Modelle wie das ADSO als auch für virtuelle Modelle wie die Open ODS View und den CompositeProvider bereit.

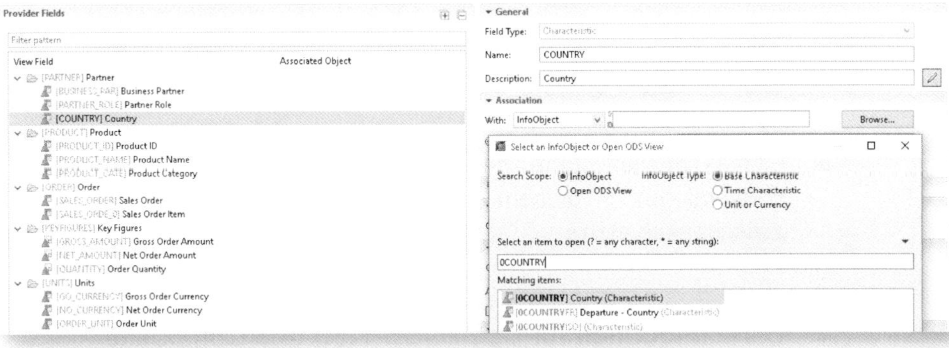

Abbildung 3.5: InfoObjekt-Mapping im CompositeProvider

3.2.3 Open ODS View und CompositeProvider

Über die *Open ODS View* lassen sich HANA-Tabellen oder -Modelle ins BW überführen. Insbesondere wenn die eingebundenen Daten im BW noch weiter verändert und z. B. mit BW-Daten kombiniert werden oder Typkonvertierungen notwendig sind (HANA kennt mehr Datentypen als das BW), ist die Open ODS View das Mittel der Wahl. Sie bietet die folgenden Vorteile:

- Neben der impliziten Typkonvertierung lässt sich auch eine BW-Transformation nutzen. Technisch werden dabei unterhalb der Open ODS View noch eine Data- und eine InfoSource angelegt, die mit eben jener Transformation verbunden werden.
- Für die Open ODS kann festlegt werden, ob es sich um Stamm- oder transaktionale Daten handelt.

- Open ODS Views vom Typ »Stammdaten« lassen sich analog zu InfoObjekten auf Felder in ADSO oder CompositeProvider mappen und ermöglichen so die Modellierung virtueller Stammdaten.
- In Kombination mit HANA Smart Data Access (SDA) sind Tabellen aus externen non-HANA-Systemen virtuell in das BW integrierbar.
- Mithilfe von CompositeProvidern lassen sich BW-InfoProvider per JOIN- oder UNION-Operation kombinieren. Neben BW-Providern können aber auch HANA-Modelle direkt eingebunden und verknüpft werden.
- HANA-Tabellen kann der CompositeProvider nicht direkt konsumieren; in diesem Fall müsste man eine ODS View zwischenschalten.

3.2.4 Berechtigungen für Open ODS View und Composite Provider

Wie alle BW-Objekte, so verfügen auch Open ODS View und CompositeProvider über eigene Berechtigungsobjekte, die bei der Modellierung geprüft werden.

- Open ODS View: S_RS_ODP_H,
- CompositeProvider: S_RS_HCPR.

Wie in Abschnitt 3.2.2 erwähnt, stehen uns alle Metadaten eines InfoObjekts zur Verfügung, sobald wir das entsprechende Mapping für ein Feld des Providers vornehmen. Dies betrifft auch die Berechtigungsrelevanz. Wenn wir das Feld LAND auf das berechtigungsrelevante BW-InfoObjekt »0COUNTRY« mappen, so wird auch das virtuelle Modell entsprechend geschützt, und der Zugriff kann über BW-Analyseberechtigungen gesteuert werden. Bei Verwendung einer entsprechenden Namenskonvention und unter Nutzung von Mustern sowohl im Feld 0TCAIPROV der Analyseberechtigungen als auch in den Standardberechtigungsobjekten S_RS_COMP und S_RS_COMP1 lassen sich HANA-native Modelle in ein BW integrieren, ohne dass irgendeine Anpassung an den vorhandenen BW-Berechtigungen notwendig wäre oder gesonderte HANA-Berechtigungen erstellt werden müssten.

In BW 7.5 und BW/4HANA besteht zusätzlich die Möglichkeit, im CompositeProvider oder Open ODS View auch Felder ohne InfoObjekt-Zuordnung als für die Berechtigungsprüfung relevant zu definieren (*feldbasierte Berechtigungen*). Dazu müssen Sie in der Dropdown-Liste bei AUTHORIZATION RELEVANCE den entsprechenden Wert **Field is evaluated in authorization checks** auswählen (Abbildung 3.6).

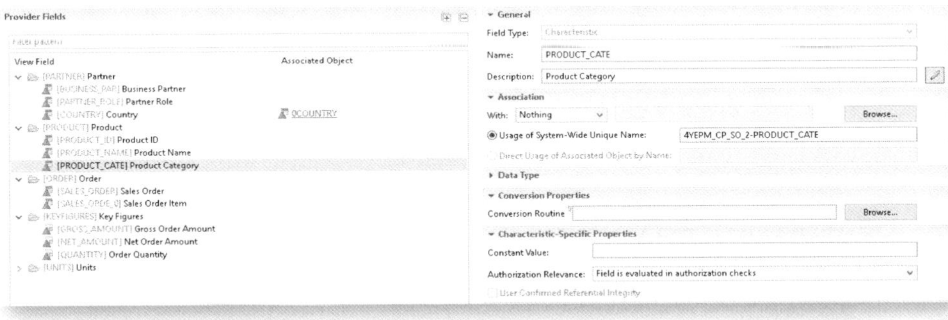

Abbildung 3.6: Berechtigungsprüfung mit feldbasierter Modellierung

Sobald ein Feld entsprechend markiert wurde, lässt es sich über den zugehörigen globalen Feldnamen (ebenfalls eine Eigenschaft der Feldpflege) in der Analyseberechtigungspflege analog zu InfoObjekten verwenden.

Aus Performancegründen ist diese Variante i. d. R. jedoch nicht zu empfehlen. Außerdem können ggf. bestehende Analyseberechtigungen aufgrund des eigenen Feldnamens nicht ohne vorherige Anpassung weiterverwendet werden, wie es beim InfoObjekt-Mapping möglich ist.

3-2: HANA-native Daten im BW konsumieren

In dieser Übung sollen Sie die HANA-View aus Übung 2-6 in einen CompositeProvider YEPM_ CP_SO2 einbinden und auf diesen über eine BW-Query mit einem reinen BW-User (USER_01) zugreifen. Da die View in Übung 2-6 vom BW generiert wurde und sich keine generierten Views direkt in CompositeProvider einbinden lassen, müssen Sie vorher noch eine zusätzliche HANA-native Zwischenschicht modellieren. Diese manuell modellierte HANA-View können Sie dann im Provider als PartProvider verwenden. Bilden Sie auf dem Provider eine Query analog zu der aus Kapitel 1 ab, damit unsere Test-User USER_1 auch dieselben Ergebnisse zu sehen bekommen wie auf dem ursprünglichen CompositeProvider YEPM_CP_SO. Aufgrund der gewählten Namenskonvention müssen dazu keine Rollen oder Analyseberechtigungen angepasst werden.

Prüfung auf generierte Views

Das BW erkennt am Paketpfad der HANA-View, ob die View vom BW generiert wurde oder nicht. Legen Sie die manuell erzeugte View daher nicht im Paket »system-local.bw.bw2hana« (oder dem in Ihrem System konfigurierten Paket) ab.

3.3 BW-Modelle in HANA integrieren und berechtigen

Jeder BW-InfoProvider wird in der Datenbank intern als HANA-Modell (Column View) im SAP-SID Schema abgebildet. Diese internen HANA-Modelle sind jedoch nicht für den externen Zugriff sichtbar. Es besteht allerdings für InfoObjekte, InfoProvider und Queries die Möglichkeit, vom System zusätzlich »externe SAP-HANA-Views« erstellen zu lassen, auf die dann mit Standard-SQL-Mitteln zugegriffen werden kann und deren Laufzeitobjekt im Schema _SYS_BIC liegt. Dies ist insbesondere dann relevant, wenn das genutzte Frontend keinen

BW-Zugriff unterstützt, und kann zudem die Performance der Abfrage verbessern, falls ohnehin keine OLAP-Funktionen genutzt werden. Greifen wir auf eine auf diese Weise vom BW generierte HANA-View zu, werden die Daten direkt aus der Datenbank angefordert, das BW-System und der OLAP-Prozessor sind hier nicht involviert.

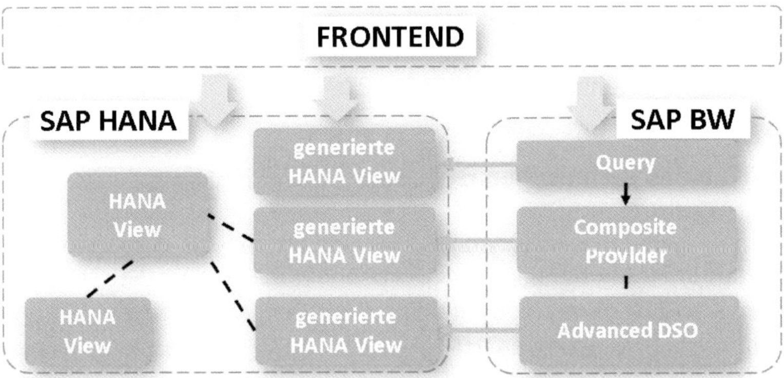

Abbildung 3.7: BW-Modelle virtuell in HANA integrieren

Zusätzlich lassen sich die im BW definierten Analyse- und Stammdatenberechtigungen replizieren, um sicherzustellen, dass auch über die SQL-Schnittstelle kein unkontrollierter Zugriff auf die Daten erfolgt.

Die Generierung der externen HANA-Views für ein InfoObjekt oder einen InfoProvider sowie die Replikation der Analyseberechtigungen als analytische Privilegien wird im Folgenden auch *Generierungs-Szenario* genannt.

3.3.1 Technische Vorbereitungen für das Generierungs-Szenario

Bevor wir das Generierungs-Szenario produktiv und in voller Breite nutzen können, müssen wir ein paar Vorbereitungen treffen. Dazu gehören technische Einstellungen sowohl auf HANA- als auch auf BW-Seite inklusive Customizing, welche wir aber nur einmalig vor der ersten Nutzung durchführen müssen. Diese Einstellungen betreffen zum einen die Endanwender, die später mit den generierten HANA-

Views eines BW-Objekts arbeiten sollen, zum anderen den technischen BW-Benutzer sowie den _SYS_REPO-User in HANA. Diese Vorbereitungen sind nicht direkt an das Generierungs-Szenario gebunden, sondern generell notwendig, damit Ihre Anwender Zugriff auf Views in HANA haben.

In den folgenden Abschnitten beschäftigen wir uns zunächst mit den technischen Vorbereitungen. Auf das Customizing der Generierung konzentrieren wir uns im Abschnitt 3.3.2.

Privilegien des technischen BW Users in SAP HANA

Sie haben bereits gelernt, welche Privilegien Sie für die Arbeit mit Artefakten in HANA benötigen (vgl. Abschnitt 2.1.3). Für die Generierung von HANA-Views und analytischen Privilegien sowie für die Vergabe von Privilegien an HANA-User benötigt unser technischer BW-Benutzer die folgenden Berechtigungen:

- SELECT auf das Schema _SYS_BI,
- SELECT auf das Schema _SYS_BIC,
- SELECT auf das BW-Schema,
- EXECUTE auf die Prozedur RESPOSITORY_REST (SYS).

Zusätzlich benötigt der technische BW-Benutzer folgende Paketprivilegien:

- REPO.MAINTAIN_NATIVE_PACKAGES auf das Root-Paket,
- REPO.READ sowie REPO.EDIT_NATIVE_OBJECTS und REPO.ACTIVATE_NATIVE_OBJECTS auf das in der Transaktion **RS2HANA_VIEW** hinterlegte Paket.

Ist in unserem System *SAP HANA Change Recording* aktiviert, so müssen wir die folgenden drei Systemprivilegien an den technischen BW-Benutzer vergeben:

- REPO.MODIFY_CHANGE,
- REPO.MODIFY_OWN_CHANGE,
- REPO.MODIFY_FOREIGN_CONTRIBUTION.

3-3: Überprüfen des technischen BW-Benutzers

Prüfen Sie, ob der zuvor beschriebene technische BW-Benutzer bereits alle genannten Privilegien besitzt. Weisen Sie ihm notfalls die fehlenden Privilegien zu.

SAP-HANA-Paket-Privilegien für generierte Modelle

Damit die DBMS-User auf das in der Transaktion **RS2HANA_VIEW** hinterlegte Paket (siehe Abschnitt 3.3.2), in das die BW-Modelle hineingeneriert werden, sowie auf die in diesem Paket existierenden Views zugreifen können, müssen wir die entsprechenden Paket- und Schemaprivilegien vergeben. Für eine automatisierte Vergabe wird uns vom BW der Report RS2HANA_ASSIGN_PRIVILEGES zur Verfügung gestellt. Diesen erreichen wir alternativ in den Transaktionen **RS2HANA_GEN** oder **RS2HANA_CHECK** über den Menüpfad SPRINGEN • ALLGEMEINE BERECHTIGUNGEN ZUORDNEN.

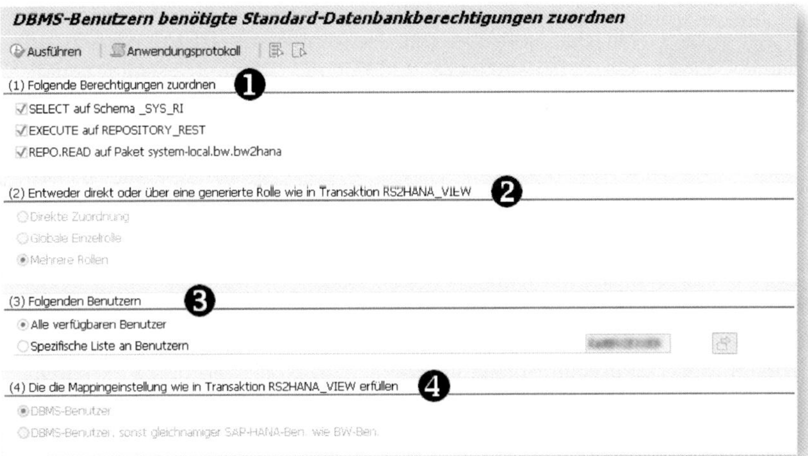

Abbildung 3.8: Report RS2HANA_ASSIGN_PRIVILEGES

Wie Abbildung 3.8 zeigt, ist der Report in vier Sektionen unterteilt:

❶ Folgende Berechtigungen zuordnen: Hier können wir die zu vergebenden Privilegien auswählen. Normalerweise benötigen wir alle drei, müssen also keins der Privilegien abwählen. Diese Auswahl berechtigt uns, unter dem in der Transaktion **RS2HANA_VIEW** angegeben Paket innerhalb der Pakethierarchie zu navigieren.

❷ In dieser Sektion sehen wir die in ❶ gewählten Privilegien, die den DBMS-Usern zugeordnet werden sollen. Diese Zuordnung ist rein informativ; ändern können wir diese in der Transaktion **RS2HANA_VIEW** (Feld Vergabetyp, siehe Abschnitt 3.3.2).

❸ Unter Folgenden Benutzern können wir eine Auswahl von BW-Usern angeben, an die die Privilegien vergeben werden.

❹ In dieser Sektion werden die DBMS-User bestimmt. Die Mappingeinstellung können wir ebenfalls in der Transaktion **RS2HANA _VIEW** ändern (Einstellung SAP-HANA-Benutzerzuordnung).

Anzeige bestimmter SAP-HANA-Views für ausgewählte Benutzerkreise

Mit der Vergabe des Paketprivilegs REPO.READ auf ein Content-Paket, in das die externen HANA-Views Ihrer BW-Objekte abgelegt werden, haben Sie z. B. die Möglichkeit, den Zugriff entsprechend Ihrer Benutzerkreise und Namensräume zu kapseln. Wie Sie im Abschnitt 3.3.2 noch sehen werden, enthält das in der Transaktion **RS2HANA_VIEW** angegebene Paket – analog zu den Namensräumen von BW-Objekten, für die externe HANA-Views generiert werden – entsprechende Unterpakete. Haben Sie im BW einen Benutzerkreis, der nur mit BW-Objekten eines bestimmten Namensraumes arbeiten darf, so definieren Sie in HANA eine Rolle, die das Paketprivileg REPO.READ für genau dieses Unterpaket (dem Namensraum der BW-Objekte entsprechend) enthält. Diese Rolle weisen Sie dann den Datenbankbenutzern zu, welche den Endbenutzern im BW entsprechen.

3-4: Vergabe allgemeiner Berechtigungen

Mithilfe des Reports RS2HANA_ASSIGN_PRIVILEGES sollen alle notwendigen Privilegien für generierte externe HANA-Views von BW-Objekten vergeben werden. Öffnen Sie den Report, und vergeben Sie die drei Privilegien an die Anwender USER_1 bis USER_12.

Einrichten der RFC-Destination

Damit die Berechtigungen auch beim Transport bzw. Import eines BW-Objekts korrekt generiert werden, muss die Replikation im BW-Mandanten gestartet werden. Andernfalls kann – zumindest für den Import, der immer im Mandanten 000 erfolgt – innerhalb der Replikation nicht geprüft werden, ob die benötigten BW- bzw. ABAP-User und BW-Analyseberechtigungen existieren. Um die Replikation im BW-Mandanten zu starten, muss die Standard-BW-RFC-Destination gepflegt sein. Diese können Sie in der Transaktion **RSTPRFC** anlegen. Ob die Destination korrekt gepflegt wurde, können Sie in der Transaktion **RS2HANA_CHECK** prüfen (siehe Abschnitt 3.3.6).

Einrichten der RFC-Destination

Weitere Informationen zur korrekten Pflege der Standard-BW-RFC-Destination finden Sie unter dem Suchbegriff »Mandantenabhängige Objekte importieren«.

Anlegen eines Rollenusers in SAP HANA

Für das spätere Customizing und die Generierung externer Views im Abschnitt 3.3.2 wird ein HANA-User benötigt, welcher für die Anlage und das Löschen von Rollen in HANA verwendet wird. Dieser User sollte als technischer User betrachtet werden (siehe nachfolgender

Achtung-Kasten) und besitzt lediglich das Systemprivileg ROLE ADMIN.

Behandlung des Rollenusers als technischen User

Ähnlich wie bei dem technischen BW-User handelt es sich bei dem Rollenuser aus BW-Sicht auch um einen technischen HANA-User. Nutzen Sie für die Einstellung VERGABETYP die Option **M** und haben einen Rollenuser angelegt, sollten Sie außerdem die erzwungene Änderung des Initialpassworts beim ersten Login sowie die Gültigkeitsprüfung (Lifetime-Check) für das Passwort des Users abschalten, wie es für technische HANA-User üblich ist. Die Änderung des Initialpassworts können Sie durch Ausführen des folgenden SQL-Statements deaktivieren: ALTER USER <Rollenuser> PASSWORD <neues Passwort> NO FORCE_FIRST_PASSWORD_CHANGE. Den Lifetime-Check können Sie wie folgt deaktivieren: ALTER USER <Rollenuser> DISABLE PASSWORD LIFETIME. Weitere Informationen dazu finden Sie unter dem Suchbegriff »ALTER USER Statement (Access Control)«.

Der Rollenuser muss außerdem aus dem BW heraus angesprochen werden können. Dafür benötigen wir einen Eintrag in der Transaktion **DBCO**, den wir später in der Customizing-Transaktion **RS2HANA_VIEW** hinterlegen (siehe Abschnitt 3.3.2).

3-5: Anlegen des Rollenusers in SAP HANA

Legen Sie in der Web IDE einen neuen Benutzer an, und weisen Sie diesem das Systemprivileg ROLE ADMIN zu. Vergeben Sie ein Initialpasswort, und speichern Sie den Benutzer. Optional können Sie danach die Änderung des Initialpassworts bei der ersten Anmeldung sowie den Passwort-Lifetime-Check mithilfe der zuvor genannten SQL-Statements deaktivieren. Wechseln Sie in der SAP GUI in die Transaktion **DBCO** und erstellen Sie einen neuen Eintrag für den soeben angelegten Benutzer.

3.3.2 Customizing der Generierung von SAP-HANA-Modellen

Die Transaktion **RS2HANA_VIEW** ist **die** Customizing-Transaktion für alle relevanten Einstellungen bei der Generierung externer Views.

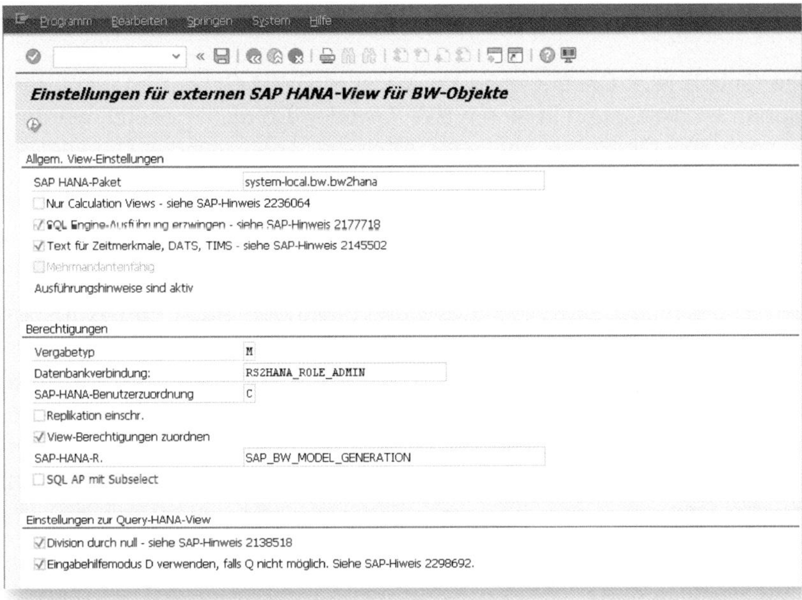

Abbildung 3.9: Transaktion RS2HANA_VIEW

Wie Sie in Abbildung 3.9 sehen, ist die Transaktion in drei Bereiche aufgeteilt: In der Sektion ALLGEMEINE VIEW-EINSTELLUNGEN können wir Einstellungen bezüglich der generierten HANA-Views treffen. Am interessantesten ist für uns die Festlegung des Pakets (SAP-HANA-PAKET), in dem die Views in der Datenbank angelegt werden. Per Default ist das Paket **system-local.bw.bw2hana** eingetragen, es lassen sich aber auch Unterpakete vom Typ **system-local** wählen. Die weiteren Einstellungen sind optional; eine Beschreibung, in welchen Fällen wir diese wählen sollten, finden Sie in den jeweils genannten Hinweisen. Die Option MEHRMANDANTENFÄHIG ist nur dann aktiv, wenn das HANA-System im Multi-Container-Modus installiert ist.

Multitenant Database Container

Weitere Informationen zu Multitenant Database Containern finden Sie im SAP Help Portal unter dem Suchbegriff »Multitenant Database Containers«.

Die Option Nur Calculation Views ist in BW/4-Systemen nicht verfügbar. Ist die Option in einem BW 7.4 oder 7.5 nicht gesetzt, werden je nach BW-Objekttyp entweder Attribute, Analytic oder Calculation Views generiert. Bei gesetzter Option oder in BW/4-Systemen werden unabhängig vom BW-Objekttyp immer Calculation Views generiert.

In der Sektion Berechtigungen können wir Einstellungen hinsichtlich der Replikation der BW-Analyseberechtigungen nach HANA festlegen. Es empfiehlt sich, die in der folgenden Übersicht gezeigte Auswahl vorzunehmen, um die Berechtigungen so zu replizieren, dass jedem HANA-User nur solche Privilegien zugeordnet werden, die seinem Pendant im BW über Analyseberechtigungen zugeordnet sind, um ein nachvollziehbares Mapping von BW- zu Datenbankusern zu erreichen:

Feld »Vergabetyp«

Beim Vergabetyp unterscheiden wir drei Varianten:

- Typ **M** = mehrere Rollen **(verfügbar ab BW 7.5 SP04)**
  Dies sollte in den meisten Kundenszenarien das empfohlene Szenario sein, d. h., pro Datenbankuser und pro generierter View jeweils eine Rolle mit dem Präfix **bw2hana/**, der im Feld SAP-HANA-Rolle angegebene Name und der Name des Datenbankusers bzw. des BW-Objekts. Der Rolle eines Datenbankusers werden dann die Rollen aller Views zugewiesen, auf welche er zugreifen darf. Die User-Rolle dient also letztlich als reine Sammelrolle ohne eigene Berechtigungen. Die Rolle einer View enthält hingegen alle notwendigen analytischen und SELECT-Privilegien, um auf die View, für wel-

che die Rolle generiert wurde, zugreifen zu können. Eine View-Rolle ist in allen User-Rollen enthalten, deren Besitzer auf das entsprechende BW-Objekt berechtigt sind.

- Typ **D** = direkte Zuordnung
  Mit dieser Auswahl werden den Datenbankusern die erzeugten analytischen Privilegien und notwendigen SELECT-Privilegien auf die generierten Views direkt, also ohne den Zwischenschritt über Rollen, zugeordnet. Alle generierten Berechtigungen sind direkt am User ablesbar, allerdings leidet dadurch die Übersichtlichkeit.
- Typ **R** = globale Einzelrolle (nicht in BW4/HANA)
  In diesem Fall wird genau eine einzige Rolle im System angelegt, welche alle analytischen und SELECT-Privilegien für alle Views enthält, die wir generieren. Der Name der Rolle setzt sich aus dem Präfix **bw2hana/** und dem im Feld SAP-HANA-Rolle angegebenen Namen zusammen. Diese Rolle wird wiederum den entsprechenden Datenbankusern zugewiesen. Dadurch erhalten Anwender aber SQL-Zugriff auf Views, auf deren zugehörige BW-Objekte sie nicht berechtigt sind. Auch besitzen sie analytische Privilegien für diese Views. Dass sie dennoch keine Daten beim Zugriff auf eine solche View erhalten, liegt an den fehlenden berechtigten Werten in RS2HANA_AUTH_STR bzw. RS2HANA_AUTH_FIL (siehe Abschnitt 3.3.3) und ist nicht auf den ersten Blick ersichtlich.

Verfügbarkeit des Vergabetyps in BW/4

In BW/4-Systemen sind nur die Optionen **M** (mehrere Rollen) und **D** (direkte Zuordnung) für die Einstellung Vergabetyp vorhanden. Die Option **R** (globale Einzelrolle) wurde entfernt.

Generierung mit Option R

Abbildung 3.10 zeigt das Ergebnis einer Generierung mit Option **R** für den Benutzer USER_2 aus Übung 1-6. Wir sehen, dass eine User-spezifische Rolle erzeugt wurde, die wiederum eine View-spezifische Rolle für die zum CompositeProvider YEPM_CP_SO gehörige generierte View enthält. Besäße der Benutzer Zugriff auf weitere BW-Modelle, so wären noch weitere View-Rollen enthalten.

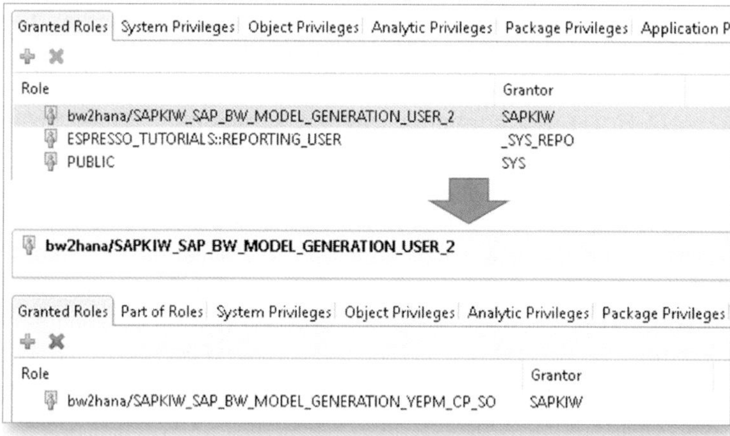

Abbildung 3.10: Generierte Rollen für User_2

Die View-Rolle enthält nun, wie beschrieben, die eigentlichen Berechtigungen, nämlich ein Objekt-Privileg YEPM_CP_SO für den SQL-Zugriff auf die generierte View und ein analytisches Privileg <SAPSID>_YEPM_CP_SO mit den aus den BW Analyseberechtigungen des Anwenders USER_2 abgeleiteten Berechtigungen (Abbildung 3.11).

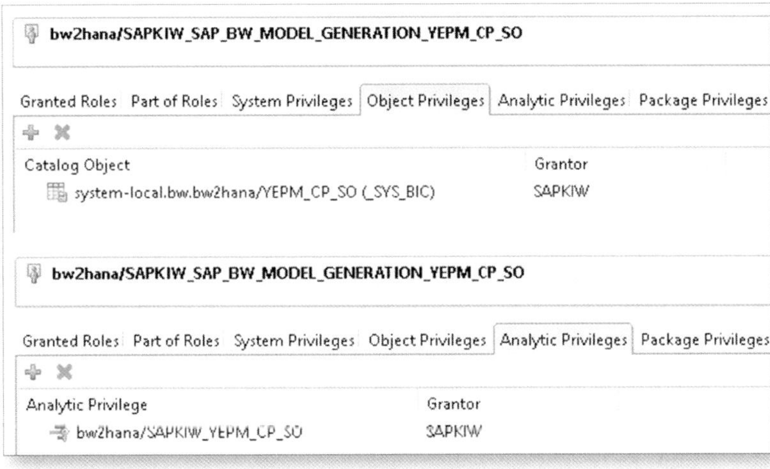

Abbildung 3.11: Privilegien der generierten Rolle

Feld »Datenbankverbindung«

Im Feld DATENBANKVERBINDUNG können wir eine in der Transaktion **DBCO** hinterlegte Datenbankverbindung angeben, die während der Replikation der BW-Analyseberechtigungen nach HANA zum Verwalten notwendiger Rollen verwendet wird. Ein in dieser Datenbankverbindung hinterlegter Datenbankuser sollte ausschließlich für dieses Szenario angelegt werden und nur das Systemprivileg **ROLE ADMIN** besitzen. Wir tragen die Verbindung ein, die wir im Abschnitt 3.3.1 (»Anlegen eines Rollenusers in SAP HANA«) in der Transaktion **DBCO** angelegt haben.

Empfohlene Datenbankverbindung für Option M

Wählen Sie als VERGABETYP den Wert **M**, sollten Sie auf jeden Fall im Feld DATENBANKVERBINDUNG eine Verbindung aus der Transaktion **DBCO** hinterlegen. Andernfalls sind Performanceprobleme und Timeouts während der Berechtigungsreplikation sehr wahrscheinlich.

Feld »SAP-HANA-Benutzerzuordnung«

Über dieses Feld können wir festlegen, wie die Zuordnung von BW- zu Datenbankusern ausgewertet werden soll:

- Zuordnung **D** = DBMS-Benutzer
  Hier müssen wir das Mapping explizit in der Transaktion **SU01** (Benutzerpflege) auf dem Reiter DBMS hinterlegen. Ohne Mapping werden für diesen BW-Benutzer keine Berechtigungen repliziert.
- Zuordnung **C** = DBMS-Benutzer, sonst gleichnamiger SAP-HANA- wie BW-Benutzer
  Wählen wir die Option **C**, wird zuerst geprüft, ob in der Transaktion **SU01** ein User-Mapping hinterlegt ist. Ist dies nicht der Fall, wird geprüft, ob in der Datenbank ein gleichnamiger User existiert. Ist das Ergebnis positiv und dieser Datenbankuser ist keinem weiteren BW-User explizit zugeordnet, so wird er als dem bereits existierenden BW-User zugehörig verwendet.

SAP-HANA-BENUTZERZUORDNUNG in BW/4

In einem BW/4-System ist die Einstellung SAP-HANA-BENUTZERZUORDNUNG nicht mehr vorhanden. Sie müssen daher den Reiter DBMS in der Transaktion **SU01** konfigurieren und das Mapping von BW- auf HANA-User explizit hinterlegen, damit die Replikation der Analyseberechtigungen nach HANA funktioniert.

Nutzen Sie die Option D!

In nicht-BW/4-Systemen wird empfohlen, die Option **D** zu wählen, um durch das explizite Mapping das Risiko falsch zugewiesener oder replizierter Berechtigungen zu minimieren. Wie Sie den Reiter DBMS in der Transaktion **SU01** einrichten und nutzen, ist zu Beginn von Abschnitt 3.2.1 beschrieben.

Feld »Replikation einschränken«

Wählen wir diese Option, so wird bei der Aktivierung oder dem Transport eines BW-Objekts die automatische Replikation der BW-Analyseberechtigungen nach HANA deaktiviert.

Wenn wir die externen HANA-Views der BW-Objekte lediglich als ungefilterte Datengrundlage für HANA-native Szenarien verwenden oder selbst analytische Privilegien in HANA unabhängig von den BW-Analyseberechtigungen definieren wollen, dann können wir mit dieser Einstellung die Replikation einschränken. Allerdings müssen wir dabei beachten, dass die generierten Views immer noch mit eingeschaltetem Privilegiencheck generiert werden. Datenbankuser können also erst dann auf die Views zugreifen, wenn wir ein entsprechendes analytisches Privileg erzeugt und den Usern zugewiesen haben.

Feld »View-Berechtigungen zuordnen«

Wählen wir diese Option **nicht**, so werden den Datenbankusern auf die generierten Views **keine** SELECT-, sondern nur analytische Privilegien zugeordnet. Somit haben wir die Möglichkeit, den Datenbankusern den direkten Zugriff auf die generierten Views zu verwehren, ohne die Filterung der Daten entsprechend den BW-Analyseberechtigungen zu verlieren. Das kann sinnvoll sein, wenn die generierte View lediglich die Grundlage für weitere Modelle darstellt und Sie verhindern möchten, dass HANA-User direkt auf die generierten Views zugreifen können.

Feld »SAP-HANA-Rolle«

Hier hinterlegen wir einen Identifier, der bei der Erzeugung der Rollen in HANA im Rollennamen verwendet wird.

Feld »SQL AP mit Subselect«

Per Default ist dieses Feld nicht gesetzt. Im Standard werden im Rahmen der Replikation dynamische Privilegien auf Basis von Stored Procedures generiert, die die Anwender und View-spezifischen Filter für die WHERE-Bedingung aus der Tabelle RS2HANA_AUTH_STR lesen.

Mit Wahl der Option SQL AP MIT SUBCELECT werden die analytische Privilegien aller für das Generierungs-Szenario verfügbaren BW-Objekte, außer von InfoCubes und DataStore-Objekte, nicht mit der Option **Dynamic**, sondern mit **SQL Editor** erzeugt. Diese Variante kann in Szenarien hilfreich sein, in denen Datenbankprozeduren nicht unterstützt werden, z. B. in Multitenant-Database-Container-Systemen. Außerdem kann sie die Zugriffszeit auf die View verbessern. Die Option **Dynamic**, also ohne den Haken bei SQL AP MIT SUBSELECT, ist dann von Vorteil, wenn Sie auf Basis einer generierten externen Attribute oder Analytic View eines BW-Objekts eine eigens definierte Calculation View anlegen möchten. Eine Calculation View können Sie nämlich nur dann auf einer Attribute oder Analytic View anlegen, wenn die für diese Views definierten SQL-analytischen Privilegien keine komplexen Filterbedingungen erzeugen, also keine *IN-Subqueries* oder *JOIN Statements* enthalten, wie es bei der Option **SQL Editor** der Fall ist.

Im Standard ist dieses Feld nicht gesetzt, es werden also Stored Procedures erzeugt.

3-6: Pflegen des Rollenusers im BW

Zuvor haben wir bereits einen Rollenuser in HANA angelegt und einen Eintrag in der Transaktion **DBCO** gepflegt. Hinterlegen Sie nun die Datenbankverbindung in der Transaktion **RS2HANA_VIEW**.

3.3.3 Generierung von SAP-HANA-Modellen und -Berechtigungen aus dem BW

Das Generierungs-Szenario bzw. die automatische Modellgenerierung steht uns seit dem Support Package SP 05 für BW 7.4 zur Verfügung. Während der Aktivierung des BW-Objekts wird eine strukturgleiche HANA-View generiert. Diese ist komplett in den Lebenszyklus des BW-Objekts integriert, d. h., jede Änderung am BW-Objekt wird bei dessen Aktivierung auch sofort nach HANA repliziert. Das betrifft ebenso den Transport des BW-Objekts, bei dem die HANA-View im Zielsystem während des Imports automatisch generiert wird. Die generierten Views existieren aus Datenbanksicht also immer nur systemlokal, da der Transport vom Applikationsserver bzw. vom BW-System übernommen wird. Sie sollten daher auch nur direkt konsumiert oder in weiteren Modellen genutzt und keinesfalls manuell angepasst werden. Jegliche Änderung würde ansonsten bei der nächsten Aktualisierung wieder überschrieben.

Zu folgenden BW-Objekten lassen sich Views generieren:

- InfoObjekt,
- InfoProvider,
- Query.

Folgende Einschränkungen gelten aktuell:

- Nur InfoObjekte oder Navigationsattribute mit dem Stammdatenzugriff **Standard** oder **SAP-HANA-View** werden unterstützt;
- in den generierten Views sind nur Texte solcher InfoObjekte sichtbar, deren Stammdatenzugriff ebenfalls vom Typ **Standard** oder **SAP-HANA-View** ist;
- Datums- oder Alphakonvertierung werden nicht unterstützt,
- nicht alle Query-Features werden unterstützt.

Einschränkungen bzgl. des Generierungs-Szenarios

... finden Sie in der SAP Help unter dem Suchbegriff »Generierung von SAP-HANA-Views aus dem BW-System heraus«. Bezüglich der unterstützten Query-Features finden Sie hier weitere Informationen unter dem Suchbegriff »SAP-HANA-Views für Queries generieren«.

Berechtigungsreplikation im Generierungs-Szenario

Die Generierung der BW-Analyseberechtigungen ist in vier Schritte unterteilt:

Im ersten Schritt werden zunächst die hinterlegten BW-Objekte und -Anwender auf Konsistenz überprüft. Für ein BW-Objekt ist zu klären, ob es tatsächlich existiert, von der HANA-Modellgenerierung unterstützt wird, eine Prüfung des Objekts im BW keine Fehler liefert, das Objekt selbst also konsistent ist (nur für BW-Queries relevant) und dafür bereits eine externe HANA-View generiert wurde. Für BW-Anwender sollte die Konsistenzprüfung ergeben, dass ein DBMS-User in der Transaktion **SU01** hinterlegt ist und dieser auch in HANA existiert bzw. ein gleichnamiger HANA-User existiert, je nach gewählter Einstellung in der Transaktion **RS2HANA_VIEW** (SAP-HANA-BENUTZERZUORDNUNG). Sind ein BW-Objekt oder ein User nicht konsistent, so werden sie im weiteren Verlauf nicht weiter beachtet. Neben der Konsistenzprüfung wird im ersten Schritt analysiert, welche Privilegien den hinterlegten DBMS-Usern bereits bei früheren Ausführungen der Berechtigungsreplikation zugewiesen wurden und welche BW-User die notwendigen BW-Analyseberechtigungen für die hinterlegten BW-Objekte besitzen. Besitzt ein BW-User diese nicht, so wird er im weiteren Verlauf nicht weiter berücksichtigt und eventuell bereits an ihn für das BW-Objekt zugewiesene Privilegien werden entfernt.

Im zweiten Schritt werden entsprechend den in der Transaktion **RS2HANA_VIEW** getroffenen Einstellungen notwendige Rollen sowie analytische Privilegien und Prozeduren generiert, falls diese noch nicht existieren. Löschen wir Berechtigungen in HANA, so werden die dazu bereits existierenden Rollen, Privilegien und Prozeduren, soweit möglich, ebenfalls gelöscht. Rollen eines BW-Objekts, analytische Privilegien oder Prozeduren werden nur dann gelöscht, wenn wir die Einstellung Alle BW-Benutzer (siehe Hinweiskasten) gewählt haben.

Einstellungen Alle BW-Benutzer und Alle aktivierten BW-Objekte

Die Einstellungen Alle BW-Benutzer und Alle aktivierten BW-Objekte stehen uns zur Verfügung, wenn wir die Replikation in der Transaktion **RS2HANA_GEN** starten. Werden die Berechtigungen im Rahmen der Aktivierung oder des Transports bzw. Imports eines BW-Objekts repliziert, ist die Einstellung Alle BW-Benutzer implizit gesetzt. Einen Blick auf die verschiedenen Wege, wie Berechtigungen repliziert werden können, werfen wir im nächsten Abschnitt.

Andernfalls dürfen die Objekte nicht gelöscht werden, da diese noch von anderen BW-Benutzern benötigt werden, die nicht Teil des gestarteten Löschprozesses sind. In diesem Fall werden den inkludierten Usern im dritten Schritt lediglich die Privilegien für den Zugriff auf die Prozeduren oder die Privilegien selbst entzogen. Eine User-spezifische Rolle wird nur dann gelöscht, wenn wir die Einstellung Alle aktivierten BW-Objekte gewählt haben. Andernfalls enthält sie noch andere Privilegien oder Rollen von BW-Objekten, die nicht im Löschprozess berücksichtigt wurden. Die globale Rolle wird dementsprechend nur gelöscht, wenn wir im Löschprozess beide Einstellungen Alle aktivierten BW-Objekte und Alle BW-Benutzer gewählt haben.

Im dritten Schritt werden die erzeugten Privilegien und Prozeduren je nach gewählter Einstellung entweder den DBMS-Usern direkt, deren Rollen oder der globalen Rolle zugewiesen. Wenn benötigt, werden außerdem die globale Rolle oder die User-spezifischen Rollen an die entsprechenden DBMS-User vergeben. Löschen wir Berechtigungen in HANA, so werden im dritten Schritt nur dann Berechtigungen entzogen, wenn diese nicht bereits im zweiten Schritt gelöscht wurden.

Im vierten Schritt werden die aus den Analyseberechtigungen der User ausgelesenen Werte abgelegt. Hierbei müssen wir zwei Fälle unterscheiden, je nachdem, welche Einstellungen wir im Customizing für das Feld SQL AP MIT SUBSELECT vorgenommen haben (siehe 3.3.2).

1. Verwendung von Stored Procedures:
   Ist die Option SQL AP MIT SUBSELECT in der Konfiguration **nicht** gesetzt, so werden alle Berechtigungen des Anwenders in eine WHERE-Bedingung übersetzt und in der Tabelle RS2HANA_AUTH_STR gespeichert. Auf diese Tabelle greifen die in Schritt 3 generierten Prozeduren zu.

2. Verwendung von Subselect:
   Wurde die Option SQL AP MIT SUBSELECT gesetzt, so werden stattdessen einzelne Filterwerte in der Tabelle RS2HANA_AUTH_FIL abgelegt. In diesem Fall wurden im dritten Schritt auch keine Prozeduren erzeugt, die analytischen Privilegien enthalten stattdessen ein SQL SELECT Statement, das die Tabelle ausliest. Ausgenommen hiervon sind alte BW-Objekte wie InfoCube oder DSO (siehe hierzu auch den nächsten Abschnitt).

Berechtigungsreplikation im Generierungsszenario

zB

Betrachten wir wieder unseren USER_2: Wenn wir uns für die Replikation mit Stored Procedures entschieden haben, enthält das analytisches Privileg <SAPSID>_YEPM_CP_SO nun eine Prozedur mit der Definition aus Listing 3.1.

```
CREATE PROCEDURE "_SYS_BIC"."bw2hana/<SAPSID>_YEPM_CP_SO"
(OUT filter VARCHAR(888888))
LANGUAGE SQLSCRIPT SQL SECURITY DEFINER READS SQL DATA AS
```

```
v_filter VARCHAR(888888);
CURSOR cursor1 FOR SELECT "VALUE" FROM
<SAPSID>."RS2HANA_AUTH_STR"
WHERE "INFOPROVIDER" = 'YEPM_CP_SO'
AND "TLOGO" = 'HCPR'
AND "HANAMODELFL" = 'X'
AND "DBMSUSER" = SESSION_USER;
BEGIN OPEN cursor1; FETCH cursor1 INTO v_filter; CLOSE
cursor1; filter := v_filter; END;
```

Listing 3.1 Definition der generierten Prozedur

Die eigentlichen Filterstrings finden wir in der Tabelle RS2HANA _AUTH_STR. Wir sehen, dass die Hierarchieberechtigung wie erwartet in Einzelwerte aufgelöst wurde (Abbildung 3.12).

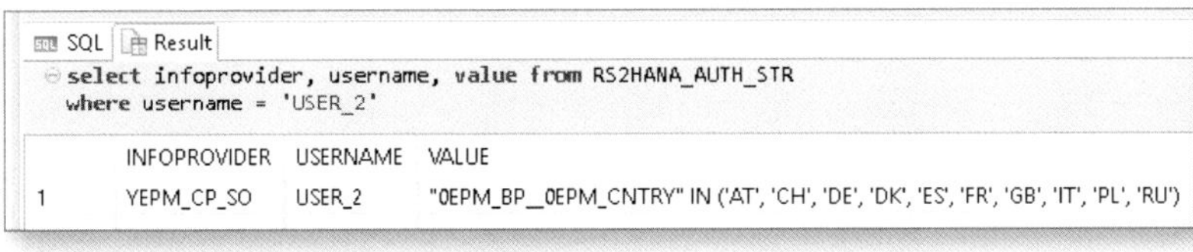

Abbildung 3.12: Generierte Filterbedingung für Prozedur

Nutzen wir hingegen die Option mit Subselect, so enthält das analytische Privileg <SAPSID>_YEPM_CP_SO eine SQL-Anweisung, die im Fall einer Einzelwerteinschränkung auf »Land« den folgenden Code enthält (Listing 3.2).

```
<…WHERE>
"0EPM_BP__0EPM_CNTRY" IN
(SELECT "VALUE" FROM <SAPSID>."RS2HANA_AUTH_FIL"
WHERE "INFOPROVIDER" = 'YEPM_CP_SO'
AND "TLOGO" = 'HCPR' AND "HANAMODELFL" = 'X'
AND "USERNAME" = SESSION_USER AND "AUTH" = 1
AND "CHARACTERISTIC" = '0EPM_BP__0EPM_CNTRY'
AND "PATTERN" = 'IN') <…>
```

Listing 3.2 Auszug aus generiertem Privileg mit Subselect

Die Filterbedingungen auf die berechtigten Werte für unseren USER _2 finden sich in der Tabelle RS2HANA_AUTH_FIL (Abbildung 3.13).

SQL | Result

```
select infoprovider, username, characteristic, pattern, value
from RS2HANA_AUTH_FIL
where username = 'USER_2'
```

	INFOPROVIDER	USERNAME	CHARACTERISTIC	PATTERN	VALUE
1	YEPM_CP_SO	USER_2	0EPM_BP__0EPM_CNTRY	IN	AT
2	YEPM_CP_SO	USER_2	0EPM_BP__0EPM_CNTRY	IN	CH
3	YEPM_CP_SO	USER_2	0EPM_BP__0EPM_CNTRY	IN	DE
4	YEPM_CP_SO	USER_2	0EPM_BP__0EPM_CNTRY	IN	DK
5	YEPM_CP_SO	USER_2	0EPM_BP__0EPM_CNTRY	IN	ES
6	YEPM_CP_SO	USER_2	0EPM_BP__0EPM_CNTRY	IN	FR
7	YEPM_CP_SO	USER_2	0EPM_BP__0EPM_CNTRY	IN	GB
8	YEPM_CP_SO	USER_2	0EPM_BP__0EPM_CNTRY	IN	IT
9	YEPM_CP_SO	USER_2	0EPM_BP__0EPM_CNTRY	IN	PL
10	YEPM_CP_SO	USER_2	0EPM_BP__0EPM_CNTRY	IN	RU

Abbildung 3.13: Generierte Filterbedingung für Subselect

Spezialfälle bei der Replikation von Berechtigungen

Der zuvor beschriebene Prozess der Replikation von Analyseberechtigungen im BW als analytische Privilegien nach HANA gilt für den Großteil der BW-InfoProvider. Es gibt jedoch ein paar Sonderfälle, die wir uns im Detail anschauen möchten.

- **Queries**
  Das zum Schutz der externen View einer BW-Query generierte analytische Privileg in HANA erzeugt keinen aus einer Analyseberechtigung abgeleiteten Filter, sondern enthält lediglich einen Dummy-Filter wie `<Viewattribut> LIKE ‚%‘`, was einem Vollzugriff entspricht. Dieser Vollzugriff wird genau dann vergeben, wenn der entsprechende Benutzer über das Standardberechtigungsobjekt S_RS_COMP auf die jeweilige Query berechtigt ist. Das analytische Privileg wird in diesem Fall also als reiner Zugriffsfilter auf die View genutzt. Die eigentliche Filterung der Daten geschieht auf der Ebene der darunterliegenden InfoProvider-View, welche innerhalb der externen View einer Query wiederverwendet wird und für

die die generierten analytischen Privilegien auf den Analyseberechtigungen des Benutzers basieren. Voraussetzung für die Generierung einer externen View einer Query ist somit immer, dass für den zugrunde liegenden InfoProvider bereits eine externe View generiert wurde. Das Szenario entspricht im Endeffekt also genau dem BW-Fall, wo die Prüfung der Datenberechtigungen auf Ebene des InfoProviders stattfindet.

- **InfoCubes und DataStore-Objekte**
  Die Einstellung SQL AP MIT SUBSELECT hat keinen Einfluss auf die Replikation der Analyseberechtigungen für InfoCubes und DataStore-Objekte. Für diese BW-Objekte werden demnach immer analytische Privilegien mit Prozedur generiert, welche den Filterstring aus der Tabelle RS2HANA_AUTH_STR lesen.

- **Berechtigungsprüfung für InfoObjekte**
  Im BW können wir auf InfoObjekte auf zweierlei Art zugreifen: entweder auf das InfoObjekt selbst oder auf das InfoObjekt als InfoProvider (sofern die entsprechende Eigenschaft gesetzt ist). Entsprechend können wir für InfoObjekte sowohl eine externe View als Stammdaten- bzw. [F4]-Hilfe-View (*externe SAP-HANA-View für Stammdaten*) als auch eine externe Reportingview (*externe SAP-HANA-View für Reporting*) generieren lassen, wobei letztere sich auf die Eigenschaft »InfoObjekt als Infoprovider« bezieht. Genau wie beim Zugriff im BW wird bei der Generierung unterschieden, ob die Analytischen Privilegien aus den Standardberechtigungsobjekten S_TABU_LIN und S_RS_IOMAD für die Pflege der Stammdaten (externe Stammdatenview) oder aus den für das InfoObjekt als InfoProvider definierten Analyseberechtigungen abgeleitet werden. Für die Auswertung der Berechtigungen für die externe Stammdatenview werden ggf. zusätzlich noch Analyseberechtigungen verwendet (siehe hierzu auch Abschnitt 1.5.2). Auch hier verhält sich alles also genau wie im BW.

- **BW-Objekte ohne berechtigungsrelevantes Feld**
  Analytische Privilegien für externe Views von BW-Objekten, die keine berechtigungsrelevanten Felder enthalten, werden analog zum analytischen Privileg einer externen Query-View generiert, enthalten also auch einen Dummy-artigen Filter und gewähren Vollzugriff auf die entsprechende View. Das Privileg wird, wie die entsprechende Analyseberechtigung im BW, als reine Ja/Nein-Prüfung für den Zugriff auf die View genutzt. Dieser Fall trifft auch auf InfoCubes und DataStore-Objekte zu.

3.3.4 Möglichkeiten der Berechtigungsreplikation im Generierungs-Szenario

In Abschnitt 2.2.2 haben Sie bereits erfahren, wie Sie für ein BW-Objekt eine externe View automatisch generieren lassen können (Einstellung EXTERNE SAP-HANA-VIEW im entsprechenden Objekteditor). Die Replikation der im BW hinterlegten Analyseberechtigungen geschieht in diesem Fall ebenfalls von selbst, vorausgesetzt, wir haben die automatische Replikation in der Transaktion **RS2HANA_VIEW** nicht abgeschaltet (Einstellung REPLIKATION EINSCHRÄNKEN). Zusammengefasst gibt es vier Möglichkeiten, Analyseberechtigungen nach HANA zu replizieren:

1. während der Aktivierung eines BW-InfoProviders,
2. beim Transport bzw. Import des BW-InfoProviders,
3. manuelle Replikation mithilfe der Transaktion **RS2HANA_GEN**,
4. automatische Replikation mithilfe der Prozesskette BW BERECHTIGUNGEN NACH SAP HANA REPLIZIEREN.

Die ersten beiden Optionen kennen wir bereits, daher wenden wir uns den anderen beiden Varianten zu.

Manuelle Replikation

Wir wollen uns zunächst mit der Transaktion **RSHANA_GEN** auseinandersetzen (vgl. Abbildung 3.14).

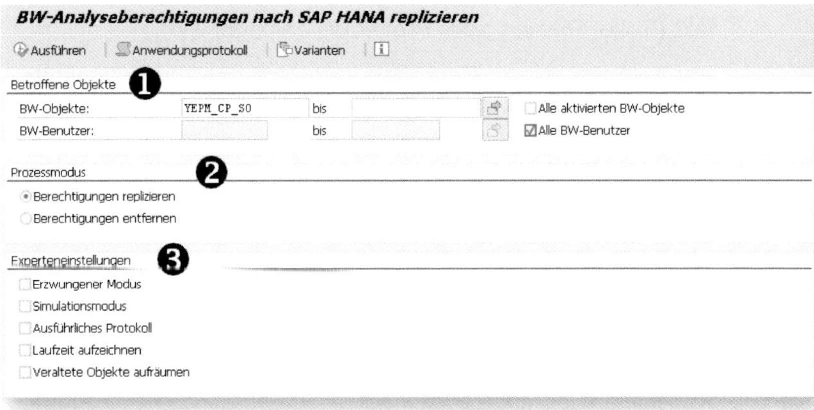

Abbildung 3.14: Transaktion RS2HANA_GEN

Die Transaktion ist beim ersten Öffnen in die zwei Bereiche Betroffene Objekte ❶ und Prozessmodus ❷ aufgeteilt. Im regulären Betrieb sollten wir immer mit diesen beiden Bereichen auskommen. Im Bereich ❶ können wir die BW-Objekte und BW-Benutzer auswählen, für die wir die BW-Analyseberechtigungen nach HANA replizieren oder die wir löschen möchten. Im Bereich ❷ wählen wir aus, ob wir die Berechtigungen replizieren oder entfernen wollen.

Den Bereich Experteneinstellungen ❸ können wir zusätzlich einblenden, indem wir aus dem Menü die Option Zusätze • Experteneinstellungen anzeigen auswählen. Hier stehen uns die folgenden Funktionen zur Verfügung:

- Erzwungener Modus: Diese Option ist nur für die Replikation von Berechtigungen relevant. Ist sie aktiv, so werden benötigte Rollen, Privilegien oder Prozeduren immer neu angelegt. Existiert ein Objekt bereits, so wird es erst gelöscht und danach neu erzeugt. Der erzwungene Modus ist nur möglich, wenn wir die Replikation für **alle** BW-Anwender ausführen, da ansonsten nicht für die Replikation ausgewählte Benutzer mit Berechtigung und zugewiesenen Privilegien für die gewählten BW-Objekte den Zugriff auf die generierten Views verlieren. (Wir erinnern uns, dass einmal zugewiesene Privilegien entfernt werden, wenn das zugrunde liegende Datenbankartefakt (Rolle, Privileg oder Prozedur) gelöscht wird.)

- Simulationsmodus: Es finden keine tatsächlichen Aktivitäten wie das Anlegen oder Löschen von Rollen, Privilegien oder Prozeduren statt.
- Ausführliches Protokoll: Das per Default geschriebene Protokoll enthält nur die notwendigsten Informationen und Fehlermeldungen. Mit dieser Option können wir uns alle während der Replikation erzeugten Meldungen anschauen.
- Laufzeit aufzeichnen: Die Dauer der einzelnen Prozessschritte während der Replikation wird aufgezeichnet und im Applikationslog angezeigt.
- Veraltete Objekte aufräumen: Diese Option ist äußerst hilfreich, wenn wir die HANA-Modellgenerierung bereits in einem früheren Release genutzt haben. Mit einem Upgrade auf BW 7.5 SP 4 oder höher hat sich die Namensgebung einzelner generierter Artefakte, wie z. B. analytischer Privilegien, geändert. Mithilfe dieser Option können wir alle obsoleten Rollen, Privilegien und Prozeduren im System löschen. Sie lässt sich auch separat über den Menüpfad Replikation • Bereinigen ausführen.

Regelmäßige Replikation per Prozesskette

Sobald ein Provider geändert und aktiviert oder der geänderte Provider transportiert wird, werden die Berechtigungen neu repliziert. Ändern sich jedoch die Analyseberechtigungen oder deren Zuweisung zu Anwendern im BW, so bekommt das HANA-System davon nichts mit. Das bedeutet, wir müssen einen Job einplanen, der regelmäßig (i. d. R. täglich) Änderungen aus dem BW in das HANA-Modell überträgt. Dafür gibt es den neuen BW Prozesskettentyp »Berechtigungen nach SAP HANA replizieren«.

Die Oberfläche zur Pflege einer Prozesskette für die Replikation der BW-Analyseberechtigungen nach HANA ist analog zur Transaktion **RS2HANA_GEN** aufgebaut (vgl. Abbildung 3.15).

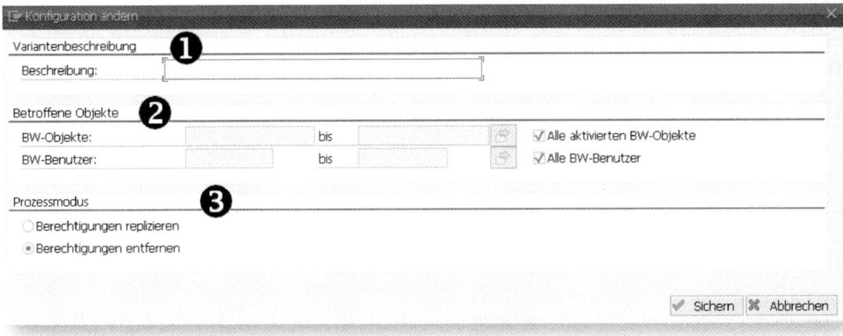

Abbildung 3.15: Pflege der Prozesskettenvariante

Im Bereich Variantenbeschreibung ❶ können wir eine Beschreibung für die Variante des Prozesskettentyps hinterlegen. Die Bereiche Betroffene Objekte ❷ und Prozessmodus ❸ verhalten sich analog zu den Bereichen in der Transaktion **RS2HANA_VIEW**. Bei der Pflege der Prozesskettenvariante haben wir allerdings keinen Zugriff auf die Experteneinstellungen, weswegen wir z. B. die Replikation nicht im erzwungenen Modus starten oder uns ein vollständiges Applikationslog erzeugen lassen können.

3-7: Replizieren von BW-Berechtigungen nach HANA

Öffnen Sie die Transaktion **RS2HANA_GEN** oder legen Sie eine neue Prozesskette für die Replikation der BW-Analyseberechtigungen nach HANA an. Geben Sie den CompositeProvider YEPM_CP_SO als BW-Objekt und die Benutzer USER_1 bis USER_12 als BW-Benutzer an. Führen Sie die Replikation aus. Falls Sie die Replikation in der Transaktion **RS2HANA_GEN** starten, können Sie zudem die Option Veraltete Objekte aufräumen wählen, um das System zusätzlich zu bereinigen.

3.3.5 Administration generierter externer SAP-HANA-Views

Die Transaktion **RS2HANA_ADMIN** bietet uns eine Oberfläche zur Administration aller BW-Objekte, für die wir die Einstellung EXTERNE SAP-HANA-VIEW aktiviert haben. Alle anderen BW-Objekte werden hier nicht angezeigt.

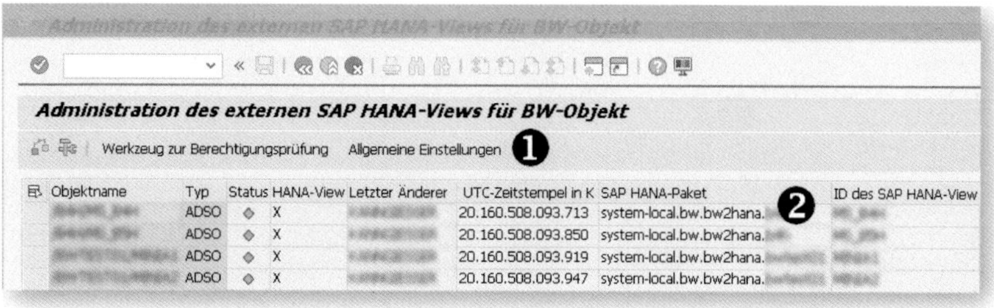

Abbildung 3.16: Transaktion RS2HANA_ADMIN

In Abbildung 3.16 sehen wir im Bereich der Toolbar ❶ die Optionen zum Prüfen () oder Reparieren () einer im Bereich ❷ ausgewählten externen View. Die Buttons WERKZEUG ZUR BERECHTIGUNGSPRÜFUNG und ALLGEMEINE EINSTELLUNGEN führen uns zu den bereits bekannten Transaktionen **RS2HANA_GEN** bzw. **RS2HANA_VIEW**. Im Bereich ❷ sehen wir die aktiven Views, aufgeschlüsselt nach BW-OBJEKTNAME, BW-ObjektTYP (z. B. ADSO oder Query), STATUS und Informationen zur letzten Generierung sowie dem PAKET und der ID DES SAP-HANA-VIEWS. Die Statusinformation ist leer (), solange wir keine Prüfung für eine oder mehrere selektierte Views ausführen.

Die Prüfung einer View meldet uns auch inkonsistente Views, sollte sich die Art der Generierung z. B. durch ein Upgrade, das Einspielen eines Hinweises oder Anpassung der View geändert haben. Zudem wird überprüft, ob alle für den Zugriff auf die View notwendigen Objekte wie analytische Privilegien existieren. Ist die View inkonsistent oder fehlt ein für den Zugriff notwendiges Objekt, lassen sich die View und Privilegien unmittelbar neu generieren. Die Transaktion **RS2HANA_ADMIN** können wir auch mittels Customizing (Transaktion **SPRO**) über den Menüpfad SAP CUSTOMIZING EINFÜHRUNGSLEITFADEN • SAP NETWEAVER • BUSINESS WAREHOUSE • ALLGEMEINE EINSTELLUNGEN • EINSTELLUNGEN FÜR DIE GENERIERUNG EXTERNER SAP-HANA-SICHTEN FÜR BW-OBJEKTE erreichen.

3-8: Konsistenzprüfung einer View

Öffnen Sie die Transaktion **RS2HANA_ADMIN**, und suchen Sie nach der View des CompositeProviders YEPM_CP_SO. Prüfen Sie die View auf Korrektheit und reparieren Sie sie, falls erforderlich.

3.3.6 Fehlersuche bei der Generierung externer SAP-HANA-Views

Mithilfe der Transaktion **RS2HANA_CHECK** können wir mögliche Probleme bei Zugriffen von BW-Objekten auf generierte externe Views analysieren. Sie erlaubt uns sowohl die Prüfung der Existenz benötigter Datenbankartefakte wie analytischer Privilegien und Rollen (analog zur Prüfung in der Transaktion **RS2HANA_ADMIN**) als auch die Zuweisung der Privilegien und Rollen zu den entsprechenden Datenbankusern oder zu (Sammel-)Rollen. Werden für einen BW-User keine Berechtigungen nach HANA repliziert, erhalten wir eine Übersicht über mögliche Fehlerquellen, wie ein fehlendes Usermapping in der **SU01** oder unzureichend definierte BW-Analyseberechtigungen.

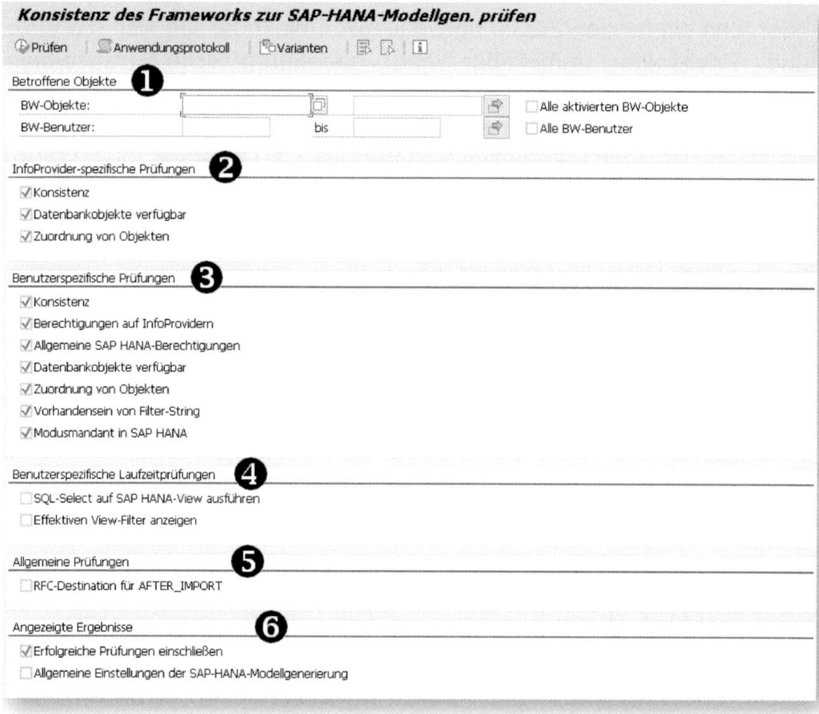

Abbildung 3.17: Transaktion RS2HANA_CHECK

Wie Sie in Abbildung 3.17 sehen, können wir in der Sektion ❶ die BW-Objekte und -User angeben, für die wir die nachfolgend verfügbaren Prüfungen ausführen möchten:

- In den Sektionen InfoProvider-spezifische Prüfungen ❷ und Benutzer-spezifische Prüfungen ❸ können wir die angesprochenen statischen Prüfungen etwa der Existenz benötigter Datenbankartefakte und deren Zuweisung zu Usern und Rollen kontrollieren.
- Die Prüfungen Zuweisung InfoProvider-spezifischer Datenbankartefakte zu Rollen bzw. Existenz von Datenbankartefakten in der Sektion ❸ sind nur dann sicht- und wählbar, wenn wir in der Transaktion **RS2HANA_VIEW** für die Einstellung Vergabetyp den Wert **R** oder **M** gewählt haben.

- In der Sektion USER-SPEZIFISCHE LAUFZEITPRÜFUNGEN ❹ haben wir zwei Optionen zur Prüfung des eigentlichen Viewzugriffs: Die erste Option zeigt uns den durch analytische Privilegien erzeugten effektiven Filter eines Users bei Zugriff auf eine View (analog zur Spalte EFFECTIVE_FILTER der Systemview EFFECTIVE_STRUCTURED_PRIVILEGES [PUBLIC]). Die zweite Option führt ein Dummy SELECT Statement (SELECT COUNT(*)) auf der View aus. Damit können wir letztendlich sicherstellen, dass der entsprechende User auf die View zugreifen kann. Damit die laufzeitspezifischen Prüfungen für einen BW-User durchgeführt werden können, müssen wir in der Transaktion **DBCO** für den zu prüfenden User eine Datenbankverbindung hinterlegen, die außerdem in der Tabelle RS2HANA_DBCO bekannt zu machen ist. In einem BW/4-System können wir diese Tabelle in der Transaktion **RS2HANA_CHECK** über den Menüpfad SPRINGEN • DATENBANKVERBINDUNG PFLEGEN bearbeiten, in BW 7.5 in der Transaktion **SM30**.
- Die Sektion ALLGEMEINE PRÜFUNGEN ❺ bietet uns lediglich die Option zur Konsistenzprüfung der eingerichteten RFC-Verbindung für die Berechtigungsreplikation.
- In der Sektion ANGEZEIGTE ERGEBNISSE ❻ können wir entscheiden, ob wir alle Meldungen oder nur Fehlermeldungen im Protokoll sehen möchten (Einstellung ERFOLGREICHE PRÜFUNGEN EINSCHLIEßEN) und ob wir eine Übersicht über die aktuellen Systemeinstellungen hinsichtlich der Modellgenerierung und Berechtigungsreplikation wünschen (Einstellung ALLGEMEINE EINSTELLUNGEN DER SAP-HANA-MODELLGENERIERUNG).
- Weiterhin können wir die Konsistenz des technischen BW-Benutzers und des Rollenusers über den Menüpfad KONSISTENZPRÜFUNG • TECHNISCHE BENUTZER prüfen. Da diese Konsistenz fundamental für den Prozess der Replikation von Berechtigungen und die Generierung der Views ist, wird diese jedes Mal implizit bei der Ausführung jeglicher Prüfungen in der Transaktion geprüft. Allerdings werden nur im Fehlerfall entsprechende Meldungen ausgegeben. Erst die explizite

Prüfung über das Transaktionsmenü liefert in jedem Fall eine Meldungsliste zurück.

3.3.7 Das Import-Szenario im SAP HANA Studio in SAP BW 7.30

Der Import von BW-Modellen über das HANA Studio, das sogenannte Import- oder *Pull-Szenario*, diente dem erst später eingeführten Modellexport im BW (unserem Generierungs-Szenario, auch *Push-Szenario genannt*), den Sie gerade ausführlich kennengelernt haben, als Vorlage. Dabei hat der Modellimport seine Daseinsberechtigung mit Einführung des Modellexports nicht verloren (siehe Gegenüberstellung der beiden Lösungen in Tabelle 3.1). Auf den Modellimport im HANA Studio soll im Folgenden jedoch nur kurz eingegangen werden, da der Modellexport für den Großteil der gemischten Szenarien den deutlich größeren Mehrwert liefert und in seinem Funktionsumfang auch deutlich mächtiger ist.

Verfügbarkeit und weitere Informationen zum BW-Modellimport im SAP HANA Studio

Der BW-Modellimport im HANA Studio steht Ihnen mit BW 7.3 SP 5 in Verbindung mit HANA 1.0 SPS 5 Revision 50 oder höher zur Verfügung. Mehr Informationen bzgl. Verfügbarkeit und Voraussetzungen sowie zur Benutzung des BW-Modellimports finden Sie in der SAP Help unter dem Suchbegriff »Import BW Objects«.

Der BW-Modellimport ist nur im HANA Studio, nicht aber in der Web IDE verfügbar. Um ein Modell zu importieren, wählen Sie im Menü File • Import • SAP HANA Content • SAP NetWeaver BW Models.

Die importierte View steht sodann als HANA-Modell zur Verfügung. Änderungen am zugrunde liegenden BW-Objekt haben keine Auswirkungen auf das importierte Modell. Das komplette Lifecycle Management findet HANA-seitig statt.

Funktion	Import in HANA (Pull)	Export aus BW (Push)
Vision des Szenarios	Grundlage für Modellierungen in HANA, losgelöst von Änderungen am BW-Modell	Grundlage für Modellierungen in HANA mit enger Bindung an das BW-Modell
Generierung einer View auf Basis des BW-Modells in HANA	manuell über BW-Modellimport	automatisch bei Aktivierung des BW-Objektes
Replikation von Stammdaten- und Analyseberechtigungen	automatisch während des Modellimports	siehe Abschnitt 3.3.3 (»Möglichkeiten der Berechtigungsreplikation im Generierungs-Szenario«)
Zuweisung replizierter Berechtigungen	manuell durch Systemadministrator	siehe Abschnitt 3.3.3 (»Möglichkeiten der Berechtigungsreplikation im Generierungs-Szenario«)
Aktualisierung der generierten View und replizierten Berechtigungen	manuell durch erneuten Import	siehe Abschnitt 3.3.3 (»Möglichkeiten der Berechtigungsreplikation im Generierungs-Szenario«)
Abhängigkeiten der generierten View und replizierten Berechtigungen	Änderungen im BW haben ohne erneuten Import keine Auswirkung auf bereits importierte Modelle.	Jede Änderung des BW-Objekts wird sofort nach HANA repliziert, manuelle Änderungen an der View werden überschrieben.
Transport	Transport der generierten View mithilfe von SAP HANA Change Request Management oder Import der BW-Modelle in alle Folgesysteme.	BW-seitiger Transport des BW-Objekts. Bei Import und Aktivierung des BW-Objekts im Folgesystem werden die View und Berechtigungen automatisch generiert und repliziert.

Tabelle 3.1: Gegenüberstellung von Pull- und Push-Szenario

3.4 Kombinierte Auswertungen und Berechtigungen in SAP BW on HANA

Die meisten BW-Kunden dürften, wenn sie die ersten Schritte in die HANA-Welt unternehmen, mit der Überführung von HANA-Modellen ins BW oder der Generierung von Privilegien arbeiten, da sie dadurch weiterhin die Berechtigungen ausschließlich im BW – und damit der ihnen bekannten Umgebung – pflegen müssen. Was aber, wenn diese Standardfunktionen an ihre Grenzen stoßen, z. B. weil die auszuwertenden Daten nicht einfach in ein BW-Modell integriert werden können oder sollen, oder die Anzahl der nativen Modelle zunimmt. Sollten native Modelle immer erst in ein virtuelles BW-Modell überführt werden, nur um sie dann wieder nativ auszuwerten? Natürlich nicht. Die Verwaltung der Berechtigungen möchte man selbstverständlich so einfach wie möglich halten und ungern zwei unterschiedliche Konzepte parallel betreiben.

Generell lassen sich drei Szenarien unterscheiden, deren gemeinsames Ziel es ist, alle Berechtigungen mit möglichst geringem Aufwand synchron zu halten:

- **BW-zentrisches Modell**
  Dies dürfte das bei BW-Kunden am häufigsten eingesetzte Szenario sein: ein bestehendes BW-System, das um einzelne native Modelle erweitert wird. Die Berechtigungen sollen im BW gepflegt werden.
- **HANA-zentrisches Modell**
  In diesem, in der Praxis eher seltenen Fall wird ein natives HANA-Reporting um einzelne BW-Berichte erweitert. Das HANA-System ist in Bezug auf die Berechtigungen führend.
- **Neutrales Modell**
  Beide Modelle werden in einem gemeinsamen Berichtswesen genutzt, und die Berechtigungen sollen an einer zentralen Stelle gepflegt werden.

Im Folgenden beschreiben wir anhand kleiner Praxisbeispiele mögliche Lösungsansätze. Wir erheben dabei keinen Anspruch auf Vollständigkeit. Auch wird man in großen oder komplexen Systemen in den meisten Szenarien an Grenzen stoßen und letztlich vermutlich nicht um zwei vollwertige Berechtigungskonzepte herumkommen. Für einfache Szenarien oder eine begrenzte Menge an einzubindenden Objekten aus den jeweils anderen Modellen sind diese Lösungen aber durchaus gangbar.

3.4.1 Das BW-zentrische Modell

HANA-Modelle über BW berechtigen

zB

Wir gehen von einem BW-Modell mit bestehenden Analyseberechtigungen aus, das um ein HANA-natives Reporting erweitert werden soll. Die Endanwender sollen dabei in beiden Systemen auf dieselben Ausprägungen berechtigt werden.

Die generierten Privilegien wiederverwenden

In einem ersten Ansatz ließe sich aus einem BW-Provider eine HANA-View mit zugehörigen Privilegien erzeugen (analog der Standardgenerierung aus Kapitel 2). Die erzeugten Privilegien sollen nun auch für weitere, nicht vom BW erzeugte HANA-Views genutzt werden.

Wir wissen aus Abschnitt 3.3, dass bei der Generierung i. d. R. dynamische Privilegien auf Basis von Stored Procedures erstellt werden und die WHERE-Bedingungen zu den einzelnen Benutzern in der Tabelle RS2HANA_AUTH_STR abgelegt werden (es sei denn, die Einstellung »SQL AP« mit SUBSELECT ist gesetzt). Außerdem wissen wir, dass sich in HANA analytische Privilegien nicht wie im BW einfach um einen zusätzlichen Provider erweitern lassen. Allerdings können wir ein neues dynamisches Privileg erstellen, für das wir entweder die generierte Stored Procedure wiederverwenden oder aber eine eigene anlegen, die die generierte WHERE-Bedingung aus der Tabelle RS2HANA_AUTH_STR liest.

Natürlich müssen wir in einem solchen Szenario bedenken, dass mit dem zugrunde liegenden BW-Provider auch die generierten Privilegien und damit die Prozedur und Einträge der Tabelle RS2HANA_AUTH_STR gelöscht werden. Daher wäre ggf. ein eigener Referenz-CompositeProvider sinnvoll, der sich nicht aufgrund anderer Anforderungen ändern kann.

Dieses Szenario eignet sich v. a. dann, wenn die berechtigten Merkmale und Einschränkungen im BW- und HANA-Modell identisch sind.

Generierte HANA-Modelle sind immer geschützt

Bei der Generierung erstellte Views werden immer mit analytischen Privilegien vom Typ **SQL** angelegt. Ein manuelles Abwählen der Option ist nicht zu empfehlen, da bei jeder Aktualisierung der View über das BW-Modell die Einstellung erneut gesetzt wird. Für ein Szenario »Staging im BW« , bei dem die Datenhaltung im BW stattfindet, die Auswertungsschicht aber HANA-nativ auf Basis der BW-generierten Views modelliert ist, bedeutet das, dass wir bereits für die generierte HANA-Schicht Privilegien selbst erstellen oder generieren lassen müssen. Letzteres hieße aber, die BW-Analyseberechtigungen bereits auf dem BW-Persistenzlayer (ADSOs) zu pflegen, auch wenn die Anwender auf diesen eigentlich keinen Zugriff haben sollen.

3-9: Generierte Privilegien wiederverwenden

In dieser Übungsaufgabe legen Sie eine eigene HANA-View YEPM_CP_SO_REUSE an, die die generierte View zu Composite Provider YEPM_CP_SO aus Übung 3-7 enthält. Als Nächstes legen Sie ein analytisches Privileg an, das die generierte Prozedur wiederverwendet und somit dem Anwender auf Ihrer HANA-View dieselben Berechtigungen zuweist, die er auch auf die Originalview besitzt.

Tabellen der Analyseberechtigungen auslesen

Der soeben beschrieben Ansatz funktioniert nur, wenn im BW ein Modell existiert, das berechtigungstechnisch der neuen HANA-View 1:1 entspricht, oder aber ihr zumindest so ähnlich ist, dass der generierte Berechtigungsstring leicht in einer eigenen Prozedur entsprechend umgebaut werden kann. Mit diesem Ansatz kommen wir jedoch nicht mehr weiter, wenn die berechtigten Werte z. B. auf unterschiedliche BW-Modelle verteilt sind oder umgekehrt nur ein Teil der Analyseberechtigungen benötigt wird. Stattdessen können wir die den Analyseberechtigungen zugrunde liegenden Tabellen auslesen und die Werte in HANA-Privilegien verwenden. Das betrifft insbesondere die Tabellen

- RSECVAL_STRING und
- RSECHIE_STRING.

Allerdings müssten die analytischen Privilegien dann noch den entsprechenden Anwendern zugewiesen werden. Für dynamische Privilegien müsste man zusätzlich die Zuordnung der Berechtigungen zu Anwendern aus dem BW auslesen und diese Information in der Prozedur verarbeiten.

3-10: BW-Berechtigungsdaten wiederverwenden

Erstellen Sie ein analytisches Privileg für die Produktgruppe »PCs«, das die zugehörigen Werte aus der Tabelle RSECVAL_STRING im BW liest. Sie können dafür z. B. die in Übung 3-2 erstellte manuelle HANA-View verwenden.

Auf diese Weise ist das HANA-Privileg immer identisch mit der BW-Analyseberechtigung, auch wenn Letztere geändert wird. Die HANA-User-Zuordnung wäre dann allerdings noch nicht automatisiert.

Optional können Sie auch ein dynamisches Privileg für den Benutzer USER_01 erstellen.

Generierung von Privilegien

Kommen wir mit keinem der bisherigen Ansätze weiter, so können wir auf die in Kapitel 2 vorgestellte Lösung einer eigenen Generierung analytischer Privilegien ausweichen, die dann periodisch ausgeführt wird. In diesem Fall lassen sich auch beliebig komplexe Transformationen und Logiken abbilden, für die das Standard-Generierungs-Szenario zu kurz greift. Falls die Analyseberechtigungen zudem im BW generiert werden, so können die zugehörigen BW-DSO-Tabellen mit SQL-Mitteln ausgelesen und die dort hinterlegten, berechtigten Werte direkt genutzt werden.

3.4.2 Das HANA-zentrische Modell

BW-Modelle über HANA berechtigen

zB

Jetzt betrachten wir das umgekehrte, aber deutlich unwahrscheinlichere Szenario, dass in einem HANA Data Warehouse ein BW Data Mart analog berechtigt werden soll. Dazu wollen wir auch diesmal die auf HANA-Seite berechtigten Werte auslesen und im BW verwenden.

Als Möglichkeiten bieten sich uns Customer-Exit-Variablen oder die automatisierte Generierung an (für beides siehe Abschnitt 1.2.4). Allerdings ist der Aufwand in diesem Szenario ungleich höher, weil die Einschränkungen erst in eine BW-kompatible Form gebracht werden müssen. Die für einen Anwender berechtigten Werte zu einer bestimmten View lassen sich über die System View EFFECTIVE_STRUCTURED_PRIVILEGES auslesen, die als Eingabeparameter Benutzer-, Schema und Viewname erfordert.

3-11: Berechtigungen aus einem HANA-System auslesen

Erstellen Sie für den Benutzer aus Übung 2-8 eine entsprechende BW-Berechtigung, die seine Produktkategorie-Berechtigung aus der HANA-View EFFECTIVE_STRUCTURED_PRIVILEGES zur Laufzeit ausliest.

3.4.3 Das neutrale Modell

Zu guter Letzt wollen wir beide Varianten kombinieren: Die Berechtigungen sollen an einer zentralen Stelle gepflegt und dann von BW und HANA entsprechend übernommen werden.

Pflegetabelle mit Customer-Exit und Stored Procedure

Nutzen wir für die zentrale Pflege z. B. eine BW-Tabelle, so können wir diese per Customer-Exit-Variable (im BW) und Stored Procedure (in der HANA) auslesen. Beides haben Sie ja bereits in den Abschnitten 1.2.4 bzw. 2.2.4 kennengelernt.

3-12: Zentrale Pflege der Berechtigungen

In Übung 1-9 haben Sie bereits ein Customer-Exit-Szenario implementiert, das Sie nun als Basis verwenden können. Modifizieren Sie noch Ihren Code aus Übung 2-15 dergestalt, dass die berechtigten Werte aus der entsprechenden BW-Mappingtabelle von Übung 1-9 gelesen werden.

Generierung von analytischen Privilegien

Ebenso denkbar wäre ein gemeinsames Generierungsszenario, bei dem auf BW-Seite die Standardgenerierung mithilfe der DSOs und auf HANA-Seite eine kundeneigene Generierung (wie im Bonusmaterial beschrieben) genutzt werden. Auf beiden Seiten ließe sich dann auf Basis der ohnehin benötigten kundenindividuellen Programmierung beliebige Komplexität abbilden.

3.5 Weitere Berechtigungen mit BW und HANA

Zu guter Letzt wollen wir noch ein wenig über den Tellerrand hinausblicken und aus BW-Berechtigungssicht die Abgrenzung und Integration mit S/4HANA Analytics und der BusinessObjects-Plattform betrachten.

3.5.1 SAP BW und S/4HANA Analytics

Unter *S/4HANA Analytics* versteht man den von SAP auf Basis sogenannter *ABAP CDS-Views* ausgelieferten Analyse-Content in S/4HANA. CDS steht hier für *Core Data Services*. Ähnlich dem BW-Content stehen vordefinierte Datenmodelle für analytische Szenarien zur Verfügung, nur dass diese im Quellsystem, also dem S/4HANA-System, liegen und rein virtuell sind. Die Notwendigkeit, die Daten zur Auswertung erst in ein BW-System zu laden, entfällt damit. Man kann vereinfacht drei Arten von CDS-Views unterscheiden:

- *Basic Views* – bilden das normalisierte Datenmodell (z. B. Fakten, Dimensionen, Hierarchien),
- *Composite Views*, kombinieren Basic Views, bilden das Star-Schema ab und entsprechen damit den BW Cubes,
- *Consumption Views* – vergleichbar mit BW-Queries.

Wie beim Business Content, lassen sich diese ausgelieferten Datenmodelle um eigene Views erweitern (Abbildung 3.18).

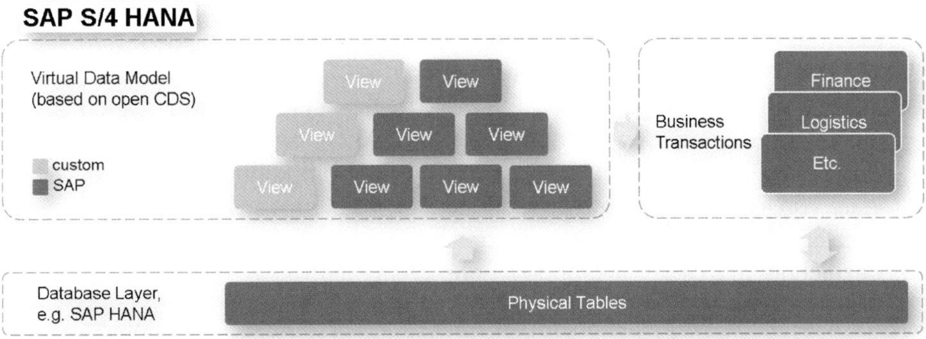

Abbildung 3.18: Virtuelles Datenmodell von S/4HANA Analytics

ABAP CDS-Views werden in den *ABAP Modeling Tools for Eclipse* angelegt und bestehen letztlich aus einer SQL-SELECT-Anweisung (auf Tabellen oder andere CDS-Views) und sogenannten Annotationen und Assoziationen. Annotationen enthalten zusätzliche Metainformationen, während mithilfe der Assoziationen die Beziehungen zwischen Views beschrieben werden. Bei der Aktivierung einer CDS-View werden im Hintergrund zugleich eine entsprechende SQL-View angelegt und die Metadaten-Informationen in speziellen Tabellen gespeichert. Der Zugriff auf das Datenmodell erfolgt aber immer über die CDS-View und nie über die zugehörige Datenbankview, da sonst diese Metadateninformationen verloren gehen. Hinzu kommt, dass für die korrekte Auswertung insbesondere der Abfrage Views eine S/4HANA spezifische Komponente, die sogenannte *Analytical Engine* (vergleichbar mit dem BW-OLAP-Prozessor) benötigt wird und diese nur über den ABAP Layer angesprochen werden kann.

S/4HANA Analytics bietet in Bezug auf die Auswertungen außerdem zwei Besonderheiten, die wir im Folgenden näher betrachten werden.

1. Transiente Provider und transiente Query

Zu jeder für den externen analytischen Zugriff freigegebenen CDS-View werden auf Basis der zugehörigen SQL-View automatisch entweder ein transienter Provider (Composite Views mit der Annotation »#Cube«) oder eine transiente Query (Abfrage-Views mit dem Wert

»#true« für die Annotation analysis.query) erstellt. Diese tragen den externen Namen der zugehörigen SQL-View (deren Name wiederum Teil der CDS-Definition ist) mit dem Präfix »2C«. Transient bedeutet, dass die Objekte nicht in den BW-MT sichtbar sind und daher auch nicht verändert werden können. Die Struktur können Sie aber mit der Transaktion **RSRTS_ODP_DIS** anzeigen. Außerdem können diese Objekte von jedem BW-kompatiblen Frontend konsumiert werden (siehe Abbildung 3.19). Diese Variante der Integration in ein BW-Frontend bezeichnet man auch als *modellierungsfreie Integration*, da weder auf S/4- noch auf BW-Seite zusätzliche Modellierung notwendig ist.

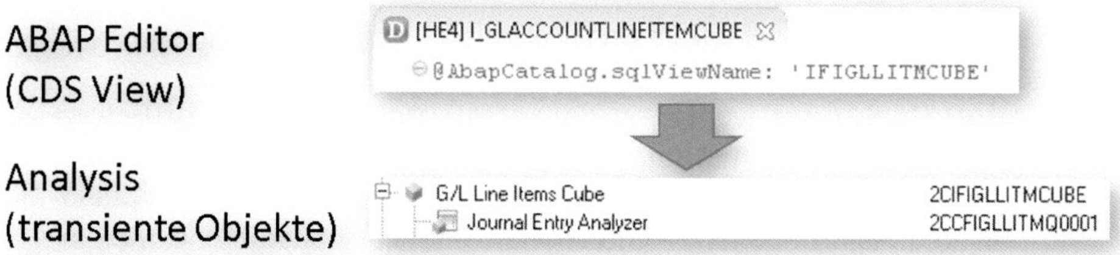

Abbildung 3.19: Transienter Provider in Analysis for Office

2. Wiederverwendung von ERP-Berechtigungen

Beim Zugriff auf eine transiente Query oder einen transienten Provider greifen die normalen ERP-Datenberechtigungen des Anwenders. Zudem stehen die ERP-Hierarchien in der Abfrage zur Verfügung.

Genauere Informationen zur technischen Umsetzung dieser Funktion finden Sie am Ende dieses Abschnitts.

Das embedded BW in S/4HANA

Wie jedes SAP-Netweaver-basierte System seit 7.0, verfügt auch ein S/4HANA-System über die Möglichkeit, ein bereits eingebautes BW-System zu aktivieren, das sogenannte *embedded BW*. Rein technisch bietet ein embedded BW alle Möglichkeiten eines eigenständigen BW-Systems, jedoch gilt die Empfehlung der SAP, dass maximal 20 % der Daten eines entsprechenden Netweaver-Systems im Datenbereich des embedded BWs liegen sollten. Weitere Informationen und Hinweise zu Einschränkungen, Sizing und Anwendungsfällen für das embedded BW finden sich im SCN.

Virtuelle BW-Integration unter Beibehaltung der ERP-Berechtigungen

Transiente Provider lassen sich zwar nicht verändern (außer über die zugrunde liegende CDS-View), allerdings können Sie eigene BW-Queries auf diesen Providern anlegen (siehe Abbildung 3.20) und darin alle Möglichkeiten der OLAP-Engine wie Variablen, berechnete und eingeschränkte Kennzahlen oder die Währungsumrechnung nutzen. Auch beim Zugriff über eine solche Query werden die ERP-Berechtigungen des Endanwenders wiederverwendet. Es ist keine einschränkende Analyseberechtigung erforderlich. ERP-native Hierarchien können ebenfalls in der Abfrage verwendet werden. Nachdem kein InfoObjekt-Mapping möglich ist, stehen umgekehrt aber auch keine BW-Hierarchien, -Texte oder -Stammdaten zur Verfügung.

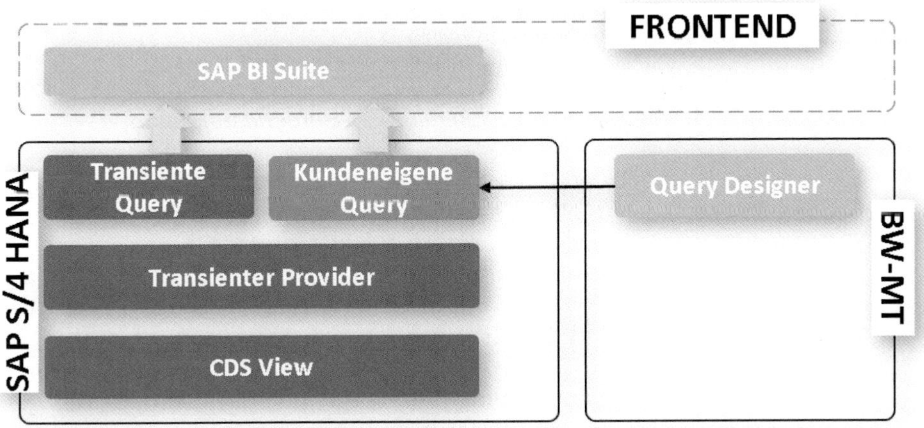

Abbildung 3.20: Virtuelle Integration mit ERP Berechtigungen

Dieses Szenario ist ausschließlich in einem embedded BW möglich.

Virtuelle BW-Integration unter Verwendung von BW-Berechtigungen

Möchten Sie ein CDS-Modell mit BW-Mitteln erweitern sowie mit zusätzlichen/anderen Stamm- oder Bewegungsdaten kombinieren, so können Sie auf die CDS-View eine BW-Open-ODS-View setzen, in der sich dann auch die feldbasierte Modellierung um InfoObjekte oder Stammdaten-ODS-Assoziationen erweitern lassen. Sobald Sie eine eigene ODS-View anlegen, befinden Sie sich aber in der BW-Welt. Entsprechend werden jetzt eigene Analyse- und BW-Standardberechtigungen für den Zugriff benötigt (Abbildung 3.21).

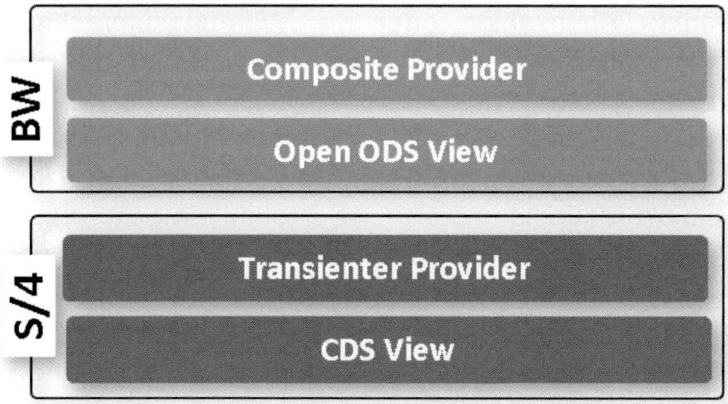

Abbildung 3.21: Virtuelle Integration mit ERP-Berechtigungen

Ein solches Szenario virtueller Integration ist sowohl in einem embedded BW als auch in einem separaten BW via *Smart Data Access* (SDA) möglich.

Physische Integration in das BW

Bei physischer Integration, also mit Data-Staging im BW, befinden wir uns ohnehin immer in der BW-Welt und daher gelten auch ausschließlich die BW-Berechtigungen.

HANA Live

Analog zu den CDS-Views gibt es auch für Suite on HANA ein virtuelles Content-Datenmodell, *HANA Live* genannt. Dieses basiert auf HANA-nativen Modellen und muss daher separat mit HANA-Mitteln berechtigt werden, wie Sie sie in Kapitel 2 kennengelernt haben. Die ERP-Berechtigungen sind also in keinem Fall wirksam. Analog zur Replikation von Privilegien aus den BW-Analyseberechtigungen, gibt es jedoch eine analoge Generierung aus den ERP-Berechtigungen. Informationen hierzu finden Sie unter dem Stichwort *SAP HANA Live Authorization Assistant*.

Auch für HANA-Live-Modelle gilt: Sobald sie virtuell oder physisch in das BW übernommen werden, gelten die Berechtigungen des SAP-BWs.

Technische Umsetzung der Wiederverwendung von ERP-Berechtigungen in S/4HANA Analytics

Natürlich werden bei jedem BW-Zugriff immer auch die BW-Berechtigungen geprüft, und zwar sowohl die Standard- als auch die Datenberechtigungen. Der Zugriff auf eine transiente Query erfolgt somit mit Prüfung auf S_RS_COMP mit folgenden Ausprägungen:

- RSINFOAREA = 2O<Anwendungskomponente des Pakets, in dem die CDS View liegt>,
- RSINFOCUBE = 2C<SQL View der CDS Cube View>,
- RSZCOMPID = 2C<SQL View der CDS Query View>.

Bei einer eigenen BW-Query auf einem transienten Provider wird auf den entsprechenden Query-Namen geprüft.

Auch die Analyseberechtigungen werden selbstverständlich geprüft, S/4 Analytics nutzt hierzu eine spezielle Analyseberechtigung 0CDSALL, die nur die drei Standardobjekte 0TCAIPROV (mit der

Ausprägung 2C*), 0TCAACTVT (03) und 0TCAVALID (*) enthält. Alle S/4HANA–Analytics-Benutzer müssen diese BW-Berechtigungen besitzen.

Zuweisung der BW-Berechtigungen

In Cloud-Umgebungen sind die entsprechenden Berechtigungen bereits den Anwendern zugeordnet, in On-Premise-Systemen muss der Administrator dies explizit tun. Entsprechende Vorschlagswerte sind jedoch bereits seitens SAP gepflegt.

Nachdem die Anwender nun eine Vollberechtigung für den BW-Zugriff besitzen, fehlt nur noch die Verknüpfung mit den ERP-Berechtigungen, damit die Daten dennoch korrekt gefiltert werden. Dies geschieht über *CDS-Mapping-Rollen*, wobei die Bezeichnung »Rolle« hier etwas irreführend ist. Letztlich handelt es sich um eine Definition, welche PFCG-Berechtigungsobjekte mit einer CDS-View verknüpft werden sollen und welche View-Felder betroffen sind (Abbildung 3.22). Analog zum SAP BW, findet die Verknüpfung der Berechtigungen auf Cube-Level (Composite View) und nicht auf Query-Level (Abfrage-View) statt und nur die auf der obersten Ebene, in diesem Fall also der Cube View, verknüpften Berechtigungsobjekte werden geprüft, auch wenn für die Basis-Views ebenfalls Mapping-Rollen existieren sollten.

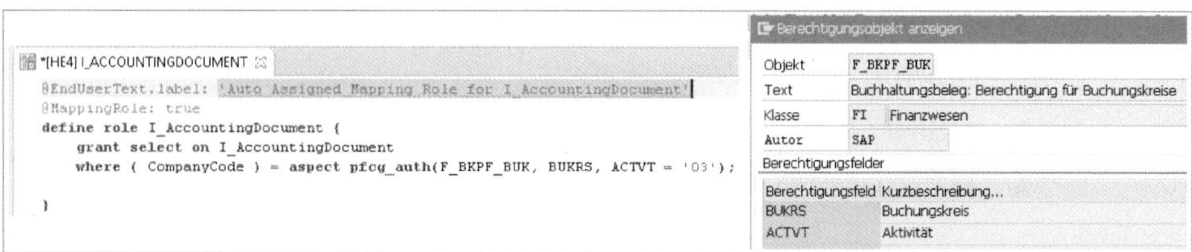

Abbildung 3.22: Mapping-Rolle und zugehöriges Standardberechtigungsobjekt

Eigene CDS-Views berechtigen

Das hier dargestellte Szenario gilt für die von SAP ausgelieferten Views. Wir empfehlen aber allen Kunden, auch für eigenentwickelte CDS-Views auf dieses Konzept zurückzugreifen und die entsprechenden Regeln einzuhalten.

3.5.2 SAP-BusinessObjects-Plattform

Dic *SAP BusinessObjects Business Intelligence platform* (kurz BO BIP, siehe auch *http://help.sap.com/bobip*) dient in Verbindung mit dem BW in erster Linie als zentraler Zugriffspunkt für Reports, vergleichbar mit dem SAP Enterprise Portal. Allerdings können die Berichte auch Daten aus anderen Quellen wie SAP HANA oder relationalen Datenbanken anderer Hersteller enthalten. Im Gegensatz zum SAP Portal ist die BIP aber eben nicht nur eine Plattform, sondern bietet eine ganze Reihe von Werkzeugen und Anwendungen. Unter anderem lassen sich eigene Metadatenmodelle (*Universen*) auf den unterschiedlichen Datenquellen erstellen und auch mit eigenen Datenberechtigungen versehen. Außerdem können Berichte oder Berichtsgruppen zeitgesteuert eingeplant und verarbeitet werden (»Scheduling« und »Publishing«).

Standardberechtigungen

Vereinfacht dargestellt, basiert das Berechtigungskonzept der BIP auf Benutzern und Benutzergruppen (Engl.: principals) sowie Berichten und Ordnern (Engl.: objects), wobei Ersteren Zugriffsrechte (Engl. rights) auf Letztere gewährt werden. Dazu wird auf den Objekten eine Zugriffsliste (Engl.: access control list) gepflegt, in die Principals mit einem entsprechenden Recht eingetragen werden können. Rechte können explizit gewährt (Engl.: granted) oder abgelehnt (Engl.: denied) werden oder auch unspezifisch (Engl.: unspecified) bleiben.

Etwas konkreter bedeutet das, dass Benutzer hierarchisch in Gruppen organisiert werden, innerhalb derer die Berechtigungen vererbt werden. Ähnlich verhält es sich bei den Berichten, die über Ordner ebenfalls hierarchisch organisiert werden. Dabei können Ordner beliebige andere Dateien enthalten, z. B. Word-Dokumente. Und auch einzelne Rechte können in sogenannten *Access Levels* gebündelt werden; einige dieser Rechte-Gruppen, wie z. B. »Lesen« oder »Vollzugriff«, werden bereits von der SAP ausgeliefert.

Normalerweise wird nun Benutzergruppen lesender Zugriff auf Ordner gewährt, wodurch alle Anwender der Gruppe auf die im Ordner enthaltenen Dokumente und Berichte zugreifen können. Dieses Prinzip gewährleistet eine hohe Transparenz und Wartbarkeit. Einzelberechtigungen und das Durchbrechen des Vererbungsprinzips durch explizites Verweigern eines Access Levels, sollten hingegen soweit möglich vermieden werden.

Für SAP-BW-Kunden existiert die Möglichkeit, Standard-PFCG-Rollen in die BIP zu laden (über die *Central Management Console* [CMC] unter dem Punkt AUTHENTICATION, siehe Abbildung 3.23). Dort werden die Rollen wie Usergruppen behandelt, denen nun der Zugriff auf bestimmte Ordner oder Berichte gewährt werden kann. Wird die Benutzersynchronisation regelmäßig, z. B. täglich, eingeplant, so kann die vollständige Userverwaltung des SAP-Systems oder angeschlossener Systeme wie SAP Identity Management (IdM) genutzt werden. Sobald einem BW-User die entsprechende Rolle zugewiesen ist und die Synchronisation gestartet wird, wird der entsprechende Benutzer auch auf der BI-Plattform angelegt und der zugehörigen Nutzergruppe zugewiesen. Abgesehen vom initialen Einrichten, das sich häufig auf die Zuweisung von Nutzergruppen zu bestimmten Ordnern mit Reports beschränkt, ist also BIP-seitig kein weiterer Aufwand notwendig, wenn die Plattform im BW-Kontext lediglich als zentraler Zugriffspunkt für die Endanwender dient.

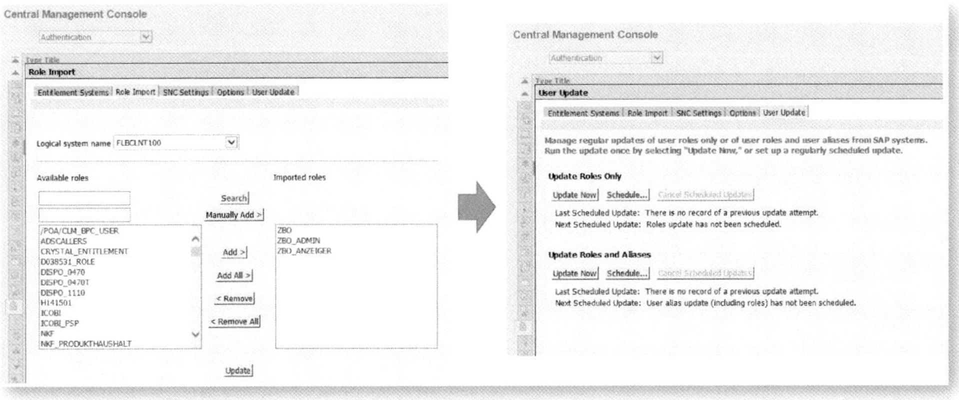

Abbildung 3.23: Rollen-Upload in der BIP CMC

Datenberechtigungen

Mit der SAP-BusinessObjects-Plattform können Sie, sofern Sie Universen als Datenquelle nutzen, ebenfalls eigene Datenberechtigungen verwenden, die sogenannten *Data Security Profiles*. Allerdings birgt die Nutzung dieser Berechtigungen eine Reihe von Nachteilen gegenüber der Berechtigungsprüfung auf Datenquellebene. Zum einen müssen die Berechtigungen für jedes Universum einzeln gepflegt werden, auch wenn mehrere Universen auf derselben Datenquelle basieren. Zum anderen sind die entsprechenden Daten ungeschützt, wenn über einen anderen Weg als das Universum mithilfe eines BusinessObjects Clients auf die Daten zugegriffen wird (z. B. JDBC). Für BW- und HANA-Quellen ist der Fall damit klar: Beim Zugriff auf BW-Daten (i. d. R. per BICS-Schnittstelle) werden immer die Analyseberechtigungen des BW-Modells geprüft, eine zusätzliche Datenprüfung auf BIP-Seite ist somit nicht erforderlich. Und auch im Fall von HANA als Quellsystem sollten die Berechtigungen HANA-seitig angelegt und genutzt werden.

Wer dennoch tiefer in die Berechtigungsthematik der BIP einsteigen möchte, findet alle Informationen im Security Guide auf *http://help.sap.com/bobip*.

Fazit

Mit SAP BW/4HANA hat SAP eine neue Version ihres Business Warehouses auf den Markt gebracht, in der Integrationsszenarien zwischen BW- und HANA-nativen Datenmodellen weiter ausgebaut wurden, um so ihren Kunden zu helfen, das Beste aus beiden Welten zu kombinieren. Dennoch sollte nicht vergessen werden, dass es sich um zwei unterschiedliche Technologien mit separaten Berechtigungskonzepten handelt. Auch wenn SAP beispielsweise mit der Generierung analytischer Privilegien Möglichkeiten der Harmonisierung bietet, ist ein tiefes Verständnis der zugrunde liegenden Konzepte und ein entsprechendes Wissen mindestens für den Bereich von BW notwendig, um ein BW on HANA oder BW/4 zu betreiben, deren jeweiliges Berechtigungskonzept verlässlich und zugleich zukunftssicher in Bezug auf Wartbarkeit und Skalierbarkeit ist.

Eben dieses Wissen (und idealerweise noch einiges darüber hinaus) sollten Sie durch das Lesen des vorliegenden Buches gewonnen haben. So haben Sie nun die grundlegenden Konzepte und Funktionalitäten sowohl von Standard- als auch von Datenberechtigungen in BW und HANA kennengelernt, und Ihnen wurden viele Praxistipps und Empfehlungen für eine gewissenhafte Modellierung von Berechtigungen sowie Wissen über die besten Mittel und Wege vermittelt, damit Sie zukünftig fehlerhafte Szenarien analysieren und Probleme bei der Anwendung von Berechtigungen schnellstmöglich beheben können. Zum Schluss bleibt uns nur noch, Ihnen viel Spaß und Erfolg bei der Anwendung dieses neugewonnen Wissens im Rahmen Ihrer täglichen Arbeit zu wünschen.

Anhang

Wichtige Transaktionen rund um Berechtigungen in BW

Transaktion	Beschreibung
SU01	Benutzerpflege
PFCG	Rollenpflege
ST01	Systemtrace
SUIM	Benutzerinformationssystem
RSECADMIN	Pflege Analyseberechtigungen
RSUDO	Ausführen als Benutzer mit eingeschränkten Berechtigungen
RSECPROT	Berechtigungsprotokoll

Wichtige Transaktionen für die Berechtigungsreplikation

Transaktion	Beschreibung
RS2HANA_ADMIN	Administration externer Views
RS2HANA_VIEW	Einstellungen für externe Views
RS2HANA_GEN	Analyseberechtigungen replizieren
RS2HANA_CHECK	Prüfung der Modellgenerierung

Wichtige Tabellen für die Berechtigungsreplikation

Tabelle	Beschreibung
RS2HANA_AUTH_STR	Filterstring für Prozeduren
RS2HANA_AUTH_FIL	Filter für Subselect

Zentrale Berechtigungsobjekte für BW 7.5 und BW/4HANA

Transaktion	Beschreibung
S_RS_ADMWB	Admin Workbench
S_ADT_RES	Arbeiten mit Eclipse
S_RS_ADSO	ADSO
S_RS_HCPR	CompositeProvider
S_RS_ODP_H	ODP
S_RS_IOBJ	InfoObjekt
S_RS_ODSV	Open ODS View
S_RS_DS	Datasource
S_RS_TRCS	Infosource
S_RS_OHDST	Open Hub
S_RS_TR	Transformation
S_RS_DTP	DTP
S_RS_PC	Prozesskette
S_RS_IOMAD	Stammdaten
RSHAAP	SAP-HANA-Analyseprozess
RSHAOT	SAP-HANA-Analyse-Elementtyp
S_RS_WSPAC	BW Workspace
S_RS_CPRO	Workspace CompositeProvider
S_RS_COMP / _1	Queries
S_RS_AO	Analysis for Office
S_RS_ZEN	Design Studio
S_RS_AUTH	Analyseberechtigungen
S_RSEC	Arbeiten mit Analyseberechtigungen

Grundlegende Rollen und Privilegien in HANA

Rolle/Privileg	Beschreibung
sap.hana.ide.roles::Developer	Sammelrolle für Web IDE-Zugriff
ROLE ADMIN	Rollenverwaltung
STRUCTUREDPRIVILEGE ADMIN	Verwaltung analytischer Privilegien
DATA ADMIN	Systemviewzugriff und Ausführen von DDL-Statements
USER ADMIN	User verwalten
INIFILE ADMIN	Anpassen von Systemeinstellungen
TRACE ADMIN	Verwalten/Anlegen von Traces

Wichtige Systemviews und Tabellen in HANA

View/Tabelle	Beschreibung
EFFECTIVE_STRUCTURED_PRIVILEGES	ausgewertete Informationen analytischer Privilegien, abhängig von View/User
STRUCTURED_PRIVILEGES	Katalogdefinition analytischer Privilegien
EFFECTIVE_PRIVILEGES	direkt/indirekt zugewiesene Privilegien an Rollen/User
GRANTED_PRIVILEGES	direkt zugewiese Privilegien an Rollen/User
EFFECTIVE_ROLES	direkt/indirekt zugewiesene Rollen
GRANTED_ROLES	direkt zugewiesene Rollen
ACTIVE_OBJECT	aktive Repository-Objekte
INACTIVE_OBJECT	inaktive Repository-Objekte
OWNERSHIP	Ersteller eines Objekts
OBJECT	Objekte in HANA, ausgenommen Rollen
USER	User in HANA

Sie haben das Buch gelesen und sind mit unserem Werk zufrieden? Bitte schreiben Sie uns eine Rezension!

A Die Autoren

Christoph Kretner hat Wirtschafts- und Medien-: Informatik an der Ludwig-Maximilians-Universität (LMU) in München studiert. Anschließend war er einige Jahre als Berater im klassischen Data-Warehouse-Umfeld bei der syskoplan AG (heute Reply) tätig, bevor er 2008 zur SAP Deutschland kam. Für diese ist er heute weltweit als Berater, insbesondere für Architektur- und Integrationsthemen rund um SAP BW, SAP BI und SAP HANA, im Einsatz. Darüber hinaus arbeitet Christoph Kretner als Trainer, Ramp-Up Coach sowie Service-Verantwortlicher und ist SAP-Ansprechpartner für Themen aus dem Personalbereich im SAP BW (Arbeitsgruppe BW/HR) bei der DSAG (Deutschsprachige SAP-Anwendergruppe e. V.).

Jascha Kanngießer hat Wirtschaftsinformatik mit dem Schwerpunkt Software Engineering an der Dualen Hochschule Baden-Württemberg Karlsruhe (DHBW Karlsruhe) in Kooperation mit der SAP SE studiert. Nach dem Studienabschluss in 2012 wechselte er in die SAP-Business-Warehouse-Entwicklung, in der er heute noch tätig ist. Als Senior-Entwickler ist er Verantwortlicher und Ansprechpartner für diverse Modellierungsthemen und Berechtigungsfragen im Umfeld von SAP BW4/HANA, SAP BW wie auch SAP HANA.

B Index

G

H

I

K

M

O

P

R

C Disclaimer

Die in diesem Werk wiedergegebenen Gebrauchsnamen, Handelsnamen, Warenbezeichnungen usw. können auch ohne besondere Kennzeichnung Marken sein und als solche den gesetzlichen Bestimmungen unterliegen. Sämtliche in diesem Werk abgedruckten Bildschirmabzüge unterliegen dem Urheberrecht der SAP SE, Dietmar-Hopp-Allee 16, 69190 Walldorf.

In dieser Publikation wird auf Produkte der SAP SE Bezug genommen. SAP, R/3, SAP NetWeaver, Duet, PartnerEdge, ByDesign, SAP BusinessObjects Explorer, StreamWork und weitere im Text erwähnte SAP-Produkte und Dienstleistungen sowie die entsprechenden Logos sind Marken oder eingetragene Marken der SAP SE in Deutschland und anderen Ländern. Business Objects und das Business-Objects-Logo, BusinessObjects, Crystal Reports, Crystal Decisions, Web Intelligence, Xcelsius und andere im Text erwähnte Business-Objects-Produkte und Dienstleistungen sowie die entsprechenden Logos sind Marken oder eingetragene Marken der Business Objects Software Ltd. Business Objects ist ein Unternehmen der SAP SE. Sybase und Adaptive Server, iAnywhere, Sybase 365, SQL Anywhere und weitere im Text erwähnte Sybase-Produkte und -Dienstleistungen sowie die entsprechenden Logos sind Marken oder eingetragene Marken der Sybase Inc. Sybase ist ein Unternehmen der SAP SE. Alle anderen Namen von Produkten und Dienstleistungen sind Marken der jeweiligen Firmen. Die Angaben im Text sind unverbindlich und dienen lediglich zu Informationszwecken. Produkte können länderspezifische Unterschiede aufweisen.

Der SAP-Konzern übernimmt keinerlei Haftung oder Garantie für Fehler oder Unvollständigkeiten in dieser Publikation. Der SAP-Konzern steht lediglich für Produkte und Dienstleistungen nach der Maßgabe ein, die in der Vereinbarung über die jeweiligen Produkte und Dienstleistungen ausdrücklich geregelt ist. Aus den in dieser Publikation enthaltenen Informationen ergibt sich keine weiterführende Haftung.

Weitere Bücher von Espresso Tutorials

Dr. Bernd Klüppelberg:

Techniken im SAP®-Berechtigungswesen

- Berechtigungskonzepte in SAP
- SE16N, Z-Programme, Menühandling
- Zahlreiche Praxisbeispiele
- Viele Tipps und Tricks aus 10 Jahren Praxiserfahrung

http://5031.espresso-tutorials.com

Marcel Schmiechen:

Berechtigungen in SAP® ERP HCM – Einrichtung und Konfiguration

- Rollen- und Profilvergabe im SAP-Personalwesen
- Aufbau eines HCM-Berechtigungskonzepts
- strukturelle und kontextsensitive Berechtigungen
- SAP-Portalrollen vs. Backend-Rollen

http://5160.espresso-tutorials.de